JN268452

Collection: History of Mathematics ②
(Series editor: Chikara SASAKI)

Leibniz: A Dream of Universal Mathematics
Tomohiro HAYASHI

University of Tokyo Press, 2003
ISBN978-4-13-061352-1

編者から

　デカルトの思想的後継者にして，その最も根源的な批判者の一人にライプニッツがいる．17 世紀ヨーロッパの激動の象徴であった 30 年戦争の末期に，その戦争の激戦地のひとつであったドイツで生を享けた彼は，当初からヨーロッパの思想的（17 世紀にあっては宗教的）・政治的統合のための学問建設を志した．彼にとって，今日の理科系や文科系と学問分野の分岐はなかったに等しく，そして哲学とは，現代においてしばしば見られるような，この世の現実に先鋭に切り込もうとする接点を排除する，ほとんど‘人畜無害の’スコラ的抽象論議（中世末期のスコラ学への回帰！）とも無縁で，文字通り諸学を統合する知的枠組みを提供しようとする根源な学問的試みを意味していた．

　青年ライプニッツにとって，確実な学問的基礎を提供する規範的学科が，デカルトにとってと同様，数学，とりわけ，デカルト的数学の根底にあった「普遍数学」＝代数解析的数学であった．彼の少年時代から生涯を支配した思想に「人類思想のアルファベット」を学問的に体系立てるという考えがある．彼はその考えをライムンドゥス・ルルス以降の思想的伝統に見いだした（ちなみに，その伝統は今日では，13 世紀のムスリム数学者・哲学者のナシール・アッディーン・アットゥシーにまで遡及できることが判明している）．彼の諸学を統合する「普遍学」は，そのような「普遍記号法」と密接不可分の関係にあったと言ってよい．彼が学問的高揚の時を迎えるのは，1672 年から 76 年までの 4 年余，ヨーロッパの学問的中心地であるパリに滞在した時期のことである．彼は，そこの科学研究の中心的存在であったホイヘンスの薫陶を受け，数学的才能を飛躍的に開花させてゆく．中でも，無限小解析＝微分積分学において驚異的発見を成し遂げることになる．必ずしも数学とは関係のない「普遍記号法」思想が枢要な役割を果たしたことは，数学と数学外思想の相互関連を示す事例としてまことに興味深く，われわれはその典型的事例を彼が創造した微分積分学において，今日私たちが使用している積分記号 ($\int$)，微分記号 (d) などによって確認できるのである．パリにおける数学研究職の獲得に失敗した彼はハノーファーに帰還するとともに，パリ時代の数学研究の成果を全面的に彫琢してゆく．その

研究分野は，代数学，確率論，新幾何学としての位置解析，無限小解析など多岐にわたる．それらの諸分野の学問全体における布置を再確認しつつ，特異な記号的数学としての「普遍数学」の学問論的位置づけをも認識論的に試みることになる．それが『人間知性新論』における「普遍数学」概念の論理学への拡張であり，数学的真理に関する成熟した哲学的知見の開陳にほかならなかった．

　ライプニッツ数学のおもしろさは，最後のヨーロッパ人文主義者として，換言すれば，アマチュア数学者として，既成権威に未だなっていない数学をこれほどの高みにまで構築せしめた，という点にあるのではなかろうか．近代西欧数学の鼻祖がデカルトであったとすれば，ライプニッツは近代西欧数学の思想的射程を刻印した数学者であったと規定されるかもしれない．彼は，数学が学問のための学問として制度化され，自律化していない時代の数学者として，さらに，数学の学問的意味を模索した総合的学者の規範として私たちの前に屹立し続けていると言ってよいのである．

　本書は，ライプニッツの，とくに無限小解析＝微分積分学の形成を中心にした数学的思索の展開を「普遍数学」概念をキーワードとして再構築してなった力作である．「普遍記号法」にこれほどの重みをもたせたという点でライプニッツはまさに「グーテンベルグ数学」＝近代記号数学の権化であったと言うことができるであろう．けれども，他方，彼が二進法数学の発明者であり，ある種のコンピューターの設計者であったこと，さらに，彼が中国をヨーロッパと相並ぶユーラシアの先進文化を育んでいる地域として称賛していたことをも想起されたい．まさに，ライプニッツは近代思想の権化にして，近代をも超える可能性を宿した稀有の思想家だったということになるのではあるまいか．

佐々木 力

はじめに

　本書はゴットフリート・ヴィルヘルム・ライプニッツ (1646–1716) の数学の形成を主題とする．ライプニッツはニュートンと並んで無限小解析の分野に大きな業績を残し，また両者がその無限小解析に関する先取権をめぐって，論争を行ったことも一般的によく知られている．しかし，ライプニッツの数学的貢献はそれだけに留まらない．我々は，無限小解析に加えて，彼が係わった他の数学の各分野（位置解析，方程式論，数論，確率論）を検討しながら，総合的な「ライプニッツの数学」の描像を構成することを目標とする．

　一方で，ライプニッツが情熱をもって取り組んだテーマに，統合的学問の基礎分野，普遍数学 (mathesis universalis) の構想があることも忘れることはできない．旧来の枠組に取って代わる，新しい知の体系作りが，彼の内面に動機として存在していた．それはライプニッツが 10 代の頃から，生涯一貫して変わることがなかったものである．したがって我々は，そうしたライプニッツの思想が数学研究にどのような問題設定をもたらしたのか，そして逆に数学上の成果がどのように普遍数学構想に影響を及ぼしたのかについても探求しなければならない．上記の目標に加えて，こうした問題に対する考察が，本書のもう一つの大きな柱である．

　本書は，全体で四つの章からなる．各章の表題は次の通りである．

- 第 1 章「初期の諸研究と普遍数学構想」

- 第 2 章「パリ時代における数学研究の開花」

- 第 3 章「ハノーファー時代における研究の展開」

- 第 4 章「統合的学問の基礎としての普遍数学」

　本書の議論を見通すために，各章の内容を要約する．ライプニッツは，30 年戦争 (1618–48) 末期に誕生した．前世紀からヨーロッパ内に続いた宗教戦争が

終焉し，相対的安定の訪れた時代に，彼は学問的活動を営んだ．戦乱による国土の荒廃という現実を目の当たりにし，彼の胸に去来したものは，「対立から統一へ」をモットーとした思想形成に関する決意であったに違いない．なぜなら，10 代後半から開始された彼の学問的貢献を見るならば，生涯を通じ一貫して統合の基礎となる「普遍性」への志向，追究がなされているからである．カトリック，プロテスタントの争いを解消し，両者を統一へと導くこと，ひいてはヨーロッパ内での政治的安定をもたらすことがライプニッツの究極の夢であっただろう．その実現を思想的に支える「普遍学」(scientia universalis，または scientia generalis) という名の統合的学問建設が，彼の基本構想であったと考えられる．特にその普遍学は，「普遍数学」という不可欠な要素を含んでいる．すなわち数学を一つの学問的規範とし，さらにその基礎部分を抽出して，あらゆる学問再編の土台にする発想をライプニッツは抱いた．普遍数学とは，そのためのエッセンスを含んだ一つの学問的分野である．

　ライプニッツの初期研究活動のうち，1666 年の著作『結合法論』(*Dissertatio de arte combinatoria*)，加えて法学研究，自然学（運動学）は我々にとって重要である．これらの研究を通じて，彼はより広い枠組の包括的学問構想と，思想上の基本原理とを明確化させていった．中世から蓄積していた知識と，同時代人たちの問題関心とを取り入れつつ，ライプニッツは彼自身の独自性を持とうとしていた．いずれも，パリ時代に大きく開花する数学研究に結びつく動機づけを果たしたことで注目される．すなわち，『結合法論』で押し出された記号法的思考，法学研究の中で培われた推論の厳密性の追求と「確からしさ」の理論化への志向，さらに抽象的な運動論の構築の中で迫られた，無限小概念への接近とそれに係わる考察である．ライプニッツが数学研究に取り組む際に，いくつかの問題はこの時代に形成された問題設定をそのまま引き継ぐことになる（第 1 章）．

　マインツ選帝侯の外交使節団員として，ルイ 14 世に謁見すべく，パリを訪れた（1672 年 3 月）ことはライプニッツの生涯において決定的であった．ここで，彼はパリの王立科学アカデミーに属する多くの学者との交流を体験した．中でもホイヘンスによって数学の本格的研究に対する蒙を啓かれたことが，彼の思想の幅を大きく広げる契機となった．また丸 4 年にわたるパリ滞在の間ロンドンへも赴き，王立協会の秘書であったオルデンバーグを通じて，イギリスの数学研究の実状にもふれたのだった．ライプニッツの数学的貢献の本質的なアイデア・構想は，このパリ滞在期中に得られたものである．数学史上，彼の名を不

朽のものとする，無限小解析における新記号法，計算のアルゴリズム化（形式化）が達成されたことは特筆すべき出来事である．それらは，すぐさま論文の形で出版されたのではなく，この期間中の草稿の中に書き残されていった．論文が公刊されるには，また幾年かの歳月を要した（本格的には 1680 年代半ばから）．しかし，現在我々が手にすることができる 1 次資料（草稿，書簡類）によって，このパリ時代の成果の内容を確認することができる．我々はどのような問題への取り組みを通じて，ライプニッツ独自の数学が生まれていったのかを探る（第 2 章）．

ライプニッツは，パリにそのまま滞在することを望んでいたが果たされなかった．1676 年 11 月，ハノーファーの宮廷に迎えられたライプニッツは図書館の整備，アカデミー建設等々，彼の夢の実現に向けて多忙な日々を送る．パリ時代に基礎を確立した無限小解析の成果は，1682 年以降，彼自身が創刊に係わった『学術紀要』(*Acta eruditorum*) 誌上で公表されていく．また一方，それ以外にもユークリッド『原論』改革を含めた新幾何学構想（位置解析）や，確率論（年金計算等の応用も含む）といった，異なる数学的分野の研究にも着手した．彼の数学上の中心的課題である記号法の開発，洗練といったテーマがまた追求されたのだった．さらにパリ滞在期以前から取り組んできた，自然学への無限小解析の適用による成果も公表され，形式的運用度の高いライプニッツの数学がいよいよ本領を発揮する．公刊論文の形で，ライプニッツの数学の姿が明らかにされた 1680 年代後半以降は，彼のスタイルを受容した者たちが，学派を形成するようになる．すなわちベルヌーイ兄弟，ロピタル，ヴァリニョン等のグループである．彼らとの交流の中で受けた刺激をもとに，またライプニッツは新しい数学的結果を生み出していった．

一方，オランダの神学者ニーウェンテイトから，無限小解析の基礎に関する批判を受ける（1694 年）．またパリのアカデミー内でもロル，ヴァリニョンによって同じテーマの論争が行われる．こうしたことをきっかけに，それまで必ずしも公には明確化されていなかった基本原理，すなわち無限小そのものに対する考察が，ライプニッツ周辺においてなされるようになる．我々はライプニッツの発想の中に，パリ時代以前に獲得されていた原理（連続律）が一貫して保たれていること，新たに数学上の進展を受けて組み入れられるものがあること，両者が融合された様を見るだろう（第 3 章）．

数学的成果を背景に，初期の段階から抱いていた統合的学問構想が，また新たな輪郭を見せ始める．現在公刊されている 1 次資料によれば，1679 年頃から

はじめに　*vii*

盛んに普遍学，普遍数学をテーマにした草稿が多く書かれており，その時期がライプニッツにとって何かの節目であったと考えられる．すでにライプニッツは，パリ滞在中に抱いた数学的な構想に対し，各分野で一応の基本線を明らかにしていた．以上を背景にしつつ，我々のもう一つの大きなテーマ，ライプニッツの普遍数学構想について分析を行う．その際，各々の数学的成果と関連させながら，普遍数学に係わる発想を正確に捉える必要がある．我々はライプニッツの草稿上に現れる普遍数学概念の発展の経緯を整理しながら，ライプニッツの独自性を明らかにする．またその普遍数学概念の変化が，特に位置解析に研究の進展と軌を一にしていること，無限小量に関する論争とも時期的に関連することを確認したい．こうしたことは先行研究では十分指摘されてこなかったことである．

　加えて，ライプニッツの全般的な学問的方法論は，生前は公刊されなかった晩年の著作『人間知性新論』(*Nouveaux essais sur l'entendement humain*)（1704年頃完成）中の記述に窺い知ることができる．その著作で「論理学」の名称を与えられたものは，ライプニッツの総合的学問のプランに対する一つの解答である．総合・解析概念を通じて，ライプニッツは自然学を含む一般的方法論に昇華させる発想を提示する．それは初期の『結合法論』以来のアイデアの反映でもある．我々のライプニッツの思想的変遷を追究する道のりは，首尾一貫した流れに則っていることを確認できるはずである（第4章）．

　従来の先行研究において，数学史の方面からは，無限小解析の形成や位置解析，確率論さらには自然学への応用といった個々の分野への貢献が論じられてきた．一方で20世紀初頭のクーチュラ，カッシーラー等に代表される，ライプニッツの学問的構想一般への研究も知られる．しかしながら，ライプニッツの数学研究についてより包括的な視野を持ちつつ，彼のより大きなプランを評価することは，いまだ十分ではないと考える．例えば『人間知性新論』を，数学的成果の結実として読み解く作業はほとんどなされてこなかった．資料上のいくつかの制約もあり，ライプニッツという人物の思想的全体像はつかみにくかった．しかし1990年代より数学，自然学に関する1次資料が，新たに公刊され始めた．本書では，それらを利用しながら，特に数学を軸にした「ライプニッツ評価・展望」を与えることで，彼の学問体系理解への一石を投じることを試みたい．

付記　本書の完成にあたって，2001年度，学習院安倍能成記念教育基金学術研究助成金，2002年度，日本学術振興会科学研究費補助金（奨励研究）を，また刊行にあたっては，同年度，東京大学学術研究成果刊行助成を受けた．ここに記して，関係各位に御礼申し上げる．

はじめに　*ix*

目 次

編者から .... *iii*

はじめに .... *v*

凡例 .... *xiii*

第 1 章　初期の諸研究と普遍数学構想 *1*

　1.1　『結合法論』と普遍数学概念 *1*

　　1.1.1　『結合法論』とその背景 *1*

　　1.1.2　『結合法論』 *8*

　1.2　法学研究 *15*

　　1.2.1　ライプニッツの法学研究と数学研究との係わり *15*

　　1.2.2　法学研究と証明論 *16*

　　1.2.3　法学研究と確率論の萌芽 *22*

　1.3　自然学研究 *26*

　　1.3.1　初期自然学研究と数学研究との係わり *26*

　　1.3.2　「抽象的運動論」 *28*

第 2 章　パリ時代における数学研究の開花 *37*

　2.1　算術的求積と変換定理 *37*

　　2.1.1　求積問題への予備考察 *38*

　　2.1.2　円の算術的求積の方法 *46*

　　2.1.3　算術的求積の方法への影響とライプニッツの独創性 *54*

　2.2　無限小解析の形成 *62*

　　2.2.1　1675 年以前の研究 *62*

2.2.2　1675 年 10 月以降の研究 *66*

　2.3　代数学研究 *74*

　　　2.3.1　方程式論 *74*

　　　2.3.2　数論研究 *84*

第 3 章　ハノーファー時代における研究の展開 *89*

　3.1　代数学，確率論，位置解析研究 *89*

　　　3.1.1　代数学研究 *90*

　　　3.1.2　確率論 *104*

　　　3.1.3　新幾何学としての位置解析 *114*

　3.2　無限小解析の発展と応用 *132*

　　　3.2.1　「極大・極小に関する新方法」 *133*

　　　3.2.2　ライプニッツ流無限小解析の成果 *137*

　　　3.2.3　自然学への応用 *154*

　3.3　無限小概念とそれをめぐる論争 *168*

　　　3.3.1　無限小解析の形成と無限小概念 *168*

　　　3.3.2　ニーウェンテイトとの論争 *173*

　　　3.3.3　自然学の応用と無限小概念 *188*

第 4 章　統合的学問の基礎としての普遍数学 *193*

　4.1　ライプニッツの数学的貢献と普遍数学 *193*

　　　4.1.1　発展を遂げる普遍数学概念 *193*

　4.2　ライプニッツの数学論と学問的継承者たち *216*

　　　4.2.1　『人間知性新論』 *216*

　　　4.2.2　ライプニッツの後継者たち *235*

結語　ヨーロッパにおける「普遍性」とその相対化（今後に向けて） *247*

あとがき *251*

参考文献 *255*

索引 *279*

xii　目次

凡例

1) 本書では，文献の表記を次のように行う．
 (a) 原則的に文献は，[Hofmann 1974] のように [著者 出版年] を表示する
  形で言及する．
 (b) 特に，ライプニッツに関する 1 次資料，およびその翻訳への言及は，
  [Leibniz GM] のように省略記号を用いて表示する．さらに一部の 1 次
  資料，およびその翻訳についても同様な扱いとする．完全な書誌情報は，
  巻末に文献一覧を付す．
 (c) 各々の文献について，引用，参照箇所への参照は頁数まで明記すること
  を原則とする．その際，特に "91f"（91 頁および次頁），"91ff"（91 頁
  およびそれに続く 2 頁）という記号を用いる．
2) 引用については，次の事柄に注意を促したい．
 (a) 引用文中の（ ）はテキストにおける補足を表す．また〔 〕内は翻訳
  者，または筆者による補足的説明である．
 (b) 原文の句読点を基本的に尊重するが，場合によって日本語としての読み
  やすさのために，適宜変更を加える．
 (c) （ ）を用いて原語，原文の引用を行う際，綴り，アクセント記号の有
  無等が，現代語と異なる場合がある（特に仏語）．しかし原則として原
  文テキストを尊重し，特に断わらずに引用する．
 (d) 日本語の翻訳のある場合はそれに言及するが，訳文そのものは筆者の判
  断で変更することもある．

第1章
初期の諸研究と普遍数学構想

1.1 『結合法論』と普遍数学概念

1.1.1 『結合法論』とその背景

　ライプニッツの学問的活動は，1666 年『結合法論』から実質的に始まる．彼は 1661 年にライプツィヒ大学に入学し，1663 年には処女論文の出版を果たしていた．1666 年頃までには哲学教授資格取得論文の執筆に取り組んでいたが，その成果として『結合法論』が生まれたのである[1]．そこには，後の展開の予兆ともいうべき内容が含まれている．したがってこの『結合法論』という著作の分析がライプニッツの思想的変遷を捉える第一歩となる．彼が最初期の段階でどのような問題意識を持ち，そして独自性を発揮しようとしていたのかを探求することから我々の分析を出発させよう．

　『結合法論』は冒頭に神の存在証明が置かれ，続けて序論部では全体において基本となる用語が定義される．すなわち，「質」，「量」，「数」，「複合」(complexio)，「位置」(situs) である．特に第 5 項では量と数の関係について「一つのものからの抽象が単位 (unitas) であり，そして諸単位からのあらゆる抽象自体を，あるいは全体性そのものを数という．したがって量は部分の数である」と定義づけられる．さらに「事物そのものにおいては量と数が一致することが明らかである」とされる[2]．そうした規定をふまえて第 7 項でライプニッツは次のよう

---

(1) 伝記的記述は主として [Aiton 1985]，邦訳 [エイトン 1990] に負う.
(2) [Leibniz A]，VI-1, S. 170. 邦訳 [ライプニッツ 1988]，12 頁.

に述べる.

> 数は最も普遍的な何物かであるので,もしあらゆる存在の種に共通な学として形而上学を受け入れるならば,それに正当に属するのである.実際,数学は正確にいえば(今この名前が受け取られているように)一つの学科ではなく,様々な学科から集められ,各々において対象とする量を扱っている諸部門である.それは類似性によってまさしく一つに統合されたものなのである[3].

特に直接用語が現れていないが,ここにはっきりと17世紀において受け入れられていた普遍数学概念を見いだすことができる.単に狭い意味で数学という学科を捉えるのではなく,数学の持っている特性,つまり「数」または「量」の理論としての特徴を他の学科からの共通部分として抽出されたものとライプニッツは考えている.

さらに上の引用の前段第6項では,やはり17世紀の数学に特徴的傾向である「記号的解析」(Analytica speciosa) の起源としてデカルト,ならびにスホーテンに言及している.ライプニッツは記号的解析の起源は「主にデカルトによって作られ,後にF.スホーテンとE.バートリンによって,いわゆる『普遍数学原論』(*Elementa matheseos universalis*) の諸規則においてまとめられた」としている[4].普遍数学概念と記号的解析とはデカルトらにおいては同義語であり,ライプニッツの初期段階においてデカルト,スホーテンは少なからぬ影響を及ぼしている.ライプニッツは彼らをどのように理解していたのだろうか.普遍数学概念と記号的解析は,我々の今後の議論にとって最も重要な二つの柱である.その実相を知るためにも,まずデカルトらからの影響について考察しておかなければならない.

普遍数学概念の源流

デカルトは『精神指導の規則』(*Regulae ad directionem ingenii*) 中の第4規則後半部において,「普遍数学」という用語を直接用いてその概念に言及してい

---

(3) *Ibid.*, S. 171. 邦訳,13頁.

(4) *Ibid.* 邦訳,12f頁.ここでスホーテン等の著作のタイトルは,正しくは『普遍数学の諸原理』(*Principia matheseos universalis*) である.これはスホーテンのライデン大学での講義内容をバートリンが1651年に公刊したものであり,後にスホーテンがデカルト『幾何学』のラテン語訳第2版 ([Descartes 1661]) を編んだ時に,その中に収録された.以下でスホーテンの著作に言及する場合はこの版 ([Schooten 1661]) を参照する.

る．またそれに対し，多くの研究者は関心を寄せてきた．そこでは「順序 (ordo)
と尺度 (mensura)」についての探求がなされる一般的な学問の必要性が説かれ
ている．

> この同じ学問〔ある種の一般的学問〕には，他の諸学問が数学の一部と呼
> ばれるようなものをすべて含んでいることから，外来語によってではな
> く，すでに定着していて用法も認められている語で，「普遍数学」なる名
> 称が与えられている[5]．

先のライプニッツの『結合法論』第 7 項と比較するならば，共通性が容易に見
いだされるであろう．すなわち「数学」というものが特定の狭い領域を意味す
る学科なのではなく，他の学問の中に共通要素として入り込んでいること，そ
してその共通性（または類似性）を根拠に「普遍」という形容詞がかぶせられ
るのである．

　ライプニッツはデカルト（またはスホーテン）の名を挙げていたが，デカル
ト自身が記したように普遍数学という概念自身は，デカルト以前にすでに認め
られていたものである．ただ上記の『精神指導の規則』中には，その普遍数学
なるものが，具体的にどのような内容を持つのかは示されていない．そこでデ
カルトよりもさらに遡って普遍数学の思想を確認する必要がある．だが，幸い
にクラプッリ，佐々木力等の研究があるので，それにゆだねることにしたい[6]．
ここでは，デカルトからライプニッツへと受け継がれた，普遍数学の思想的本
質を見極めておきたい．

　デカルトによる記号代数の成果は，『精神指導の規則』の後半部や，より本格
的には『幾何学』(La geometrie) において展開された．ライプニッツはこの両
著作を読んで強い影響を受けている．特にスホーテンによってラテン語訳され
た『幾何学』の第 2 版（1659–61 年刊行）は，彼の初期の思想形成の契機を与
えた重要著作である．先に言及した『普遍数学の諸原理』は，ここに収録され
たのだった．またその著作は副題として「ルネ・デカルトの幾何学の方法への
入門」と題されているように，デカルトによって大きく革新された，方程式論
にもとづく代数解析の序論にもなっている．

　古代ギリシアの数学においては，量（連続量）と数（離散量）との区別は明確

---

(5)　[Descartes AT], X, p. 378. 邦訳 [デカルト 2001d]，28–29 頁．
(6)　[Crapulli 1969], pp. 145–149，または [佐々木 1985]，173–176 頁，[Sasaki 1989], pp.
255ff 参照．

なものであった．例えばユークリッド『原論』(*Elementa*) 第 5 巻の比例論と第 7 巻のそれとはあえて別々に並行な議論をしなければならないものだったのである[(7)]．デカルト以前に，コマンディーノを代表とする翻訳活動の時代があった．ユークリッド等の数学文献が，ギリシア語原典からラテン語へと翻訳され受容されていった時代である．スホーテンの提示する発想は，量（または数）を統一的に扱うという古代の数学的知識に対する（ある意味で誤った）解釈である．それが，新しい概念（普遍数学）を生み，同時に様々な学問を違った角度から眺めさせることになったのである．本項冒頭で引用した『結合法論』中の表明は，ライプニッツがこうした事柄を把握した上で自己の出発点を定めていることを示唆している[(8)]．

　さて，ライプニッツの数学上の成果との係わりの中で，ここで我々が明記すべきことがある．上記のスホーテンによって展開された内容は，あくまでも代数的有限量を前提としているということである．この『結合法論』執筆時に，ライプニッツはまだ本格的な数学研究に取り組んでいない．したがってデカルト

---

　(7)　[Euclid 1994], pp. 41–46, 262.『原論』第 5 巻定義 5，6 において，「同じ比を持つ」，「比例する」ことが定義される．第 7 巻では定義 21 において第 5 巻定義 6 に対応して二つの数が「比例する」ことが定義されるが，「同じ比を持つ」ことは定義されない．ヴィトラックによれば，古代人たちに「数とはちょうど，二つの物の間に存在する量的な関係が表されたもの」として捉えられていた．関係に対しては「比例」を定義することしかできないのである．

　(8)　実際，スホーテンの著作『普遍数学の諸原理』に付された各節の表題を列挙すると次のようになる．

- 単純な量の計算法 (logistica) について
  - 単純な量の加法について〔同様に減法，乗法，除法の各々について〕
- 合成された量の計算法について．
  - 合成された量の加法について〔同様に減法，乗法，除法の各々について〕
- 根の開平について
- 分数 (fractio) の計算法について
  - より単純なものへの分数の還元について
  - 同じ分母への分数の還元について
  - 分数の加法および減法について〔同様に乗法，除法の各々について〕
  - 分数による平方根の開平について
- 無理量 (surda) の計算法について
  - 無理量の還元について
  - 無理量の加法および減法について〔同様に乗法，除法の各々について〕
  - 2 項による平方根の開平について

の『幾何学』で取り扱われていた以外の超越量に対する研究は，まだ彼の視野には入っていなかったはずである[9]．いずれライプニッツによって，スホーテンの著作の内容は批判的に検討され，乗り越えられていくであろう．しかし同時代に進行しつつあった数学の先端的研究への興味関心よりも，ここではむしろスホーテンの著作に通底する，普遍数学概念にライプニッツが共鳴しているという段階である．

ライプニッツ流普遍数学の理念への契機

ライプニッツは 1661 年，15 歳の時にライプツィヒ大学に入学した．1663 年には早くも処女論文，『個体原理に関する形而上学的論議』(*Disputatio metaphysica de Principio Individui*) が出版される[10]．しかし我々がむしろ注目すべきは，同年ライプニッツが，イエナ大学の夏学期の講義に参加していることである．ここで彼は哲学教授エアハルト・ヴァイゲルの教えを受けた．ライプニッツの生涯を賭けて追求された普遍数学の発想にとって，このヴァイゲルからの影響が決定的であった[11]．

ヴァイゲルはライプニッツとの出会いの前にすでに，『ユークリッドによって再構成されたアリストテレス分析論』(*Analysis Aristotelica ex Euclide restituta*)（1658 年刊）という書物を出版している．題名からも察せられるように，論理学のある種の改革を目指したものである．ライプニッツにとっては，学問的体系はいかにあるべきかという基本テーマの追求に大きな影響があったようである．すなわち，異なる学問分野を統合することで，新しい知的領域を開拓する精神そのものの目覚めである[12]．ヴァイゲルは，ユークリッド『原論』に代表

- 方程式の還元について

    - 加法による還元について〔同様に減法，乗法，除法の各々による還元について〕

    - 根の開平による還元について

ここで「単純な」(simplex) 量とはまさに文字 1 文字によって代替され，せいぜい定数係数が付されるだけの量であり（例えば $a, 2b, \frac{3}{4}b, \cdots$），「合成された」(composita) 量とは，その単純な量に一度加減乗除の操作が施されたものをいう（例えば $a + 3b, 5a - 4b \cdots$）．これらを見ると，スホーテンの書は 16 世紀後半以降に普及していった記号代数の初等的，基礎的内容が盛り込まれた著作であるということがわかる．[Schooten 1661], pp. 1–48.

(9) 『幾何学』の内容は代数曲線を対象にしている．しかし，デカルト自身はそこに留まらず，（対数曲線，サイクロイド，螺線といった）超越曲線にも関心を寄せていた．詳しくは [Vuillemin 1960], chapitre 1er 参照．

(10) [Leibniz A], VI-1, S. 3–19.

(11) [Aiton 1985], pp. 13–16. 邦訳，32–36 頁．

(12) ライプニッツは後年（1688–1690 年頃），ヴァイゲルから受けた学恩を回顧し，「イエナには

される秩序だった論証を自己の議論の正当化の手段として重用した[13]．こうした著作を世に出した人物の下での修養が，ライプニッツに学問統合の基礎となる学問が「数学」の名で表されることを喚起したと考えられる．従来の研究文献は，この点を強調することに欠けている[14]．

　数学が持っている論証の確実性に依拠した個別学問の書き換えは，17世紀における一つの学問的傾向であり，それに感化されること自体は何も特別のことではない．ただヴァイゲルには単なる個々の学問に対する関心を越えた構想があった．それが普遍学 (scientia universalis)，または一般学 (scientia generalis) 構想である[15]．当時のスコラ学の伝統によって形成された学問の制度的境界を壊すべく，複数の分野の学問を中に含みながら統合し，一つの新たな体系（普遍学）作りを目指す考えである[16]．ヴァイゲルにとってはまさに数学がその思想の支えになるのである．

　ヴァイゲルの著作は，直接数学の内容を論じるものではない．議論の中心はユークリッド『原論』をモデルとした論証の方法論である．だが，ヴァイゲルの念頭にあったのはユークリッドだけではないように見える．ヴィエト，デカルトの流れに沿った代数解析の理念にも関心を寄せていたと考えられる．なぜなら，彼は先掲の著作の冒頭で，「もはや解かれない問題はないこと」(Nullum non problema solvere) という一文を（斜体による強調つきで）記しているからである[17]．このフレーズはヴィエトの著作『解析法序説』(In artem analyticem Isagoge)（1591年刊）の末尾に置かれたことで有名である[18]．17世紀前半ま

───────────────

ヴァイゲルという名の大変学識ある教授がおり，彼は『ユークリッド分析論』と名づけられた立派な著作〔正しくは本文中に示した通り〕を刊行した．そこには論理学を完全にするための，そして哲学において論証を与えるための素晴らしい考えが多くあるのである」と述べている．[Leibniz A], VI-4A, S. 968.

(13)　本文中に挙げたヴァイゲルの著作によれば，「幾何学は諸問題を解決することにおいて全能ではない．しかし承諾されたかのように，物事が依存する基礎を要請する」ものである ([Weigel 1658], p. 28)．こうした認識の下に，アリストテレスとユークリッドの方法論が検討される．ヴァイゲルは前者を「規範的解析」(Analysis regulativa)，後者を「解析的実践」(praxis analytica) と名づけている (Ibid., p. 7).

(14)　ヴァイゲル自身の思想，およびライプニッツとヴァイゲルとの関連とを中心的に論及した代表例として，[Kabitz 1909]，[Moll 1978] 等々が挙げられる．

(15)　以下において，scientia universalis, scientia generalis, 双方に対して統一的に「普遍学」という訳語を充てる．

(16)　ヴァイゲルは彼の著作の中で次のように述べている．「古代人たちの中で，最も才のあったアリストテレスは数学的な諸証明の分析から (ex resolutione demonstrationum mathematicarum)，任意の学説の中で証明を分解したり，または確立する (decomponendum seu constituendum) ことによって普遍学 (scientia generalis) を記すことを企てたのである」([Weigel 1658], pp. 5f).

(17)　Ibid., p. 3.

(18)　[Viète 1646], p. 12. ヴィエトの数学的内容，およびその革新が17世紀前半に与えた影響

6　　第1章　初期の諸研究と普遍数学構想

でに普及していた数学上の成果にもとづく確信を，ヴァイゲルもまた共有していたといえよう．こうしたヴァイゲルの思想的背景を無視して，ライプニッツへの影響は論じられないのである．

先にふれたスホーテンの著作の内容は，記号代数の体裁を取りつつ，さらに数学自体の基礎的部分としての「普遍数学」の原理を具体的に表していた．ヴァイゲルの著作は，ヴィエト，デカルト，スホーテンに共通する発想を背景に持ちながら，ユークリッドに代表される数学的論証の確実性をモデルにする．そして既成の学問領域を再編するためのプログラムを提示していた．学問全般の体系化，その体系を構築する上での数学の重要視，さらには数学の一つの基本部分として記号法への依拠．これらの3層構造こそ，内容的深化を伴いながらライプニッツが生涯にわたって追及するテーマとなるだろう．

今一度，図式化すると次のようになろう．

諸学問の再編，統合の夢＝普遍学構想．
　→基礎学問，新学問構築のためのモデルとしての数学．
　→数学の「基礎論」としての普遍数学．

我々が探求するライプニッツの学問的基本理念は，これらスホーテン，ヴァイゲルからの影響をもって出発点としているのである[19]．

ライプニッツが最初期の著作『結合法論』を著す上で，同時代に進展しつつあった先端の数学に影響されたことは記憶に値する．しかし，この時点でライプニッツの関心の中心が数学にただちに移行したわけではない．無限小解析に代表されるライプニッツの数学上の寄与は，1672年のパリ滞在以降のこととなる．その成果がフィード・バックされて，彼の普遍数学の内容が独自性を帯びていく．そうしたことが顕在化するのは，我々の手元にある1次資料上では1679年頃からである．また4.1.1項でこの問題に立ち返り，その具体的内容を

―――――――――――――――――――

については，[Klein 1968], chapter 11 または [Sasaki 1989], pp. 374–386 参照.
(19) 数学的論証の観点から，ライプニッツに強い影響を与えた人物をさらに加えるならば，ペトルス・ラムスの名も挙げられる．後にライプニッツが普遍学について論じる草稿を記したときに，ラムスの名は何度となく言及されるからである．ラムスは独自の論理学構築のアイデアにより，ユークリッド『原論』の再構成も企てたことで知られる．ただし，ライプニッツは1680年代後半に著されたと推定される草稿の中で，ラムスに対して厳しい評価を与えている．すなわちラムスは証明の厳密さにしたがいながら，「ユークリッドの方法を改変しようと望んだが，その厳密さを失ってしまっただけでなく，真理や正確さまでも失ってしまった」としている ([Leibniz A], VI-4A, S. 968). この評価は，ヴァイゲルに対する称賛が後年も変わらなかった（本項注 (12) 参照）ことと比べて対照的である．より広い観点からライプニッツへのラムスの影響を論じたものとして [Bruyère 1983] 参照.

明らかにしていくことにしよう．1666 年以前のライプニッツの基本理念が，どの程度首尾一貫し，またどの程度変化していくものか，まさにそれが我々の問題なのである．

1.1.2 『結合法論』

本項ではライプニッツの初期の代表的著作である『結合法論』の内容を具体的に見ることにする．前項で確認したように『結合法論』の背景となる数学的道具は，記号代数による初等的計算法（加減乗除，根の開平）であった．これは古典的幾何学において行われていた，「解析」と呼ばれる手法の伝統に繋るものである．解析は証明したい命題・定理等を前提とし，既知の事柄や証明済みの定理へと推論を辿っていく作業を意味する．ときには補助的な作図の発見も含まれる．ユークリッド『原論』の記述スタイルに代表される，既知の事柄，証明済みの定理等から証明したい命題の結論へと推論を進めていく流れ，すなわち「総合」の中に表向き隠れてしまう数学上の技法なのであった[20]．このような性質から，解析はしばしば「発見の技法」(ars inveniendi) という語と結びつけて考えられる．ライプニッツは，彼の数学上の発想を表明する様々な場面で，何度となくこの「発見の技法」という語を用いることとなる．

ところで，16 世紀以降の記号代数学の発展は，この解析の概念を一変してしまった．前項で見た普遍数学概念とも関連するが，連続量と離散量の扱いに対する仕切りがなくなり，一般量として統一的な扱いが許容されるようになる．幾何学上の問題において，図形の中のある量を未知量と考え，x, y 等々の文字によって表す．それらの文字を用いた代数方程式で，諸性質を表現する．以上の一連の作業が「解析」の名で呼ばれることになるのである．結局，図形の問題が方程式論の問題に帰着される．方程式の同値変形の中では，解析と逆の流れの（そして本来は正統的表現形式であった）総合はもはや無用になってしまう．そうした傾向が 17 世紀には一般的になりつつあったのである[21]．ヴィエト，デカルト等により，事実上代数的方程式論へと解析の意味が転換したことは，数学史上重要な出来事であった．

ライプニッツは以上の事情を十分ふまえている．『結合法論』序論部第 6 項で次のように述べているからである．

---

(20) ギリシア数学最盛期からパッポスを経て，17 世紀に至る数学上の「解析」，「総合」概念については [Hintikka and Remes 1974] 参照．
(21) [佐々木 1987b] 参照．特に 124–134 頁．

解析は比と比例の，あるいは明らかにされていない量 (quantitas non exposita) に関する学科であり，算術は明らかにされた量，あるいは数に関するものである[22].

ここでライプニッツは「量」を意味する語として，旧来使用されていた multitudo または magnitudo に対して，quantitas という統一的な概念を表す語を用いている．それ自体，一般量を対象とする代数解析の発想に直接対応している点である．

『結合法論』には，序論部に続き定義が置かれている．全部で 20 個の項目が定められる．そしてライプニッツは 12 個の問題を提示する．ライプニッツは我々の「組み合わせ」に相当する語を「複合」(complexio) と呼ぶ（定義 9）．そして全体に対して結合されるべき部分の数を「指数」(exponens) と呼ぶ（定義 10）．すなわち ABCD と四つの部分からなるものに対し，AB，BC，CD，… のように二つの結合を考えるとき指数は 2 であり，ABC，BCD，ACD，のように三つの結合を考えるとき指数は 3 であるという．そしてすべての指数に対して計算された複合全体を「単純複合」(complexiones simpliciter) と呼ぶ（定義 12）[23]．このとき問題 I，II は次の通りである．

1) 問題 I ： 数と指数が与えられたとき，複合を見いだすこと．
2) 問題 II： 数が与えられたとき，単純複合を見いだすこと．

我々の現代的記号を用いて表すならば，数 m，指数 n に対して問題 I は組み合わせの数 $\binom{m}{n}$ を，問題 II は $\sum_{k=0}^{m} \binom{m}{k}$ を求めることに他ならない[24].

ライプニッツは実際，問題 I に対して上の m と n を与えたときの組み合わせの数の数表（数三角形）を与える（表 1.1）[25]．そしてこの表をもとに，問題 II に対する解答を与える．つまり「与えられた数が 2 重の幾何数列の指数の間で求められるとせよ．それに直接対応する数列の数あるいは項から単位を取り去られるならば，それが求めるものになるだろう」と述べている．ただしその

---

[22] [Leibniz A], VI-1, S. 171. [ライプニッツ 1988]，13 頁．ここで「明らかにされていない量」とは未知量を，「明らかにされた量」とは既知量を表すと考えてよい（邦訳同頁，注 (3) 参照）.
[23] *Ibid.*, S. 172f. 邦訳，15f 頁．
[24] *Ibid.*, S. 174, 6. 邦訳，18, 21 頁．
[25] 表の作成の根拠として問題 I, 第 4 項において

$$\binom{m}{n} = \binom{m-1}{n-1} + \binom{m-1}{n}$$

に相当する内容が示される．*Ibid.*, S. 174f. 邦訳，18f 頁．

1.1 『結合法論』と普遍数学概念 9

表 1.1 指数と複合の表

Tab. ℵ.

0	I	I	I	I	I	I	I	I	I	I	I	I	I
1	O	1	2	3	4	5	6	7 *n*	8 *u*	9 *m*	10 *e*	11 *r*	12 *i*
2	O	0	1	3	6	10	15	21	28	36	45	55	66
3	O	0	0	1	4	10	20	35	56	84	120	165	220
4	O	0	0	0	1	5	15	35	70	126	210	330	495
5	O	0	0	0	0	1	6	21	56	126	252	462	792
6	O	0	0	0	0	0	1	7	28	84	210	462	924
7	O	0	0	0	0	0	0	1	8	36	120	330	792
8	O	0	0	0	0	0	0	0	1	9	45	165	495
9	O	0	0	0	0	0	0	0	0	1	10	55	220
10	O	0	0	0	0	0	0	0	0	0	1	11	66
11	O	0	0	0	0	0	0	0	0	0	0	1	12
12	O	0	0	0	0	0	0	0	0	0	0	0	1
*	O	1.	3.	7.	15.	31.	63.	127.	255.	511.	1023.	2047.	4095.
†		1.	2.	4.	8.	16.	32.	64.	128.	256.	512.	1024.	2048.	4096.

（左辺 Exponentes／右辺 Complexiones）

根拠の説明は難しく，単に表（数三角形）から「その事実は明瞭である」とされるだけで，一般的証明は付されていない[26]．ライプニッツはこれ以降も数三角形に手を加えながら，形を変えて様々な場面で用いることになる[27]．他方，以上の議論をふまえながら『結合法論』では「問題 I, II の利用」と称する諸項目（我々は「応用篇」と称する）が論じられ，全体の中で半分近くの分量が費やされる．この応用篇の中で，ライプニッツは記号使用に関するテーゼを提起する．それは，カッシーラーのいう「シンボル的思考」というべきものである[28]．ライプニッツ自身が明らかにする中世からの知的伝統の下で，どのよ

---

[26] *Ibid.*, S. 176. 邦訳，21f 頁．ここで「2 重の幾何数列」（progressio geometrica dupla）とは，我々の用語では公比 2 の等比数列を指す．ライプニッツの結論は我々の記号法で，

$$\sum_{k=0}^{m} \binom{m}{k} = \binom{m}{0} + \binom{m}{1} + \cdots + \binom{m}{m} = 2^m - 1$$

と表される．

[27] パリ期（1672–1676 年）の草稿上に現れる数三角形の変種については [Hofmann 1970], S. 81–90 参照．さらに最晩年（1714–1716 年）の執筆と考えられる草稿「微分算の歴史と起源」では，ライプニッツ自身がこの『結合法論』に言及する．そして表 1.1 の各行の階差数列を考えることと，微分計算との関連を指摘している．[Leibniz GM], S. 395–398. 邦訳 [ライプニッツ 1999], 310–315 頁．

[28] カッシーラーによれば，「シンボル的思考」とは次のようなものである．「思考内容そのものを操作するのではなく，それぞれの思考内容に特定の記号を対応づけ，この対応づけの力を借りて，

うな発想が披露されているのかをここで詳しく探求しよう.

「応用篇」は,通し番号で第10項から第98項まであるが,中ほどに中世以来の伝統を示唆する内容が見受けられる.それはライムンドゥス・ルルスへの言及である.すなわち「応用篇」第56–62項が重要である[29].ルルスの「術」が記憶術というヨーロッパ古来の伝統の中で,どれほど画期的であったかについてはイエイツに詳しい.イエイツによれば,このルルスの「術」は古典的記憶術にあった具体的なイメージを払拭し,「ほとんど代数的,または抽象科学的ともいえる趣きを」持ち込んでいるのである[30].そうした点がライプニッツを魅了したことは想像に難くない.しかしながらライプニッツはこのルルスの方法に満足はしていない[31].

加えてルルスの影響を受けた人たち,例えば,アルシュート,ブルーノ,キルヒャー等の名も,この『結合法論』中に挙げられている[32].ライプニッツはそうした人々の著作を通じて,ルネッサンス後期,および同時代の思想も自己の思想形成の糧としていたことがわかる.ではライプニッツがその影響下において,この『結合法論』において独自性を打ち出しているとするとそれはどこにあるだろうか.やはりルルスが限定的な数の項目の組み合わせのみを考えたのに対し,ライプニッツは未知の命題をも産出するような,より一般的な結合法,組み合わせ論を考えていたということである.一般性を確保するために数学的な手順への還元を考え,例えば先の問題 I, II のような問題を提示したところが彼の独自性であろう.ルルスを始めとする人々にはそうした数学の利用は視野の外であったに違いない.

数学に係わる内容は,「応用篇」第64項以下に明瞭に現れる.ライプニッツは数学における伝統的手法である総合を用いて,幾何学的内容を持つ内容を構

複雑な証明の連鎖のすべての項をただ一つの公式にまとめあげ,それらすべての項を一目で分節された総体として捉えることを可能にしてくれる濃縮化を果たすことにある」([Cassirer 1923–29], 3, S. 453f, 邦訳 [カッシーラー 1989–97], (四), 206f 頁).こうしたライプニッツ特有の発想は,この『結合法論』で初めて披露され,以降首尾一貫して保持されていったと考えられる.

(29) すでに多くの研究者たちによって,ルルスの思想史上の位置づけがなされている. [ロッシ 1984], [イエイツ 1993], [エーコ 1995] 等を参照.ライプニッツはルルスの『アルス・マグナ』(*Ars magna*) を始めとする著作に,1598 年にストラスブールで出版された著作集を通じてふれている.我々は『結合法論』第 56 項における引用によってそれを判断することができる.

(30) [イエイツ 1993], 212 頁.

(31) 実際,ライプニッツはルルスによる概念分類を,次のように批判する.「最も抽象的でなければならない絶対的述語において,なぜ彼〔ルルス〕は意志,真理,知恵,美徳,栄光というものを混ぜたのか.そしてなぜ美を,図形を,あるいは数を省いたのか」. [Leibniz A], VI-1, S. 193.

(32) *Ibid.*, S. 192, 194.

成し，分類する．まず第 64 項では次のように述べる．

> すべてが何から構成されているかを確定するために，この手法の範疇
> を，そしてまさに質料を指示することに対して解析が適用されなければ
> ならない．解析とは次のようなものである．1) 任意の与えられた項は
> 形式的部分に分解され，その定義が定められる．しかしこの部分は再び
> 部分に，すなわち項の定義の定義が置かれ，単純部分，つまり定義でき
> ない項まで続ける．なぜなら「すべてのものの定義を求める必要はない
> ($o\dot{\upsilon}$ $\delta\epsilon\hat{\imath}$ $\pi\alpha\nu\tau\dot{o}\varsigma$ $\acute{o}\rho o\nu$ $\zeta\eta\tau\epsilon\hat{\imath}\nu$)」からである．そしてその最終項は，もは
> やそれ以上の定義によってではなく，類比 (analogia) によって理解され
> る[33]．

事物のみならず関係，様態を含んだ基本項を最初に設定し，それらに自然数を対
応させ，一つのクラスを作る．実際，第 88 項以降ではクラス 1 として，27 項目
が掲げられる．すなわち，1. 点，2. 空間，3. 間に位置する，〔…〕，9. 部分，
10. 全体，11. 同一，〔…〕，14. 数，15. 多数，〔…〕，27. 進展 (progressio)
または連続しているもの，である．これらを用いて，例えばクラス 2 の第 1 項
目に属するものとして

$$1.\ \text{Quantitas est 14.}\ \tau\hat{\omega}\nu\ 9(15).$$

すなわち「量は多数の部分の数である」という命題が生み出される．さらにま
た，いま作り出した項を用いて，クラス 3 の第 2 項目に属する項として以下を
作る．

$$2.\ \text{Aequale, A}\ \tau\hat{\eta}\varsigma\ 11.\ \frac{1}{2}.$$

クラス 2 の第 1 項目（「量」）を分数 $\frac{1}{2}$ で表示し，「同一の量を持つ A は等し
い」という命題が生み出されるのである．解析によって分解不可能な項とされ
た第 1 クラスの 27 項目は，組み合わされて次々と真である命題を生成する（例
えば，「直角はすべての方向において等しい角である」（クラス 16，項目 1））．そ
の作業はクラス 24 に至るまで続けられる[34]．ライプニッツは意図して，ユー
クリッド『原論』が「定義」として提示したものを，演繹的推論の対象にしよ

---

[33] [Leibniz A], VI-1, S. 194f. 邦訳，35 頁．この引用中に見受けられる「無定義語」に関す
る指摘は，パスカル「幾何学精神について」(De l'esprit géométrique) の内容を彷彿させる．
[34] [Leibniz A], VI-1, S. 200f. 邦訳，44–52 頁．

12　第 1 章　初期の諸研究と普遍数学構想

うとしているように見える．実際，第87項において「もし時間が許すならば，同じ方法によってユークリッド『原論』の中のすべての定義を説明することができただろうに」と述べている[35]．

ライプニッツは同時代に普及していた代数解析の利点（代理記号としての数の利用）を活かしている．その一方で，解析元来の意味合い（分解不可能な項までの遡及）に忠実である．さらに記号的組み合わせの作業を『原論』で論証の対象外とされたものへも適用することで，自己の方法論の有効性を示そうとするのである．この『結合法論』が我々に提示する内容は，前項で確認したデカルト，スホーテンから学んだ普遍数学の理念と，ヴァイゲルを通して得たと考えられる幾何学的論証法にもとづくスコラ学改革の構想に対する，ライプニッツなりの返答であったと位置づけられよう．

後年，パリ滞在期以降（1683年夏–1688年初め頃）執筆された草稿「普遍的総合と普遍的解析，すなわち発見と判断の技法について」(De synthesi et analysi universali seu arte inveniendi et judicandi) の中で，ライプニッツは結合法に言及し，次のように述べている．

> 結合法は，特に事物の形相について，あるいは普遍的な形式について取り扱われる（すなわち一般的に記号的ということができる）学問であるように私には思われる．つまり a, b, c 等々によって（それが量を表わす場合でも，何か他のものを表わす場合でも）互いに結合されたときに様々な形式が生じるのに応じて，質一般について，あるいは相似と非相似 (simile et dissimile) について扱われる．そしてこの学問は，量に適用された形式，あるいは相等と不等について論じる代数学と区別される．したがって代数学は結合法に従属する．〔強調は引用者〕[36]

このように結合法が代数学をしたがえてしまうというアイデア自身は，『結合法論』の中にも，一端の芽生えを見ることができるのである．しかしこのパリ時代を経た後のライプニッツの発想には1666年の著作には明確に現れていないものも含まれている．当然のことながら彼の思想は進化を遂げている．例えば，結合法をはっきりと「記号的な」(characterisitica sive speciosa) 学問と捉えて

---

(35) *Ibid.*, S. 199. 邦訳, 43f 頁．ここでほのめかされるユークリッド『原論』の改革こそが，パリ時代以降さかんに試行錯誤される「位置解析」を支える最も基本的な動機である．

(36) [Leibniz A], VI-4A, S. 545. 邦訳 [ライプニッツ 1997], 23 頁．また訳者による注16参照（22f 頁）．

1.1 『結合法論』と普遍数学概念　　*13*

いることなどはその典型であろう.『結合法論』の「応用篇」では基本項目に自然数を対応させ,その組み合わせ(分数表示)によって新しい命題の産出が計られていた.また,「間に位置する」などという関係概念を基本項目の中に含めていたことは,ライプニッツらしい配慮といえる.しかしながら,彼の記号的学問はやはり,パリ滞在期を通じて本格化した数学的研究の成果,すなわち無限小解析や位置解析の発展を考察した後に,より正確に把握されるべきものである.後年のまた別な草稿の中で,ライプニッツは若き日のこの著作『結合法論』を回顧して次のように述べている.

> 私は,まだ若かった20歳のときに偶然学問的実践を志すことになり,1666年に本の形で公刊された『結合法論』を書いたのだった.その中で私は驚くべき発見を公に提示したのである.しかしその論文は学校を出たばかりの,そしてそれまでの現実の学問に何ら染まってない若者が書き得る類のものだった(なぜなら数学は適所で機能していなかったし,もし少年時代をパリで過ごしていたならば,学問自体をおそらくもっと成熟したものに進展させていただろうに)[37].

ライプニッツにとってパリ時代の数学研究は重要な意味を持っている[38].しかしそれはまだ先の話題であって,我々はあまり先走りすべきではない.ここでは,後にライプニッツの思想の標語として有名になる「人間思考のアルファベット」(Alphabetum cogitationum humanarum)[39]作りへの方向性が,最初期の著作『結合法論』によって決められていったこと,その第一歩としての位置づけを確認するに留めておく.

---

(37) [Leibniz A], VI-4A, S. 266. 邦訳 [ライプニッツ 1991b], 282f 頁. アカデミー版編者の推定によれば,この草稿は 1679 年の前半執筆されたと考えられる. また引用文中の「もし少年時代を … 」の部分には「パスカルのように」(quemadmodum Pascalius) という字句が書かれてあり, 線で抹消されているという.
(38) パリ滞在の初期のガロワ宛書簡(1672 年末)の中でさえ,「私によって 6 年前に表わされた『結合法論』は, 確かに子供っぽいアカデミー派 (academicus) の流儀であったが, 今でも私はそのすべてを否定しているわけではないのです」と述べ, その間の研究が深化したことを示唆している([Leibniz A], III-1, S. 18. [ライプニッツ 1997], 113 頁). 実際, ライプニッツは, パリ時代以降も『結合法論』で追求した組み合わせ論の研究を続けている. [Knobloch 1973], S. 59–90 参照.
(39) [Leibniz A], VI-4A, S. 265. 邦訳 282 頁.

1.2 法学研究

1.2.1 ライプニッツの法学研究と数学研究との係わり

ライプニッツは 1666 年に『結合法論』を完成した後，彼の所属するライプ
ツィヒ大学に博士号（法学）の申請をした．しかしこれは拒否された（年齢の
若さが原因の一つであったという）．やむなくライプニッツはアルトドルフ大学
に移り，同年中に『法律における複雑な事例』(*De casibus perplexis in jure*) を
出版し，翌年初めには首尾よく博士号を取得することができた[40]．ライプニッ
ツは 1660 年代後半から 70 年代初めにかけて『条件論 I』(*Disputatio juridica
de conditionibus*)（1665 年 7 月），『条件論 II』(*Disputatio juridica posterior
de conditionibus*)（1665 年 8 月），『法学を学び，教えるための新方法』(*Nova
methodus discendae docendaeque jurisprudentiae*)（1667 年）（以下では『法学
のための新方法』と称する），『法の諸例』(*Specimina juris*)（1669 年），「自然法
原論」(Elemneta juris naturalis)（1669–71 年頃）等々の著作，草稿を残した．
彼の法学研究は，数学研究の発展の中でも重要な役割を果たす．前項でも述べ
たように，1663 年のヴァイゲルとの出会いによって，数学（特にユークリッド
『原論』）をモデルにした学問的統合のアイデアはこの法学研究の中にも取り込
まれている．だがライプニッツ自身が法学研究を通じて得た知見は漠然とした
学問統合の構想だけでなく，後年の数学研究の中でより具体的に，一つの動機
となって機能するのである．実際に法学研究がライプニッツにもたらしたと考
えられる，数学上のアイデアを列挙すると次のようになる．

1) 証明論の一般化（ユークリッド『原論』の体系に対する批判的改革の意識）．
2) 事象，判断等，可能性に関する評価の数量化（確率論へのつながり）．

これら 2 点を確認すべく，この時期のライプニッツの法学研究上の論考から，
本質的な部分を抽出しておきたい．

---

(40) [Aiton 1985], pp. 21f. 邦訳，44 頁.

1.2.2　法学研究と証明論

　ライプニッツは，当時の思潮に沿って自然法の研究に従事した．「万人共通の理性」を前提とした法理論である．それは純粋に概念的なものであり，自明な諸原理からスタートして論理的演繹的に構成されることになる．したがってライプニッツには当初から数学，特にユークリッド『原論』の体系・理論構成との並行性が意識されていたのである[41]．

　この法学研究の分野において，ヴァイゲル以外にライプニッツに多大な影響を与えた 17 世紀人はグロティウス，ホッブズ，プーフェンドルフらである[42]．ライプニッツの法学上の基本思想は，グロティウス以来の自然法体系化の枠組を保ちつつ，プーフェンドルフ，ホッブズ等の主意主義に対抗する立場を取る．すなわちライプニッツによれば，法によって保たれる「正義」は本質的に「形式的推論」を要素として含んでいる．これはけっして神の自由意志に還元されるべきものではない．法学研究におけるライプニッツの主知主義の立場は，数学も含めた真理一般に対する首尾一貫した態度である[43]．特にホッブズからの影響を論じることは，法学研究の分野のみならず我々にとっての最重要課題となろう．本項では特に，ライプニッツの証明論への影響という観点での分析を試みたい．

　『条件論 I, II』は法律に適用する仮言的，または条件的判断の理論を展開したものである．ライプニッツはユークリッド『原論』の形式に則り，諸項目に「定義」，「証明を伴った定理」と名づけて議論を進めていく．『条件論 I』の冒頭で彼は，「最も確実で，そしてほとんど数学的な証明の中で，才能を補充することよりも，むしろ順序正しく説明することにおいて」作業が行われていく旨を述べている[44]．我々が今分析の対象としようとしている 1670 年前後のライプニッツの法学研究の著作では，ほぼ一貫してこの記述のスタイルが取られて

---

(41)　本来的に法学は，現実の諸問題の解決という側面を不可欠な要素として持っている．しかしながらカッシーラーによれば，17 世紀の法学研究は，「経験ではなく定義に，事実ではなく厳格な論理的な証明に依拠する学科に属する」ものになっていくという面を備えつつあった．[カッシーラー 1962], 293 頁．
(42)　ここに挙げた 3 人のうち，プーフェンドルフが，ライプニッツ同様ヴァイゲルの教えを受けている点は注目される．
(43)　[Zarka 1995a], pp. 181f. また本文中の 3 者，ライプニッツの法学研究に対する同時代的位置づけ，または後世への影響は [Hochstrasser 2000]，[Hunter 2001] 参照．さらにその 3 者の，特に自然学，数学への一般的影響は [Dufour 1980] 参照．
(44)　[Leibniz A], VI-1, S. 101.

16　　第 1 章　初期の諸研究と普遍数学構想

いる．ライプニッツにとって自然法の研究の過程では，とりもなおさず論理性が優先されたのである[45]．さらに『条件論 I』，定義 51 では「物，あるいは人は不確かであり，それは不定な個体である」と述べられるのに対し，次の定義 52 では「証明は議論 (subjectum) の場において，定められた特性 (propria) である」と定義づけられる[46]．『法学のための新方法』ではさらに，証明論としての自己の方法論に対する積極的な表明に及ぶ．実際，その第 1 部 §25 で，ライプニッツは次のように述べる．

> 分析 (Analytica)，あるいは判断の方法は，私にはちょうど，一般に二つの規則によってすべてのことが完成されるように見える．
> （1）説明されることなしに，どんな言葉 (vox) も認められないこと，
> （2）証明されることなしに，どんな命題も認められないこと．私が思うに，これらはあの『第一哲学』におけるデカルト流の四つのもの，その第 1 のものは，私が明晰に，そして判明に把握する (percipio) ものは何でも真であるというものであるが，それよりもずっと完成されたものである[47]．

またこれに先立つ §24 では，「さまざまな場 (loci)，すなわち全体，原因，質量，相似といった，超越的諸関係 (relationes transcendentes) がトピカ，あるいは発見の技法の基礎である」と述べている[48]．彼の数学研究の中で頻出する超越的という語が，このような場面で顔を出すことが興味深い[49]．そして超越的な「関係」が，発見の技法にとって基礎をなすとした点は極めて重要である．なぜなら，この概念がライプニッツの認識論的な基本原理とみなすことができるからである．同じ §24 で，「命題は結合法を通じて，ある関係 (relatio) によって結ばれた物々から作られる」として前年に出版されている自己の著書

---

(45) [Grua 1956], p. 234.
(46) [Leibniz A], VI-1, S. 104.
(47) *Ibid.*, S. 279f. 引用文中のデカルトの著作は，『省察』(*Meditationes de prima philosophia*)（1641 年刊）のことである．デカルトは六つの省察の「概要」において，一つの標語として本文中に引用された言葉を述べている（[Descartes AT], VII, p. 15. 邦訳 [デカルト 2001b], 24 頁）．一方，デカルトは第 6 省察で，この「明晰かつ判明に私が把握するもの」の言い換えとして，「純粋数学の対象のうちに把握され，一般的に吟味されたすべてのもの」と述べている（*Ibid.*, p. 80. 邦訳，102 頁）．ライプニッツが同じ数学的手法において考察するとき，「証明」にことさら焦点を当てていることが浮き彫りにされるだろう．
(48) [Leibniz A], VI-1, S. 279.
(49) 公刊論文以前に数学的な文脈で「超越的」という語が用いられる例としては，1675 年 3 月執筆と推定されるオルデンバーグ宛書簡の草稿中での使用が確認できる (*Ibid.*, III-1, S. 204)．ライプニッツ流超越解析の数学上の意義は，3.2.2 項で検討する．

1.2 法学研究 *17*

『結合法論』に言及している[50]．ライプニッツにとって，複数の物々の存在を前提に物と物との関係を見いだすことが何より重要なのである．「相似」という関係概念は，幾何学の分野でも現れる．パリ時代以降，位置解析という新幾何学を構想することでその数学的表現方法をライプニッツは追究するが，そうしたものにこの場で言及している点も我々は銘記するべきである[51]．

　『法学のための新方法』第2部§6では「演繹的法学」(Jurisprudentia didactica)なるものをライプニッツは想定する．それはユークリッド『原論』，ホッブズ『市民論』(De cive)，『物体論』(De corpore)，およびプーフェンドルフ『〔普遍〕法学原論』(Elementa jurisprudentiae〔universalis〕) 等の題名に倣って『原論』の一つと呼ばれることがふさわしいとされる．ライプニッツによればその『原論』は二つの事柄によって作り上げられる．それは「術語の説明，または定義」と「命題，または規則 (praeceptum)」である[52]．これらは先に述べた第1部§25の内容の繰り返し（あるいはその単純化）であるが，ホッブズの名が直接言及されていることは見逃せない．ライプニッツが先の第1部§25の二つの規則 (1)，(2) で述べていることは，ユークリッド『原論』の実際の内容よりも一層厳格な構成を試みることを意味している[53]．こうした態度がホッブズからの強い影響であることが推測されるからである．グロティウス，プーフェンドルフによるユークリッド『原論』に倣った法学上の演繹的体系作りと，ホッブズのそれとは多少異なるニュアンスを持つ．ホッブズはユークリッドに単に倣うだけでなく，『原論』の構成の不徹底さにまで目を向けている．それゆえユークリッド自体を改革するという数学研究上の動機ともなり得るのである．この『法学のための新方法』はあくまで法学上の著作である．それゆえ数学上の実質的な議論を見ることはできない．しかし法学研究の中で芽生えた一つの動機は，持続性を持ったものである．したがってライプニッツの数学研究にお

---

(50)　*Ibid.*, VI-1, S. 279.
(51)　ライプニッツの哲学思想の中でも，この「関係の理論」は一つの大きな柱となっていく．彼の生涯全般を通じてこうした理論の発展に論及した文献として，[Mugnai 1992] を挙げることができる．また位置解析をライプニッツが構想して以降，「相似」という概念は普遍数学概念においても重要な役割を果たすようになる．[Schneider 1988], S. 169 参照．この点について，我々は 4.1.1 項で検討する．
(52)　[Leibniz A], VI-1, S. 295.
(53)　ユークリッド『原論』は多くの未定義語，未証明な性質をその証明中に使用している．例えば，第1巻命題1「一つの与えられた線分の上に，等辺三角形を作図すること」では，ある半径で描かれた二つの円がどこかで交わることが前提されている ([Euclid 1990], p. 196 参照)．ライプニッツの「格率」はこうした隠れた性質のみならず，すでに「公理」，「公準」として歴史的承認を受けている事柄に対しても，見直しの目を向けていくことになる．

18　　第1章　初期の諸研究と普遍数学構想

いて，大きな推進力として機能する．そのことを我々は，後で（3.1.3 項）確認
するだろう．それがこの時点ですでに種が蒔かれているということである．

　ライプニッツの証明論がより具体的な姿を我々に見せるのは，1671 年から 1672
年頃の執筆の草稿「第一命題の証明」(Demonstratio propositionum primarum)
においてである．この草稿でライプニッツは最初に「私は，証明されることな
しにはどんな命題も受け入れるべきではないし，また説明されることなしにど
んな言葉も〔受け入れるべきではない〕，そのように考える」と述べる．これは
『法学のための新方法』中の格率と同じものである．さらに加えてこの草稿で
は具体例を挙げる．すなわち「全体は部分よりも大きい」，「理由なしには何も
のも存在しない」，「円は直径の平方に比例する」，「奇数は平方の差である」と
いった命題が証明の対象とされるべきであるとされる．そしてライプニッツは
次のようにいう．

> 　それら〔上記の諸命題〕はすべて，ただ正確で識別された言明 (expositio)
> のみに，すなわち**定義に依存する**というものである．同じことをアリス
> トテレスは留意していたし，ルルスも同じである．〔強調は引用者〕[54]

最初に挙げた「全体は部分より大きい」は周知のように，ユークリッド『原
論』第 1 巻中の公理である．ライプニッツはここで，この「命題」は「量に
関する学問の基礎であり，ホッブズが最初に証明した」と指摘する．また同
じ「命題」を「グレゴワール・ド・サン・ヴァンサンは接触角において否定し
た」と述べている[55]．接触角問題は，ユークリッド『原論』第 1 巻定義 8 に
ある「角」の定義（「平面角とは平面上にあって互いに交わるか，1 直線をな
すことのない二つの線相互の傾きである」）の不明瞭さに由来する．角の辺と
して曲線（例えば，円弧と円に接する接線との間の角）も認めることで発生し
た問題である．古来いくつかの数学的著作の中で論題として取り扱われてき
た[56]．ライプニッツは後にパリでホイヘンスに出会い，サン・ヴァンサンの著

---

(54)　[Leibniz A], VI-2, S. 479.

(55)　*Ibid.*, S. 480. この草稿「第一命題の証明」に加えて，少し時期的に前に遡るが，1670 年
の著作にも同様の言明を見いだすことができる．ライプニッツは同年，マリウス・ニゾリウスの
著作『偽哲学者に抗して哲学することの真の原理と推論について』(*De veris principiis et vera
ratione philosophandi contra pseudophilosophos*) を編集し，復刊する．その際，彼は序文を
著し，ニゾリウスの主張する帰納的推論に比して，論証の確実性を得ることの徹底化を主張する．
そこで，同じように「全体は部分より大きい」についてホッブズとサン・ヴァンサンに言及してい
る．*Ibid.*, S. 432.

(56)　13–14 世紀における接触角問題の議論については [三浦 1987]，57–60 頁．16–17 世紀にお

1.2　法学研究　　*19*

書『幾何学的著作』(*Opus geometricum*) を読むように指示されたとされる[57].

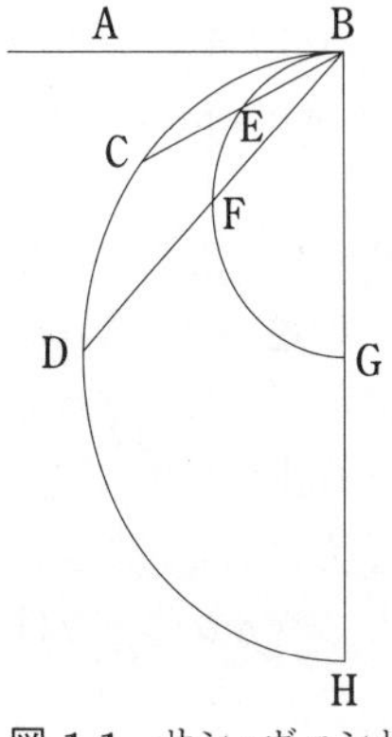

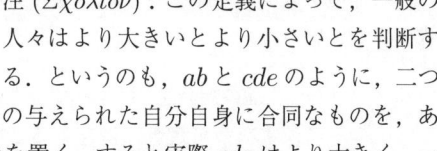

この時点（1671–72 年）で，この大部な著作（全体で 1225 頁）の内容をどの程度理解したかは不明確である．だが，ライプニッツがその後も情熱を持って取り組んだ接触角問題に言及していることは注目されてよい[58]．実際にライプニッツは「全体は部分よりも大きい」を次のように「証明」する．

図 1.1　サン・ヴァンサン『幾何学的著作』第 8 巻より

- 定義：より大きいとはその部分が他方のすべてに等しいということである．

- 注 (Σχόλιον)：この定義によって，一般の人々はより大きいとより小さいとを判断する．というのも，*ab* と *cde* のように，二つの与えられた自分自身に合同なものを，あるいは少なくとも平行なものを置く．すると実際 *cde* はより大きく，一方は，*cd* または *ab* に等しく，そして他方は *de* をさらに持っていることが明らかである．

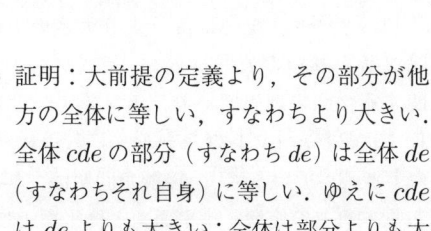

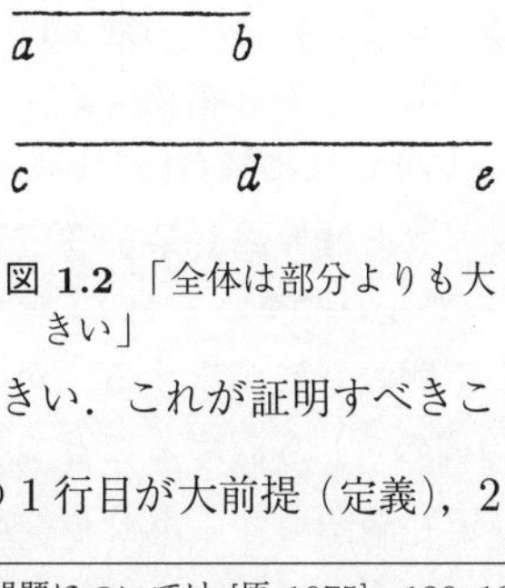

- 証明：大前提の定義より，その部分が他方の全体に等しい，すなわちより大きい．全体 *cde* の部分（すなわち *de*）は全体 *de*（すなわちそれ自身）に等しい．ゆえに *cde* は *de* よりも大きい；全体は部分よりも大きい．これが証明すべきことであった[59]．

図 1.2　「全体は部分よりも大きい」

証明の 1 行目が大前提（定義），2 行目が小前提（同一律），3 行目が結論という

ける同問題については [原 1975]，129–134 頁参照．ライプニッツのサン・ヴァンサン『幾何学的著作』からの影響については，また改めて 2.1.1 項でもふれる．

(57)　[Hofmann 1974]，p. 15

(58)　[Hofmann 1942]，S. 23.　サン・ヴァンサンの議論は次のようなものである．図 1.1 において直径 BH の大円と，BG の小円がある．両者は点 B で共に直線 AB に接している．点 D は半円周を，点 C は弧 $\stackrel{\frown}{\text{BD}}$ を 2 等分する点である．このとき ∠DBH = ∠FBG，∠CBD = ∠EBF．以下，大円上に B に向けて弧の 2 等分点を取り続けると，無限において (in infinitum) ∠HBCD = ∠GBEF となる．したがって接触角 ∠ABCD と ∠ABEF は，各々直角の補角になるので等しい．「これから幾何学の原理を完全に破棄してしまうような学識 (doctrina)，すなわち全体はその部分に等しいということがしたがう．なぜなら ∠GBEF は ∠HBCD の一部であるから」とサン・ヴァンサンは述べている．[St. Vincent 1647]，p. 871.

(59)　[Leibniz A]，VI-2，S. 482f.

20　第 1 章　初期の諸研究と普遍数学構想

典型的な三段論法である．ただしライプニッツがここで展開した論法は，けっして彼の独創ではない．ホッブズが『物体論』（1655 年刊）の中で示したものと同じである[60]．ホッブズが試みた，ユークリッド『原論』中の公理を「証明」する具体例がライプニッツに強い印象を与えていることが容易に推察できよう．

ホッブズも，元々ユークリッド『原論』に啓発され，一端は論証のモデルとした．しかし，そこに飽き足らず一層の徹底化へと傾いていった経緯がある[61]．ホッブズにとって，何が論証の内容として最重要事項であったのであろうか．それは「定義」である．『物体論』第 3 章「命題について」8 でホッブズは次のように述べる．

> あらゆるものの中で第一の真理，初めにある物々に名前を (nomen) を定めた，あるいは他の人々によって定められてきたものを受け入れた**人々の恣意 (arbitrio)** に起源があるということが導かれる．なぜなら，例えば「人間は動物である」ということは正しい．そのため同じものにそうした二つの名が定められることを決めたのである．〔強調は引用者〕[62]

この引用文はホッブズの特徴をよく表している．つまり人々が任意に名前を定めることが出発点であり，同時にそれを受け入れることで議論が展開していくのである．ユークリッド『原論』を固定された体系と捉えない柔軟な発想が，ライプニッツにも影響を与えたと我々は考える．しかし共に論証の確実性を徹底して求めながらも，両者のスタンスには違いもある．いわゆる「懐疑主義」に対する意識である．ライプニッツはより鮮明に懐疑主義者を論駁しようという意図を持っている．彼は上で引用した「第一命題の証明」の中でも「定義が置かれるときには，たとえどんなに懐疑主義者が多くとも，彼らにも認められる必要がある」と述べている[63]．したがってライプニッツがホッブズのいう「人間の恣意」にもとづいた真理観に対し，批判を展開し始めるのにそう時間はかからなかった[64]．

---

(60) [Hobbes OL], Vol. 1, p. 106.

(61) [佐々木 1992], 165f 頁．

(62) [Hobbes OL], Vol. 1, p. 32.

(63) [Leibniz A], VI-2, S. 480. 一方，ホッブズと懐疑主義については [佐々木 1992], 144 頁．

(64) ライプニッツは，パリ滞在初期の 1672 年末に書かれたと推定される，ガロワ宛書簡においてホッブズを批判する．「ホッブズはあらゆる命題の真理が人間の恣意による，と考えた点で確かに間違っている」とした上で，さらに「ある人は，もしあらゆる公理が名前の定義によって証明可能なのであれば，それが恣意的である以上，すべての真理が人間の恣意に依存することになるであろう，というだろう．だが，ホッブズのこうした意見は学識ある人によって否定された」と述べている．[Leibniz A], III-1, S.13, 16. 邦訳 [ライプニッツ 1997], 107, 111 頁．

ライプニッツは「恣意的な定義」で十分としない．そこで論駁不能な原理としての「同一律」(A = A) こそが真理の基礎に据えられ，広い意味で論理学を構成する際，特別な役割を果たすことになる[65]．いずれにせよ，ライプニッツにとってこの「全体は部分よりも大きい」は，あらかじめ成立が前提されるものでないと了解されている．同時代における『原論』批判の先行研究も取り入れて，独自の証明論を育んでいったのである[66]．

　以上の議論を整理して図式化すると次のようになろう．

> 自然法研究の中で論証の確実性を求める．
> →ユークリッド『原論』の体系をモデルとする．
> →『原論』批判によって，論証そのものへの反省に向かう．
> →証明の徹底化（公理として認知されたものも，証明の対象とする）．

こうした発想の流れは，位置解析という新たな幾何学構想の中で具体化される（3.1.3 項参照）．ライプニッツの数学研究は，このように数学以外の研究によって動機づけられることがあるという点をここで再度強調しておきたい．

1.2.3　法学研究と確率論の萌芽

　ライプニッツは自然法研究の中に「論証の確実性」を求めた．その際，前項で見たように，論証自体に対する考察は，彼に証明論に対する反省を促した．一方，この法学研究にはライプニッツのまた違った数学研究への結びつきを見いだすことができる．それは法判断における「確実性」に対して，数量化を試みることである．後に確率論研究に結びつく要素を，前項同様，ライプニッツの 1660 年代後半から 70 年代初めにかけての著作の中から抽出しておこう．

　1665 年 8 月出版の『条件論 II』では仮言的判断の法律への適用が論じられている．ここでライプニッツは，初めて条件成立の可能性と数値との対応を図式化する．すなわち表 1.2 のようになる[67]．ライプニッツは条件付きの法の可能性は「絶対的なものと無効なものとの間の中間にある．ちょうど 0 と 1 と

---

(65)　ここに至って，ライプニッツがホッブズの唯名論から離れた地点に立ったということを，我々は銘記すべきである．[Couturat 1901], pp. 187f.
(66)　ライプニッツは同じ草稿「第一命題の証明」においてクラヴィウスの名を挙げ，「ユークリッドによって採用されたある種の公理が，クラヴィウスやその他の人々によって，定理の数の中に移しかえられ，わずかに難しいものになったということが知られている」と述べている．[Leibniz A], VI-2, S. 480.
(67)　*Ibid.*, VI-1, S. 139.

22　　第 1 章　初期の諸研究と普遍数学構想

表 1.2 『条件論 II』における表

無効な法 (Jus nullum)	条件付きの法 (Jus conditionale)	絶対的な法 (Jus purum)
不可能な条件	不確実な条件	必然的な条件
0 (cyphra)	分数 (fractio)	1 (integrum)

の間の分数のようになる. 後者〔無効なものの可能性〕よりも大きく, 前者〔絶対的なものの可能性〕よりも小さい」としている. こうして条件が成立するかどうかが問われ, 確実性が「いわば共通の尺度のように期待 (spes) によって算定しうる」かどうかが問題とされるのである[68].

表 1.3 『法の諸例』における表

不可能な条件	偶然的 (contingens) 条件	必然的な条件
0	$\frac{1}{2}$	1
無効な法	条件つきの法	絶対的な法

上記の『条件論』は I, II あわせて改訂され, 1669 年に『法の諸例』として出版される. この著作の第 76 項で, 条件つきの法が定義される. 表 1.2 と比して, 条件つきの法に対応する数として, 単に分数とされていたものが, より具体的に $\frac{1}{2}$ に変えられている点が違いである (表 1.3 参照)[69]. さらに定理 67 は, 「条件つきの法は条件づけ (conditionatum), 存在する条件の確からしさ (probabilitas) から, そして結局はそれ自身から算定を受けること」と題され, 初めて「確からしさ」の語が用いられる. それがどのようなものであるか特に定義づけるということはされていない (したがって, あえて「確率」という訳語は充てない). しかしながら「確からしさの度合いに関する論理学的な学識 (doctorina Logica de gradibus probabitatis) に, 全体が依存する」と定理の内容をライプニッツは説明している[70]. こうした問題関心が, 「確率」を数学的に定式化していく第一歩であるといってさしつかえないであろう[71].

---

(68)　*Ibid.* 1678 年 9 月執筆の草稿「不確かさの算定について」(*De incerti aestimatione*) ではゲームを行い, 分け前を結果に応じて公平に定めることが論じられる. 「期待の算定」(spei aestimatio) は個々のプレーヤーに与えられる取り分 (portio sortis virilis) として定義される (*Ibid.*, VI-4A, S. 92). また [Leibniz EA], p. 157(n. 44) も参照.

(69)　[Leibniz A], VI-1, S. 420.

(70)　*Ibid.*, S. 426.

(71)　[Robinet 1994], p. 18, [Hacking 1975], pp. 87f. クーチュラはこの『条件論 II』, 『法の諸例』の表に現れるアイデアは, 「ライプニッツの論理学的著作の中には, 再び現れることはなかった」としている ([Couturat 1901], pp. 553f). しかし「論理学」という語をより広く解釈するな

1.2 法学研究　23

先の表 1.3 に対し，ライプニッツは次のように述べる．

> 分数が 0 と 1 の中間であるように，条件付きの法は無効と絶対の中間である．そして $\frac{1}{2}$ であるものがより一層 0 に近づいたり，〔$\frac{1}{2}$ を〕超えるものがより一層 1 に近づいていくのに応じて，分数が変わっていくように，条件つきの法は様々な算定 (aestimatio varia) を受ける[72]．

これは条件成立に関してある種の可能性を設定し，0 と 1 の間の様々な数との対応を考えているとも受け取ることができる表明である．ライプニッツの「確からしさ」の数量化は，この 1670 年前においてはいまだ本格化しているとはいえないだろう．ただし上記の引用を見るならば，十分確率研究に結びつく発想が示唆されているとも考えることができる．確からしさ自体を定義づけるといった，確からしさ「算定」の定式化は，また別な主題の下で行われる．しかし初期の法学研究の中でも，「確からしさ」を可能性に結びつけて理解し，定義づけようとしていることは別の論考から窺える．草稿「自然法原論」の中に，我々は以下のようなライプニッツの発想を見いだすことができる．

> 確からしいということは，より完全に理解できるということか，あるいは同じことだが，より可能であるということである．それゆえ，確からしいことに対して存在の容易さ (facilitas) のみならず，当面，他の共存在 (coexistendum) の容易さが要求される．ゆえに一般的に何も確からしさについては定義されずじまいだったが，それは確からしさ (probabilitas) があらゆる状況の中から集められたものによって (ex collectione omnium circumstantiarum) 定まるからである[73]．

あくまでも，多元論的な状況把握において確からしさが決まるという，形而上学的な原理を述べたに過ぎない，と受け取られるかもしれない．しかし，後に（1678 年 9 月）草稿「不確かさの算定について」において「確からしさとは可能性の度合である」(Probabilitas est gradus possibilitatis) と定義するとき，1670 年前後の言明と遠く隔たったところにいるのではないように見える[74]．結局

らば（実際ライプニッツは普遍数学の意で用いることもある），修正されてしかるべき記述であろう．

(72) [Leibniz A], VI-1, S. 420.

(73) *Ibid.*, S. 472.

(74) *Ibid.*, VI-4A, S. 94. ライプニッツはさらに晩年になってヤーコプ・ベルヌーイ宛の書簡（1703 年 12 月 3 日付）の中で確からしさの算定は「すべての状況の正確な枚挙によって」計算されなければならないとしている．また「偶然性 (contingentia)，すなわち無限に状況に依存するも

「可能性の度合」をどのように示すか，それが確からしさを数量化する上での根本的かつ決定的ポイントであろう[75]．したがって同じ 1678 年 9 月草稿で定理 1 として次のように定式化することは，1670 年前後の法学研究の流れの中で自然に生まれた発想であると考えられるのである．

> もし多くの出来事が等しく容易であり，また一つの出来事において私が事象 (res) を得て，他のすべての事象においては得ないのであるならば，期待 (spes) は出来事の数に対して若干の事象の分に値するだろう．出来事の数が n，事象自体を R とせよ．期待 s は $\frac{R}{n}$ であろう[76]．

こうした定式化を見ると，「確率」という語を spes の訳語として用いることが可能なのではないかとも考えられるほどである．しかしそうすることには多少の飛躍がある．ライプニッツの同時代人で確率論の問題に係わったとされるのはフェルマー，パスカル，ホイヘンス，または『ポール・ロワイヤルの論理学』(*La logique ou l'art de penser*)（アルノー）である．彼らはみな共通に「確率」と我々が理解する概念を持っていない．彼らは，「公正さ」または「等しさ」(equitas) という概念を先に前提する．そして「確からしさ」よりも期待値を計算することの方が関心事であったと考えられる．つまり「確からしさ」が定義づけされた上で，期待値などが定式化されていく我々の議論とは同一視できない．ライプニッツも同じ前提の下で研究を出発させている．したがって，彼の先駆者たちと（近代的確率論の原点とされる）ヤーコプ・ベルヌーイとの間で，ライプニッツがどのような貢献を果たしているかが問題である[77]．法学研究を通じて，ライプニッツは確実性の度合を数量化するという問題を意識した．そうした問題を抱きながら，パリ滞在期にいたって同時代の数学的先行研究を消化する．そしてさらに新たな問題を見いだして，論を展開することを彼は担ったのである．

のは，有限な試行で決定することができない」と述べる．こうした多元論的な存在論にねざした考えは，1670 年頃とほぼ一貫しているといえるだろう．[Leibniz GM], III/1, S. 83f.

(75) 前注で言及した草稿の題名が「不確かさの算定 (aestimatio)」となっていること自体が，語の利用に関してライプニッツが 1670 年頃から一貫していることに注意を要する．ライプニッツは，けっして不確かさの「計算」(calculus) と称していない．元来，この aestimatio という語は法学上の用語であり，ローマ法における「ある種の手続き」を意味する．すなわち，裁判において債務者へ何らかの判断を下すために，その債務証書の価値を「算定（評価）」することに由来する．こうした法学用語を用いていることは，ライプニッツの研究があくまで，数学研究の本格化以前に獲得した動機にもとづいていることの証拠であろう．[Parmentier 1993], pp. 454–458 参照．

(76) [Leibniz A], VI-4A, S. 95.

(77) [Daston 1988], pp. 15–33 参照．

1.3 自然学研究

1.3.1 初期自然学研究と数学研究との係わり

我々は本章で，パリ滞在（1672 年 3 月以降）以前のライプニッツの研究から，後の数学思想の展開に結びつく内容を確認している．『結合法論』中に示された，普遍数学概念（＝代数解析）の発展形としての記号的組み合わせ論．自然法研究から派生した証明論，「確からしさ」の数量化への志向等をすでに見てきた．加えて，重要な意味合いを持つのは，自然学（運動学）研究である．

ライプニッツは 1669 年，イギリス王立協会紀要誌『フィロソフィカル・トランザクションズ』（*Philosophical Transactions*）誌に発表されたレンとホイヘンスの論文を読み，物体の衝突に関する問題に取り組み始める[78]．結局 1671 年に『新自然学仮説』（*Hypothesis physica nova*）のタイトルで，出版を果たすこととなる．この著作は「具体的運動論」（Theoria motus concreti），および「抽象的運動論」（Theoria motus abstracti）の二つの論文から成っている．ライプニッツは前者をロンドンの王立協会に，後者をパリの王立科学アカデミーに献じる．それらの著作を通じて，彼は学会活動をしていく足がかりを作っていくことになるのである[79]．

ライプニッツがそもそも運動を具体的，抽象的，二つの観点から論じることは，多くの研究者が指摘するようにホッブズ『物体論』の影響と見るのが順当である[80]．またライプニッツはデカルトの自然学に関する説に十分親しんでおり，その影響も見逃せない[81]．我々がライプニッツの 2 論文の内，より強く関心を引かれるのは「抽象的運動論」の方である．なぜなら，ライプニッツはその中で，「基礎運動論」（phoronomia elementalis）を構築しようとしながら[82]，特に次の考察に及んでいるからである．

---

[78] ライプニッツは，早速 1669 年夏以降から，「運動の理論について」（De rationibus motus）という草稿を著し，翌年にかけて新しい著作への構想を記した草稿を残した．ライプニッツは草稿「運動の理論について」の中で，1669 年 4 月に発表されたホイヘンスの論文の内容をまとめながら，同じ時期に同じ事柄をレンが発表したとして，ホイヘンスがレンを剽窃のかどで非難していることにふれている．[Leibniz A], VI-2, S. 159.

[79] [Aiton 1985], p. 30. 邦訳 [エイトン 1990], 56 頁.

[80] 例えば，[Bernstein 1980], pp. 26ff, [Duchesneau 1994], p. 26 参照.

[81] [Garber 1982], p. 149ff.

[82] [Leibniz A], VI-2, S. 275. ライプニッツは自分自身の方法論に比して，ガリレオ，ファブリ等は「実験的運動学」（phoronomia experimentalis）を作り上げたとする.

26　　第 1 章　初期の諸研究と普遍数学構想

1) 瞬間的運動の考察から「指示不可能な量」(magnitudo inassignabilis) への言及.
2) コーナートス概念と，その数学的表現としてのカヴァリエリ流「不可分量」概念の援用.
3) 曲線運動に対する考察.

1), 2), 3), それぞれがパリ時代以降の数学研究の重要な動機づけを果たしている. 1) に関しては，「無限小」との結びつきが，ライプニッツに明確に意識された最初の場面ではないかと推測される. ライプニッツがホッブズ（特に『物体論』）から強い影響を受けたことはすでに述べたが，さらにそのホッブズを通じてカヴァリエリにふれた可能性がある[83]. カヴァリエリの不可分量は他の同時代人たちと同様に，無限小解析形成の基本概念となる. 数学研究の本格化を前に，運動学の中でとはいえ，カヴァリエリがライプニッツのテキストに登場するということが 2) の注目点である. そして 3) はデカルトが運動論として直線運動を基本とすえたのに対して，それを一般的に拡張しようという意志の現われを見ることができる. 数学研究の本格化とともにライプニッツには，デカルトの成果をいかに乗り越えていくかが最大のテーマの一つになる. それは主として，同時代の数学において大きな関心を集めていた接線法を通じて行われる. デカルトが，代数的な方程式によって記述される曲線に対する接線の決定の範囲内に留まったのに対して，ライプニッツはより広い範囲に適用可能な方法を追求することになる. そうした問題設定に対して一つの契機を与えたのが「抽象的運動論」における曲線運動の分析であったのではないかと考えられる.

ともすると数学史家の中には，パリ滞在以前のライプニッツの数学に対する理解を過小評価する向きがある[84]. しかし我々は数学以外に取り組んだ他の分野の研究を通じて，ライプニッツの数学研究の方向性は，相応に定まっていたと考える. 同時代的傾向として，様々な分野の研究が根底において数学的要素を含んでいた. それは伝統的な学問体系の再編という欲求とも結びついていたが，彼もまたそうした志向に魅了された一人である. そして初期の段階で取り組んだ研究の過程を見るならば，ライプニッツが数学上の先端へと結びつく問題をつかんでいたと想像できる. ライプニッツが数学へ本格的に向かうことは，パリ時代のホイヘンスとの出会い（1672 年）など，偶然の産物によるので

---

(83)　[Duchesneau 1994], p. 41.
(84)　代表例として [Hofmann 1974], pp. 8f 参照.

1.3　自然学研究　　27

はなく，必然性があったと主張したい．ライプニッツは数学以外の研究を通じて，その後の数学研究へとつながる問題を育てていたのである．

1.3.2 「抽象的運動論」

ライプニッツが独自の運動論を構想するときも，記述のスタイルはユークリッド『原論』に倣うことが前提とされる．したがって刊行された「抽象的運動論」は

> 定義→基本原理 (Fundamenta praedemonstrabilia) →定理→一般的問題
> →特殊問題→応用

といった表題のもとに構成される．

全部で 24 個の項目から成る「原理」は，我々にとって注目すべき記述を含む．まずその第 3 項は次の通りである．

> 0 (nullum) とは空間，あるいは物体において最小のものであり，その量 (magnitudo) または部分はない．なぜなら，どんなものであれどこかに置かれるときに，同時に接していない多くのものによって接せられることはできない．さらに多くのものは形 (facies) を持っているので，したがってそのようなものの位置はないことになるからである[85].

これは次の第 4 項で不可分量 (indivisibilia)，または非延長 (inextensa) を次のように導入するための伏線である．

> 不可分量，または非延長が与えられているとせよ．そうでなければ運動の，あるいは物体の始まり (initium) も終わり (finis) も知覚することができない[86].

さらに第 5 項の「点」の定義を見ておこう．

> 点とは，その部分がないものではなく，またその部分が考えられないものでもなく，その延長が 0 というものである．あるいはその部分が離れていない (indistans)，その量が考察不能 (inconsiderabilis)，指示不可能 (inassignabilis) なものである．そしてそれは，他の感覚可能なものに対する無限〔という比〕を除けば，比によって示すことができるものより

---

(85) *Ibid.*, VI-2, S. 264.

(86) *Ibid.*

28 　第 1 章　初期の諸研究と普遍数学構想

も小さく，与えられるものよりも小さい．またこれがカヴァリエリ流の方法の基礎である[87].

ここでライプニッツがカヴァリエリの名に言及していることは注目に値する．カヴァリエリは『ある種の新しい理論において進められた，連続体の不可分量による幾何学』(*Geometria indivisibilibus continuorum nova quadam ratione promota*)（1635年刊，以下では『不可分量の幾何学』と称する），『幾何学演習6巻』(*Exercitationes geometricae sex*)（1647年刊）といった著作を通じて，ライプニッツの無限小解析に大きな影響を与えることになるからである[88].

この「抽象的運動論」執筆時点で，ライプニッツが「積極的に」無限小という数学的対象を取り込もうと考え始めたと断定するのは，やや早計であろう[89]. あくまでも運動の「始まり」，または「終わり」を幾何学的に表現する上での概念的援用にとどまっているように見える．数学的な取り扱いを可能にするだけの，表現方法も技法もいまだライプニッツには備わってはいない．

ところで，幾何学的な「点」を定義した後，ライプニッツは「原理」第6項で運動を規定する．すなわち「運動に対して静止は空間に対する点の比ではなく，1に対する0と同じ比である」．では「空間に対する点」は何になるのか．そこでコーナートス概念が登場するのである．

　　運動に対するコーナートスは空間に対する点，あるいは無限に対する1と同じである．なぜなら運動の始まり，そして終わりであるからである[90].

---

(87)　*Ibid.*, S. 265.

(88)　カヴァリエリは平面図形を，運動によって動かされる面と与えられた図形との共通部分の集積と考え，その与えられた図形を構成する「すべての直線」を「不可分量共」(indivisibilia) と（複数形で）呼ぶ．その上で重要なことは，各々の不可分量共を比較することによって，二つの運動から構成された連続体全体を比較することが可能になるということである ([Cavalieri 1635], p. 114. 我々がカヴァリエリの著作『不可分量の幾何学』に言及する際は1653年版（第2版）を参照する)．一方でカヴァリエリは，個々の不可分量をある種の無限小量とみなしているのではない．ブランシュヴィックによれば，カヴァリエリの比較の方法は「計算の中で無限に関する考察を除くことを可能にするものである」([Brunschvicg 1912], p. 164). すなわち，アルキメデスに代表される，古典的数学における求積の扱いの枠をそのまま踏襲している．無限小の利用は，避けられているのである．一つ一つの不可分量を量的に捉えるのではなく，総体として集められた「すべての線」が比を持っていることに主眼を置いている．カヴァリエリは「任意の平面図形のすべての線は[…]互いに比を持っている量である」と述べている ([Cavalieri 1635], p. 108).

(89)　パリ時代に入り，ライプニッツが本格的に数学研究に取り組んだ後，カヴァリエリ（あるいはカヴァリエリを踏襲するガリレオ）との「無限小」(infinite parvum) 導入をめぐる違いが明確になっていく．[Knobloch 1999a], p. 88, または [Bassler 1999], pp. 161f.

(90)　[Leibniz A], VI-2, S. 265.

1.3　自然学研究　　*29*

このコーナートス概念は，ホッブズが『物体論』において導入し，それにもとづく議論を展開したものである．ライプニッツはこの「抽象的運動論」を構想していた時期にホッブズに直接書簡を送っている（1670 年 7 月 23 日付）．それによればライプニッツは「私は物々の本性について若干のことを考えるのが習わしになっています．〔…〕私には驚異なのですが，貴方によって基礎が置かれたことが証明されている，抽象的運動論に関して私はときおり考えたのです」と述べている．ライプニッツの運動論はホッブズの影響圏内で構成されており，コーナートス概念の利用は不可欠であったに違いない[91].

この「抽象的運動論」は「基本原理」部を見る限り，運動論の観点ではライプニッツの独創性が大きく開花した著作とは評価できない．しかし数学的観点からは違った評価も可能である．「点」または「コーナートス」の導入は，従来の数学の有限量の枠組を一歩踏み出している．比によって「指示されない」量を取り入れ，「運動」そのものを理論化しようとしているからである[92].そしてその中心に据えられているのが幾何学における「点」と運動における「コーナートス」とのアナロジーなのである．

無限小の問題以外にも「抽象的運動論」は我々の関心を引く内容を含んでいる．まず「曲線の解析」を一つの数学的問題として意識したことである．コーナートスの援用によって運動の始まりを概念化したライプニッツにとっては，もはや直線運動のみを考察の対象にする必要はない．実際第 18 項では，まず円と多角形，弧と弦との関係が引き合いに出され，続いて直線と曲線におけるコーナートスが問題にされる．

　　　無限多角形 (polygonum infinitangulum) は円には等しくはならないだろ

---

(91)　[Hobbes HC], Vol. II, p. 714. 書簡が送られた時期までにライプニッツはホッブズの著作は個々の独立したものも，編纂されたものもほとんど読んだと表明している．またさらに著作の構想の発端となったホイヘンスやレンの論文についてホッブズがどのように感じるかを尋ねている．ホッブズからの返書はなかったようである（このときライプニッツ 24 歳，ホッブズ 82 歳である）．*Ibid.*, pp. 713, 715.

(92)　そもそもユークリッド『原論』第 V 巻の比例論で扱われる対象は（連続）「量」である．「比によって指示されない」ものは，こうしたカテゴリーに属さない．結果において，ライプニッツは数学的に新奇なものを導入したことになる．他方，ホッブズがカヴァリエリをどのように理解していたかについては [Jesseph 1999a], pp. 112–117 を参照．ライプニッツが『抽象的運動論』を執筆する以前，1650 年代から 60 年代にかけて，ホッブズとウォリスは数学の様々な話題をめぐって論争を繰り広げていた．その際，このカヴァリエリの不可分量をどのように捉えるかも問題とされた (*Ibid.*, pp. 173–188). ライプニッツはホッブズの著作に親しんでおり（前注参照），当然そうした論争を踏まえた上で，自己の著作に反映させていたことが推定される．さらに，数学的な観点だけでなく，運動学的視点からもホッブズ，ライプニッツのコーナートス概念には相違がある．それについては [Duchesneau 1994], p. 48 参照．

30　　第 1 章　初期の諸研究と普遍数学構想

う，と貴方は問うだろう．〔それに対し〕私は，たとえ延長の中では等しいとしても，量の中では等しくない，と答える．なぜならその差は，どんな数において表されるものよりも小さいからである．したがってユークリッドの定義「点とはその部分がないものである」から，どんな誤差も延長に関する証明に入り込む (irrepere) ことが可能になった．〔…〕実際，もし指示不可能な弦と弧が一致するならば，直線におけるコーナートスは弧におけるそれと同じであろう[93]．

大局的に円運動と直線運動は同じになり得ない．したがって曲線運動は合成されたものとして捉えられることになる．だが，微小な範囲では同じコーナートスによって，それぞれが運動を維持するのである．「基本原理」第 4 項における「運動の始まり」とはこのコーナートスに係わるのである．

　以上に加えて，さらにもう一つこの「抽象的運動論」中の重要なポイントを指摘しておきたい．それは彼の形而上学上の最も根本的原理の一つとなっていく「連続律」についてである．そもそも「基本原理」部の冒頭の二つの項目は次のように述べられていた．

　　非常に洞察力のあるイギリス人トーマス〔・ホワイト〕が考えることに反して，連続体 (continuum) の中に諸部分が実際に与えられるとせよ．〔第 1 項〕
　　そしてそれらは実際に無限 (infinitus) に多くある．なぜならデカルトの無際限 (indefinitus) は，物の中にではなく思考の中にあるからである．〔第 2 項〕[94]

すでに見たように運動の契機として，そして運動をその後構成していく要素としてコーナートスがある．加えて実際に運動が，直線運動にせよ曲線運動にせよ，具体化していくのに各々の無限分割された小部分が「連続体」を形成することが要請される．こうして運動と不可分な形で，ライプニッツの思想の中には，連続体という基本概念が置かれたのである[95]．ただし，上記の第 1 項，2 項の引用を無限小の実在を想定したものと受け取ることには，留保が必要である．ライプニッツの主張によれば，連続体の構成は（可能性における）無限分割

---

(93) *Ibid.*, S. 267.
(94) [Leibniz A], VI-2, S. 264.
(95) [Beeley 1996], S. 235.

1.3　自然学研究　　*31*

によって生じる，非延長な (inextensa) 不可分量にもとづくからである[96].

　ライプニッツがこの「抽象的運動論」の「基本原理」部で示した連続体概念は，パリ時代以降の無限小解析の研究にも，少なからず影響を及ぼし続ける．すなわち，ライプニッツ流無限小解析は「連続律」という原理によって保証された基礎の上に築かれる．したがってライプニッツの数学的貢献を理解するために，近年研究者たちは「抽象的運動論」における連続体についての議論と，カヴァリエリの援用（または「誤解」）の関係に対して特に注目してきた．しかもその評価は微妙に分かれる[97]．この「原理」冒頭の諸項目を，単純な実無限の立場の表明と了解しないことでは一致する．ただライプニッツが，カヴァリエリをどのような意図で引用したのかで，判断が分かれるのである．ユークリッド『原論』の枠外の比例を想定したことが，カヴァリエリの理論と比較して理解を難しくしているといえよう[98]．

　その一方で，不可分量（またはコーナートス）という非延長な「量ならざる」ものを連続体の基本要素においていることは，ライプニッツの同時代人たちの連続体理解に対して特徴的である．ライプニッツが第 1 項でホワイトの名に言及しているように，連続体問題はアリストテレス『自然学』に端を発し，中世のスコラ学を経て，17 世紀まで綿々と議論されてきた話題である[99]．スコラ学の思弁的な了解と比べ，ライプニッツは連続体をより数学的に表現する可能性を備えつつあったといえよう．

　パリ時代以降の無限小解析の貢献を通じて，ライプニッツは「無限小」(infinite parvum) という語を頻繁に用いることになる．だがこの無限小をどのように捉えるかは彼の表明が多義的なため，大変難しい[100]．その多義性の源は，初期の運動論研究における運動と連続体の構成の問題と無関係ではあるまい．点，直線，その他を抽象的に定義づけるだけであるならば，不可分量を援用すればそれで十分かもしれない[101]．しかしこの「抽象的運動論」はタイトルの通り，運動の基礎理論の構築を目的としている．不可分量を用いた連続体への考察も，

---

(96) 本項注 (87)，(89) 参照．
(97) 代表例として [Beeley 1996]，Kapital 10，および [Bassler 1998a] の議論を参照．
(98) 第 18 項における「指示不可能」という語の使用もあわせて想起すべきである．本項注 (87) を再び参照．
(99) ライプニッツの同時代人ホワイト（またはディグビー）の著作の内容を分析し，ライプニッツとの比較を論じたものとして [Beeley 1996]，kapital 5 参照．また中世における連続体問題の研究については，[Murdoch 1982] 参照．
(100) [林 2000] 参照．
(101) [Bassler 1998a]，p. 16.

32　　第 1 章　初期の諸研究と普遍数学構想

元来「運動とは何か」を明らかにするための補助である．したがって不可分量が「無限小」へと置き換わったときに，単に数学上の概念変化だけでなく，運動の表現がどのように変わったかにも注意すべきであろう．

　後年パリの王立科学アカデミー内で無限小に関する論争が，ヴァリニョン，ロル等の間で繰り広げられる（1700 年頃）．その際ライプニッツは，ヴァリニョンに宛てた書簡（1702 年 2 月 2 日付）で，次のように語っている．

> 無限や無限小は幾何学の中で，と同時に自然の中で，すべてが作られるように基礎づけられます．あたかもそれが完全な現実であるかのようにです．その証拠は，我々の超越性の幾何学的解析のみならず，**私の連続律 (ma loi de la continuité)** であり，そのおかげで**静止は無限小の運動のように**（すなわちある種の矛盾するものに等しいかのように），また一致することを無限小の距離〔離れている〕のように，そして等しいことを不等の最後のもの (la derniere) のように等々，考えることが可能になるのです．〔強調は引用者〕[102]

無限小を用いて，静止が運動の中に取り込まれていることは注目されるべきである[103]．これは「抽象的運動論」の立場から，はっきりとライプニッツが転換したことを示しているからである．したがって，1666 年の著作『結合法論』が，後年のライプニッツにとっては不満足であったように[104]，この 1670–71 年の著作も，より成熟した思想の持ち主には不満の種となる．シモン・フーシェ宛書簡（1692 年 6 月）の中で，自己の著作についてライプニッツは次のように回想している．

> 私が 20 年前に二つの小論文を著わしたというのは本当です．一つは抽象的運動の理論についてで，そこで私はあたかも純粋に数学的な事柄であるかのように〔運動学の〕体系を抜け出て考えたのでした．〔…〕しかしながら，その後学識を深めたと，自分で思う箇所が多くあります．他

---

(102) [Leibniz GM], IV, S. 93. 「私の」連続律としたところに，ライプニッツの並々ならぬ強調を感じる．
(103)　1690 年代半ば，ニーウェンテイトはライプニッツをはじめとする同時代の数学者たちの無限小解析を批判する．数学が本来備えるべき「厳密性」に欠けているというのである．その批判に答える形でライプニッツは無限小をどのように数学的に正当化するかということを明確化する．静止を「無限小の運動」と理解することはそのことにも係わってくると考えられる．[林 2000]，185–190 頁．
(104)　1.1.2 項注 (37) 参照．

1.3　自然学研究　*33*

の事々の中でも不可分量に関しては，今なら全く別な説明をします．そ
れは数学をまだ究めていなかった若造の試論だったのです[105]．

パリ滞在期を経て数学の分野に貢献を果たしたライプニッツは，それ以前の彼
とはやはり決定的に違っている．数学的文献の本格的研究によってライプニッツ
の問題解決の技法と概念の整備が果たされたことが，初期の運動学研究のテー
ゼを変更することにつながっていくのである．

　他方，「抽象的運動論」の中では明瞭な名称を伴っていないにせよ，運動の連
続性は「連続律」というライプニッツの原理へと結びつく．「自然は飛躍せず」
と標語化される，形而上学上の最重要テーゼの原初的形態はここに現れるので
ある．たとえ細部において修正が施されたとしても，大枠は初期研究から晩年
に至るまで，一貫性が保たれたと考えてよいだろう．

　我々は 1672 年にライプニッツがパリに向かうまでの研究を分析してきた．そ
していくつかの観点において，数学研究の本格化を促す動機づけが，そこで形
成されたのではないかと考えた．まさにライプニッツの後年の数学上の発展の
源流を見ることができるのである．本章で確認したことは，今後の展開の内で
も重要な意味を持つ．図式化すると以下のようになろう．

$$\left.\begin{array}{l}\text{記号代数と普遍数学の理念}\\\text{運動学的な曲線構成，不可分量}\end{array}\right\}\Longrightarrow \text{接線法における無限小計算}$$

　ライプニッツのパリ時代以前の数学に関する素養は，けっして過小評価すべ
きものではない．いくつかの問題設定と動機づけを十分に果たし得たという点
では見逃してはならないだろう．しかしその一方で，パリ滞在をきっかけに始
まった数学的な成果の量産のために，単に動機や理念だけでは足りないのであ
る．上記の図式の中に示したように，接線法の問題の解決と本質的に結びつい
ているのが新しい記号法の創造である．実際，記号法に対する工夫は『結合法
論』からの一つの帰結であるが，実際に数学上の貢献と結びついたとき，まさ
にその本領を自在に発揮し始めるのである．そうした成果を下敷きに，ライプ
ニッツが若き日に描いた構想は再検討されることになろう．

　我々はライプニッツが 1672 年 3 月にパリに到着するその地点に立つに至っ
た．ルイ 14 世によるオランダ攻撃の意志の通告と，ライン川の自由航行の要求

---

(105)　[Leibniz GP], I, S. 415.

第 1 章　初期の諸研究と普遍数学構想

を受けたマインツ公は，パリに外交使節団を派遣する．その一員に選ばれたライプニッツは独自の「エジプト計画」を引っさげ，パリに赴いたのであった(106)．

---

(106) 「エジプト計画」とは，ルイ 14 世の侵略的野望の矛先を，ヨーロッパ世界から他へとそらそうとする意図を持ったものだった．異教徒に対する「十字軍」の提唱という形で，ルイ 14 世の関心を引こうともくろんだのである．エイトンによれば「こうした思想は新しいものではなく，ヨーロッパの政治につねに見られる，国内の争いの原因を世界の残余の地域に転嫁しようとする動向の現われ」である．[Aiton 1985], pp. 37ff. 邦訳，66ff 頁．

1.3 自然学研究 35

第2章
パリ時代における数学研究の開花

2.1 算術的求積と変換定理

　ライプニッツが 1672 年にパリを訪れた当初の目的は，政治的折衝であった．しかし和平交渉の活動は不調に終わり，ライプニッツが考案した「エジプト計画」を，彼の希望通りフランス国王ルイ 14 世に提案する機会は得られないままであった[1]．一方，マインツ選帝侯からパリにそのまま滞在する許可を得たライプニッツは，当地に設立された（1666 年）ばかりの王立科学アカデミーにおいて多くの学者との交流を持つことができた．ライプニッツは結局，1676 年10 月まで 4 年余りパリに滞在することになる．この期間，彼が特に中心的に取り組んだ学問は数学であり，多くのアイデアを草稿にしたためた．我々は本章において，ライプニッツのパリ時代の数学上の軌跡を追究する．内容的に大きく分けて次の三つに分類されるだろう．

1) 円を初めとする諸図形の算術的求積と変換定理．
2) 接線法への貢献とそれを通じて獲得した独自の記号法，計算のアルゴリズム．
3) 方程式論を中心とする代数学研究と数論研究．

ライプニッツの数学的貢献を考える上で決定的といえる，この 4 年のパリ滞在期については，すでに多くの研究者たちによる研究の蓄積がある[2]．しかしい

---

(1) [Aiton 1985], pp. 40f. 邦訳，69f 頁.
(2) 代表例としてホフマン（[Hofmann 1974]），ベラヴァル（[Belaval *et al.* 1978]）等の研究

まだ十分に検討されてはいない事柄もある．さらに 1990 年代になって新資料の公刊もあった．そこで本章では前章で確認したパリ時代以前のライプニッツの発想に，何がつけ加わったのかを精査していきたい．

2.1.1 求積問題への予備考察

パリ時代のライプニッツの重要な成果の一つであり，と同時に，生涯にわたって誇りを抱き続けたのは，独自の変換定理による算術的求積の結果であろう．それは有理数を用いた無限級数によって図形（例えば円）の求積をすることである．パリ滞在期の前半には，すでにその結果は得られていたことがわかっている[3]．ライプニッツはパリ滞在中に，円，サイクロイド，円錐曲線一般の求積に関する著作を計画した．しかしそれは諸般の事情で実現されなかった[4]．そこで本章では書簡，草稿等を利用し算術的求積の背景と具体的内容の分析に取り組みたい．ライプニッツが当初，円の算術的求積を得るにあたって必要とした予備知識をまず確認しよう．実際，パリ滞在初期の短期間において多くの数学的先行研究を吸収していることがわかるだろう．それらの内，本項では特に次の二つの事柄，すなわち級数に関する知識と求積問題一般の分類とを取り上げる．

級数に関する知識

ライプニッツは 1672 年秋，王立科学アカデミーにおいて指導的立場であったクリスティアン・ホイヘンスを訪問し，彼によって本格的な数学研究への蒙を啓かれた．ホイヘンスはライプニッツにいくつかの問題を提示し，関心を呼び起こした．その一つは，ホイヘンス自身が 1655 年に解決したもので，逆三角数の無限級数の和

$$\frac{1}{1} + \frac{1}{3} + \frac{1}{6} + \frac{1}{10} + \cdots$$

を求めるものであった[5]．一方で，ホイヘンスはグレゴワール・ド・サン・ヴァ

が挙げられよう．

(3) クノーブロッホの推定によれば，変換定理をライプニッツが見いだしたのは 1673 年 5 月頃である．[Knobloch 1989], p.128.

(4) *Ibid.*, pp.136–139. または [Leibniz QA], S. 9–14.

(5) 三角数とは，例えば石を第 1 段に 1 個，第 2 段に 2 個，第 3 段に 3 個，… と並べると石が全体で三角形状に並ぶ．そこで第 1 段からの石の総数 1, 3, 6, 10, … を三角数という．その三角数の逆数を逆三角数という．

38　　第 2 章　パリ時代における数学研究の開花

ンサンの『幾何学的著作』を読むように指示した．ライプニッツはその著作中
の級数問題に関する解法の本質を見抜き，上記のホイヘンスの問題の解のみな
らず，一般的な解決を示したのであった．前章でもふれたように，ライプニッツ
はすでにサン・ヴァンサンの著作に接していた[6]．しかし，ライプニッツにとっ
て，このホイヘンスの勧めはけっして不必要なものではなかったであろう．お
そらくホイヘンスは，級数について書かれた同書の第2巻を読むように指示し
たと考えられる[7]．ライプニッツにとって既知の書物であっても，また違った
観点からあたかも初読のように，新たな刺激を受けたのではないであろうか[8]．

　ところでパリ滞在中，最初期の成果と見られる級数計算への取り組みは，1672
年末に送られたと推定されるガロワ宛書簡に詳しい．それによれば，図2.1に
おいて与えられた線分ABに対し，区間AC, AD, AEを取る．図2.1より明
らかなように，

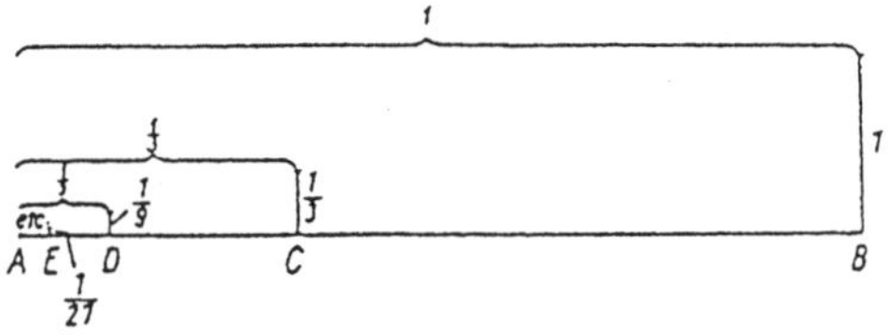

図 2.1　ガロワ宛書簡より

$$\frac{AB}{AC} = \frac{AC}{AD} = \frac{AD}{AE} = \cdots$$

となるが，このとき次の式が成立する．

$$CB : AB = AB : (AB + AC + AD + AE + \cdots) \quad ^{(9)} \qquad (2.1)$$

この結果に対して次のように結論づける．

---

(6)　1.2.2 項注 (56) 参照.

(7)　[Hofmann 1974], p. 15. 後年ヤーコブ・ベルヌーイ宛の書簡（1703 年 4 月）の後書きにお
いて，ライプニッツは当時を回想し，パスカルやサン・ヴァンサンの書を「いよいよ真剣に幾何学
を勉強しようと」パリの王立図書館から借り出した，と述べている（[Leibniz GM], III/1, S. 72.
邦訳 [ライプニッツ 1997], 122 頁）.

(8)　ホイヘンスがライプニッツに与えた級数の問題は，彼のその後の方向性を左右したという意
味で，まさに「運命的問題」（a fatal question）であったと言えよう. [Hofmann 1974], p. 15.

(9)　現代的記法によれば公比 t の等比数列において，

$$\frac{1-t}{1} = \frac{1}{1 + t + t^2 + t^3 + \cdots}$$

2.1　算術的求積と変換定理　　*39*

私はこれ〔式 (2.1)〕を普遍的な原理によって証明するのみならず，そこから美しい (elegans) 結果を導きます．すなわち，連続して減少していく分数を取るとき，それらの分子は単位，分母はある幾何数列の諸項であるとします．与えられた数列のすべての分数の和は，ちょうど，次のようになります．

$$\frac{1}{2} + \frac{1}{4} + \frac{1}{8} + \cdots = \frac{1}{1},$$

$$\frac{3}{9} + \frac{1}{9} + \frac{1}{27} + \cdots = \frac{1}{2},$$

$$\frac{1}{4} + \frac{1}{16} + \frac{1}{64} + \cdots = \frac{1}{3}.$$

そして更にそのように，一つ手前の幾何級数の最初の分数となるでしょう[10]．

一方，ホイヘンスに課された問題は，下図 2.2 より

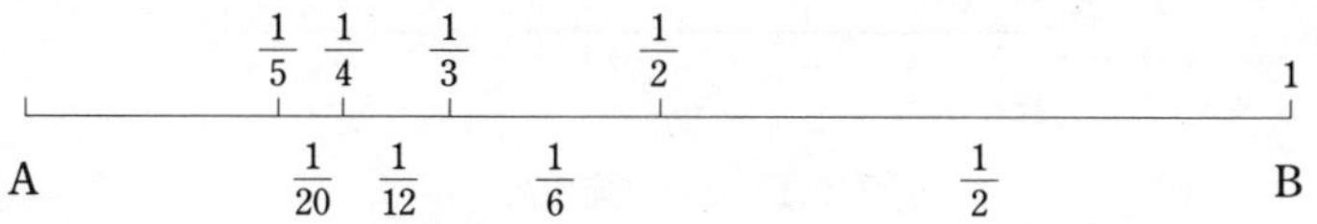

図 2.2　ガロワ宛書簡より

$$\frac{1}{2} + \frac{1}{6} + \frac{1}{12} + \frac{1}{20} + \cdots = 1$$

となり，さらに上の式を両辺 2 倍することで

$$\frac{1}{1} + \frac{1}{3} + \frac{1}{6} + \frac{1}{10} + \cdots = 2$$

となって解決される．加えて，例えば長さ 1 の線分から逆三角数を取り除き，残ったものを加えるならば

すなわち，

$$1 + t + t^2 + t^3 + \cdots = \frac{1}{1 - t}$$

という無限等比級数の和を算出していることに他ならない．ライプニッツは無論，このような代数的な記号を用いた定式化はしていない．

[10]　[Leibniz A], III-1, S. 4f. 邦訳 [ライプニッツ 1997], 99f 頁.

$$\frac{2}{3} + \frac{2}{12} + \frac{2}{30} + \cdots = 1$$

から両辺を $\frac{3}{2}$ 倍することで,

$$\frac{1}{1} + \frac{1}{4} + \frac{1}{10} + \cdots = \frac{3}{2}$$

と分母が三角錐数 (pyramidales) の場合へと拡張される．以上のことをライプニッツは一般化する．反復算術数列 (progressio arithmetica replicata) と名づける数を分母に持ち，分子は単位である級数の和を考える．すると結果は次の表 2.1 ようになる[11]．すなわち求める和の結果の分子は「すぐ先にある，すな

表 2.1 ガロワ宛書簡より

0	1	2	3	4	5	6	7	etc.	exponentes
$\frac{0}{0}$	$\frac{1}{1}$	$\frac{1}{1}$	$\frac{1}{1}$	$\frac{1}{1}$	$\frac{1}{1}$	$\frac{1}{1}$	$\frac{1}{1}$		
$\frac{0}{0}$	$\frac{1}{1}$	$\frac{1}{2}$	$\frac{1}{3}$	$\frac{1}{4}$	$\frac{1}{5}$	$\frac{1}{6}$	$\frac{1}{7}$		
$\frac{0}{0}$	$\frac{1}{1}$	$\frac{1}{3}$	$\frac{1}{6}$	$\frac{1}{10}$	$\frac{1}{15}$	$\frac{1}{21}$	$\frac{1}{28}$		Series fractionum progressionis arithmeticae replicatae unitatis generatricis.
$\frac{0}{0}$	$\frac{1}{1}$	$\frac{1}{4}$	$\frac{1}{10}$	$\frac{1}{20}$	$\frac{1}{35}$	$\frac{1}{56}$	$\frac{1}{84}$		
$\frac{0}{0}$	$\frac{1}{1}$	$\frac{1}{5}$	$\frac{1}{15}$	$\frac{1}{35}$	$\frac{1}{70}$	$\frac{1}{126}$	$\frac{1}{210}$		
$\frac{0}{0}$	$\frac{1}{1}$	$\frac{1}{6}$	$\frac{1}{21}$	$\frac{1}{56}$	$\frac{1}{126}$	$\frac{1}{252}$	$\frac{1}{462}$		
$\frac{0}{0}$	$\frac{1}{1}$	$\frac{1}{7}$	$\frac{1}{28}$	$\frac{1}{84}$	$\frac{1}{210}$	$\frac{1}{462}$	$\frac{1}{924}$		
$\frac{0}{0}$	$\frac{0}{0}$	$\frac{1}{0}$	$\frac{2}{1}$	$\frac{3}{2}$	$\frac{4}{3}$	$\frac{5}{4}$	$\frac{6}{5}$	etc.	summae.

わち一つ手前の数列の指数」，分母は「先にある数列の先にある数列，すなわち二つ手前の数列の指数」となる．この反復算術数列とパスカルの数三角形との関連についても，ライプニッツはこのガロワ宛書簡中で指摘している[12]．

---

(11) *Ibid.*, S. 7ff. 邦訳，102–104 頁．
(12) *Ibid.*, S. 6. 邦訳，102 頁．

2.1 算術的求積と変換定理　　*41*

ガロワ宛書簡とほぼ同時期（1672年秋から1673年初頭）に執筆されたと推定される草稿「最小と最大について．物体と精神について」(De minimo et maximo. De corporibus et mentibus) は，「抽象的運動論」の延長上に位置づけられるものである．ただし，我々が1.3.2項で見たライプニッツの議論は早くも変化している．これはライプニッツが無限級数の問題に取り組んだことと無縁ではあるまい．「抽象的運動論」では「運動の端緒」を表現するためにコーナートスというホッブズに由来する概念が援用されていた[13]．この草稿では，いくつかの要請の形で表題に対する考察が進められる．それらの一部を列挙すると次のようになる．

- 空間と物体の中に最小のもの，あるいは不可分なものは何ら与えられない．

- 時間と運動の中に最小のもの，あるいは不可分なものは何ら与えられない．

- 連続体の中には何らかの無限小，あるいは任意の与えられた感覚可能なものよりも無限に小さなものがある．

- 一つの点は他のものよりも無限に小さくなり得る[14]．

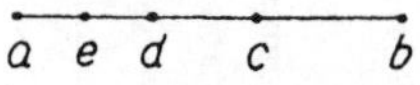

図 2.3　草稿「最小と最大について」

　第3の要請について，ライプニッツが与える説明は次の通りである（図 2.3 参照）．ab を「何らかの運動によって通っている直線」とする．このとき「その線の中で何らかの運動の端緒を知覚することができるので，線の始まりも通っているその運動の端緒によってまた知覚される」．それを ac とする．その始まりを保ったまま，そこから dc を細分化することができる．さらにその ad は「始まりを保ったまま ed が再分割される」．同様に作業は無限に繰り返すことができる．ライプニッツによれば，この議論によって「線の始まり」または「運動の端緒において，通っていくものは無限小である」ことを示しているのだという[15]．ライプニッツはけっして無限小の実在に関して，「抽象的運動論」と立場を変えたのではない．（ある意味ではアリストテレス流に）線の分割を「無際限に」行うことを「無限小」と同一視することで正当化しようとしているのである[16]．運動の連続性が根本にある

---

(13)　1.3.2 項注 (90) 参照．

(14)　[Leibniz A], VI-2, S. 97f.

(15)　*Ibid.*, S. 98f.

(16)　[Bassler 1999], p. 168.

42　第 2 章　パリ時代における数学研究の開花

ことは同じである．だがもはやコーナートス（あるいは不可分量）の援用が避けられている点は注目されてよいだろう．「無限小」に対するライプニッツの様々な言説の一例として，級数問題との関連で記憶に留めておきたい．

　ライプニッツには「抽象的運動論」で見せたように，すでに無限小を数学的対象として考えていく素地があった．しかしホイヘンスに与えられた級数問題に端を発して，考察は新たな転換を見せたといえよう．彼の示唆によって再読したサン・ヴァンサンの書もアルキメデス流の規範を踏み出す上での一つのきっかけを与えたに違いない[17]．ライプニッツは後年，空間の無限分割に関して，サン・ヴァンサンのアキレスと亀のパラドックスの説明に繰り返し言及している[18]．かくしてライプニッツは無限，または無限小という伝統的な数学では避けられていたものを取り扱う術を，同時代人達の成果に学びながら急速に吸収していった．そして独自の議論を構成していく試行錯誤を開始したのであった．ライプニッツは特定の級数の和を求めることから一般性のある成果を得た．と

---

(17)　ホイヘンスが指示したサン・ヴァンサンの著書『幾何学的著作』（特に第 2 巻）からの影響をここで論じておきたい．ライプニッツはこの書に 1672 年中には再度取り組んだと考えられる．『幾何学的著作』第 2 巻は冒頭に幾何級数，数列に関する三つの定義が置かれている．それは次の通りである．

- 定義 1：任意の与えられた比の連なり (continuatio) にしたがって分割された有限量を，私は幾何級数 (Geometrica Series) と呼ぶ．
- 定義 2：幾何量列 (Progressio Geometrica) は，同じ比にしたがう項の任意の連なりである．
- 定義 3：量列の限界 (terminus) は級数の終わりであり，たとえ無限において連なっていようとも，どんな量列もそれには伸びて (pertingo) いかない．しかし任意に与えられた間隔 (intervallum) よりも近くに接近することができるだろう．([St. Vincent 1647], pp. 54ff.)

すなわちサン・ヴァンサンによれば，例えば図 2.3 の ab で表されるものが series であり，各々の ae, ad, ac, $\cdots$ が progressio なのである．以上のような定義にもとづき，命題が立てられていく．ライプニッツがガロワ宛書簡で表明した（我々の用語を用いて言うところの）公比 $\frac{1}{3}$ の幾何（等比）級数に関する内容は，同巻の命題 88 に現れる (Ibid., p. 103)．サン・ヴァンサンは幾何学的直観にねざした議論をもとに，幾何級数の理論を展開する．特に定義 3 について再度図 2.3 において（我々の記号を用いて $e = a_1$, $d = a_2$, $c = a_3$, $\cdots$ と表すならば），

$$aa_1 : a_1b = a_1a_2 : a_2b = a_2a_3 : a_3b = \cdots$$

とすると，それぞれの i について $a_i \neq b$ である．このとき任意の $\varepsilon > 0$ に対して

$$|a_ib - a_ia_{i+1}| < \varepsilon \tag{2.2}$$

となることを定義 3 は主張している．サン・ヴァンサンはこうした量列 $\{a_ia_{i+1}\}$ を「汲み尽くされた」(exhausta) と呼ぶのだが，これは一つの極限概念の表明と見てよいだろう (Ibid., p. 52).
(18)　例えばフーシェ宛書簡（1692 年）が挙げられる ([Leibniz GP], I, S. 403, 416)．サン・ヴァンサンは『幾何学考』でゼノンによるパラドックス，つまりアキレスと亀の問題を話題にし，第 2 巻命題 87 の後，注として取り上げている ([St. Vincent 1647], pp. 101f).

2.1　算術的求積と変換定理　　*43*

同時に 17 世紀に花開いた無限小解析へ，自らが大きな貢献をしていく上での第一歩を踏み出した．これを皮切りに次の問題，つまり円の算術的求積の問題へと関心は向かっていくのである．

求積問題の分類

　ライプニッツは 1672 年末のガロワ宛書簡で表明された無限級数の計算から，独自の変換定理を伴った円の算術的求積の問題へと取り組んでいった．この成果は 1673 年中には得られていたようである[19]．1674 年になると書簡の形で発信し始める（例えば，次節で取り上げるホイヘンス宛書簡（1674 年 10 月）が代表例である）．その内容を具体的に分析する前に，ライプニッツが自己の算術的求積を求積問題の研究の流れの中で，どのように位置づけていたかを確認しよう．以上の目的のため，ここではロンドンの王立協会の事務局長であったオルデンバーグ宛書簡（1675 年 3 月 30 日付）の発送にあたって準備された草稿を取り上げる．

　その草稿の冒頭でライプニッツは，オルデンバーグが前年の 12 月 18 日付書簡で知らせてきた事柄について論評している．すなわちオルデンバーグはグレゴリーとニュートンが任意の曲線（機械学的あるいは幾何学的），特に円に対する求積（面積，重心，回転体の体積，表面積等の計算）の方法を得ていること，またライプニッツが先に通知した算術的求積による円の正確な求積はグレゴリーが不可能であることを証明していることを知らせてきた[20]．これに対し，ライプニッツは各種の求積の方法を分類し，自分の成果の位置づけを試みている[21]．

　第一にライプニッツが挙げるのは「近似的」（appropinquatorius）なもので，それがさらに数的（numericus）または線的（linearis）に分かれる．前者は計算において求めるもので，アルキメデス，ルードルフ・ファン・クーレン，ウォリス等の成果がこれに属する．後者は幾何学的作図によるものでスネル，ホイヘンスの成果が属する．次に第二番目に分類されるものとして「正確な」（exactus）ものが挙げられる．その中には，アルキメデスの螺線の求積に代表される「機械学」的方法が属する．そして有理量を用いた無限級数による方法として「算

---

(19)　[Mahnke 1926], S. 54，または [Knobloch 1989], p. 128．晩年の草稿「微分算の歴史と起源」（Historia et origo calculi differentialis）では，「例の有名な算術的求積に思い至ったのは（思い出すことができる限り）1674 年」のことであったとしている（[Leibniz GM], V, S. 401. 邦訳，320 頁）．

(20)　[Leibniz A], III-1, S. 173f.

(21)　*Ibid.*, S. 202.

44　　第 2 章　パリ時代における数学研究の開花

術的求積」(quadratura arithmetica) も属することが示される．当時の王立協
会の会長であったブラウンカーによる双曲線の求積，またはメルカトールの同
様な結果が述べられ，ライプニッツ自身の結果が「私はまさにあらゆる人の中
で円の算術的求積を示した最初の者であると信じる」とされるのである[22]．ま
た一方で「解析的」(analyticus) なものは算術的求積から除外される．それは有
理量または無理量，あるいはライプニッツ自身が「超越的」(transcendens) と
呼ぶような方程式の解として求める量が示される場合である．もう一つ「正確」
な求積には「幾何学的求積」(quadratura geometrica) が属している．ある曲線
に直線が等しくなるよう，幾何学的作図によって値を求めるものである[23]．以
上を図示すると次のようになろう（図 2.4）．

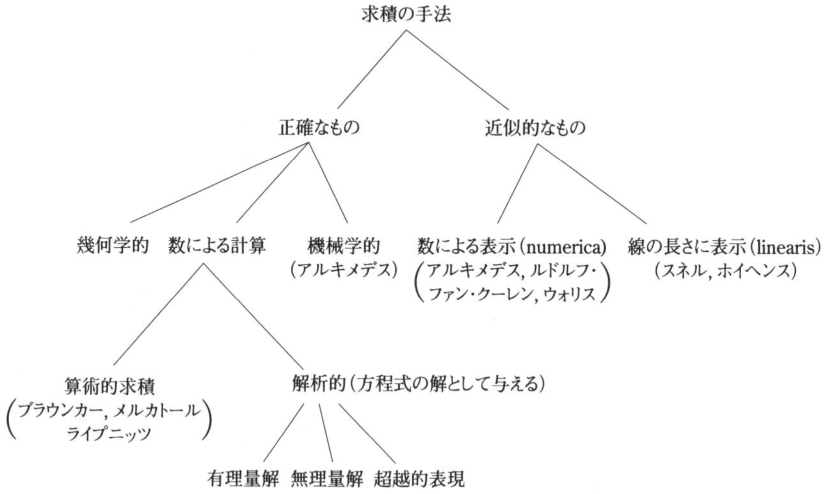

求積の手法

正確なもの　　　近似的なもの

幾何学的　数による計算　機械学的　　数による表示 (numerica)　　線の長さに表示 (linearis)
　　　　　　　　　　（アルキメデス）（アルキメデス, ルドルフ・）　　（スネル, ホイヘンス）
　　　　　　　　　　　　　　　　　（ファン・クーレン, ウォリス）

　　算術的求積　　　　解析的（方程式の解として与える）
（ブラウンカー, メルカトール）
　　ライプニッツ

　　　　　　有理量解　無理量解　超越的表現

図 2.4　ライプニッツによる求積問題の分類

　ライプニッツはグレゴリーが「示した」のは，円の半径と周との関係（すな
わち π の値）をある種の代数的方程式によって与えることの不可能性（π の超
越性）であることを見抜いていた[24]．けっして有理量の無限級数による表示
の可能性が否定されたわけではない．それをライプニッツは発送されたオルデ

———————————————
(22)　*Ibid.*, S. 203. ブラウンカーによる双曲線の求積については，[Brouncker 1668] 参照．
(23)　[Leibniz A], III-1, S. 203f.
(24)　*Ibid.*, S. 204. グレゴリー自身の言及は，1667 年刊行の著作『円と双曲線の真の求積』(*Vera circuli et hyperbolae quadratura*) に見ることができる．[Gregory 1667], p. 28.

2.1　算術的求積と変換定理　　*45*

ンバーグ宛の書簡中でも明確に述べている[25]. またライプニッツは, グレゴリーの証明が完全でないことを, 1675 年中に書かれたと推定される別の草稿でも指摘している[26].

ライプニッツは以上のように, ($\frac{\pi}{4}$ 公式を含む) 算術的求積の研究が, 先行研究の中でどのように位置づけられるかを冷静に判断していた. それをふまえつつ, 同じ手法がより深い一般性 (円以外の円錐曲線一般の求積) に適用できることにライプニッツの洞察は自然に及んでいったのである.

2.1.2 円の算術的求積の方法

本項では次の文献によって, ライプニッツの円に対する算術的求積の方法の詳細を検討する.

- ホイヘンス宛書簡 (1674 年 10 月執筆)

- 『その系が表を用いない三角法である円, 楕円, 双曲線の算術的求積について』(*De quadratura arithmetica circuli ellipseos et hyperbolae cujus corollarium est trigonometria sine tabulis*) (1675 年終わりから 1676 年秋に執筆) (以下では『算術的求積について』と称する)

前者は特にフランスの雑誌『学術雑誌』(*Journal des sçavans*) に投稿予定だったもので, 整理された形で算術的求積の内容を捉えることができる. 書簡としてホイヘンスに送られたが, 結果的には未刊行のままに留まった[27]. 我々が現在手にすることができる 1 次資料の内, 最も早い時期に算術的求積の詳細を明らかにしたものである. 他方, 後者は当初から独立した著作として公刊を目標に構想されたが, ライプニッツの生前には出版されなかった. 1993 年になり, ようやくクノーブロッホの手によって陽の目を見るに至ったものである[28]. まず全体の流れをつかむために, ホイヘンス宛書簡に依拠してライプニッツの議論の跡を追うことにしたい.

---

(25)　[Leibniz A], III-1, S. 210.
(26)　ここで言及した草稿「円の算術的求積に関する小品の序文」(Praefatio opusculi de quadratura circuli arithmetica) で, ライプニッツはグレゴリーの証明に対する指摘に加えて, 「円の弧の長さの正弦に対する比は, ある次数の〔代数的〕方程式によって表すことができない」という判断を持っていることも表明している. [Leibniz GM], V, S. 97.
(27)　[Hofmann 1974], pp. 81f.
(28)　[Leibniz QA], S. 9–14 においてクノーブロッホは, 『算術的求積について』成立前後の経緯を紹介している.

円の算術的求積

ホイヘンス宛書簡では算術的求積の方法が全体で 10 個の命題，一つの定義，一つの注によって示される．最初に全体に通じる結論が述べられる．

円周に対する直径の比が，そして同様にその接線が知られている任意の円の，ある他の弧に対する比が与えられているとき，一つの数の級数に対する比によって，直径を 1 とするとき，円周は次の和，

$$\frac{4}{1} - \frac{4}{3} + \frac{4}{5} - \frac{4}{7} + \frac{4}{9} - \frac{4}{11}$$

（その他，無限に続く）に等しいということがわかる[29]．

このことの証明として各命題が後に続いている．図 2.5 において中心を C，そして円弧 $\widehat{\mathrm{AFB}}$ に対し，$\widehat{\mathrm{AF}} = \frac{1}{2}\widehat{\mathrm{AFB}}$ とする．さらに AD を A における接線，BD を B における接線，さらに BD 上に AO ⊥ BD となるように O をとる．今 AE $= x$，円の半径 $= a$ とおくと，EB $= \sqrt{2ax - x^2}$ となる．そして AD $= y$ とするとき，命題 1 は

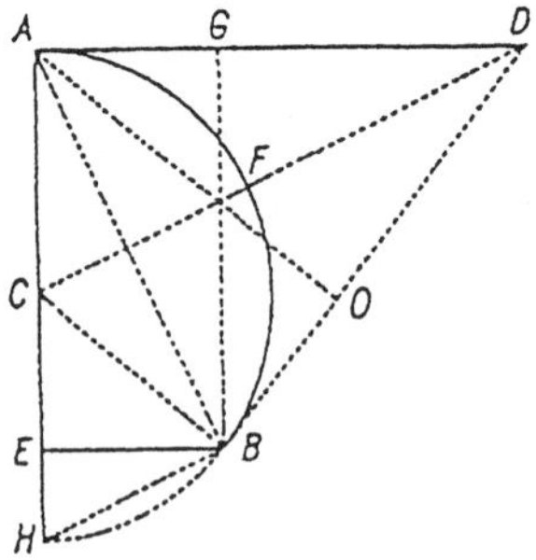

$$\frac{y}{a} = \frac{x}{\sqrt{2ax - x^2}} \qquad (2.3)$$

となることを主張する[30]．一方上式 (2.3) は

$$y = \frac{ax}{\sqrt{2ax - x^2}},$$

さらには x について解くと

$$x = \frac{2ay^2}{a^2 + y^2} \qquad (2.4)$$

となる．次に図 2.6 で 点 B における円に対する接線と点 A における接線との

図 2.5　ホイヘンス宛書簡（1674 年 10 月）より

―――――――――――――――
(29)　[Leibniz A], III-1, S. 154. 邦訳 [ライプニッツ 1997], 134 頁.
(30)　理由はライプニッツの説明によれば，次のようになる（多少補足を加える）．AD ∥ EB，AO ∥ CB より，(∠BAD = ∠ABE，また ∠CBA = ∠CAB = ∠BAO から ∠DAO = ∠CBE が成り立つので) △AOD ∽ △EBC. このとき AO : EB = AD : CB が成り立つ．他方 AO = AE (AO = BG = AE より)，CB = CA から，ゆえに AE : EB = AD : CA. *Ibid.*, S. 154f. 邦訳，134f 頁.

2.1　算術的求積と変換定理　　47

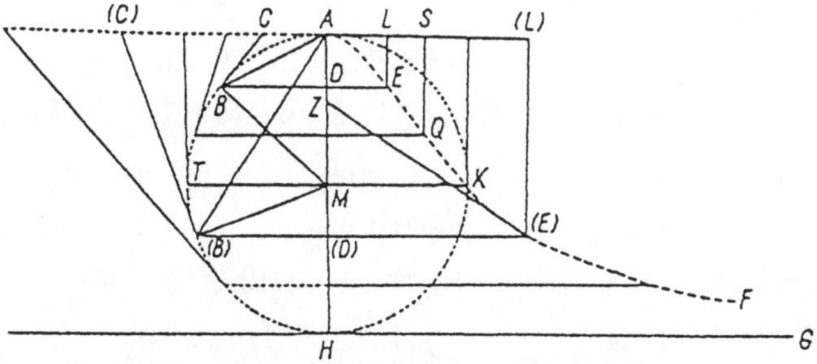

図 2.6 ホイヘンス宛書簡（1674 年 10 月）より

交点を C とする．AC = AL = DE となるように点 L，E をとり，また同様に
点 Q，K，(E) を定める．この際各 E，Q，K，(E) を結んだ曲線 AF は HG
に漸近する．ここでライプニッツは命題 2 として図形 ADEA が対応する円の
弧 AB のモメント (moment) あるいは重み (pesanteur) に等しいと主張する[31]．
次の命題 3–5 では円弧$\widehat{\mathrm{AB}}$のモメントが同じ弧による切片 ABA の 2 倍に等し
いことが示され，したがって先の図 2.6 の図形 ADEA の面積は切片 ABA の
2 倍に等しいこととなる[32]．

　ここで話題を転じて，「減少する級数の和」

$$y^2 - y^4 + y^6 - y^8 + y^{10} - y^{12} + \cdots = \frac{y^2}{1 + y^2}$$

を命題 6 で証明する[33]．形式的な方法によっているが，「減少する無限幾何級
数の和を与える，幾何学者に知られた方法にしたがって」正当化される．次の
命題 7 は図 2.6 において 円の半径 = 1，BC = AC = AL = b とし，b が半径

---

(31) この証明は図 2.7 において QR = 1，円の半径 = a，AD = x とすると BD = $\sqrt{2ax - x^2}$,
PN : QR = BM : BD より PN = $\dfrac{a}{\sqrt{2ax - x^2}}$ となる．ここで AC に関するモメントは
NP × BS すなわち $\dfrac{ax}{\sqrt{2ax - x^2}}$ に等しい．このとき命題 1 より図 2.6 において AC = AL =
DE = $\dfrac{ax}{\sqrt{2ax - x^2}}$ である．一方 QR を「無限に小さい部分に分割する」ことによって PN も「無
限に小さくなり」その結果，弧 $\widehat{\mathrm{AB}}$ が構成される．それぞれのモメントの和は弧全体のそれに等し
く，各々のモメントが DE に等しいので全体のモメントは図 2.6 の線分 DE の和に，つまり図形
ADEA に等しくなる．*Ibid.*, S. 156ff. 邦訳，137f 頁．特に図 2.7 で QR = 1 と置かれているこ
とに注目するべきであろう．これをその後 dx と設定するようになるのである．邦訳，137 頁，注
6 参照.

(32) *Ibid.*, S. 159f. 邦訳，138f 頁.

(33) *Ibid.*, S. 160. 邦訳，139f 頁．証明は次のようになされる．$\dfrac{y^2}{1 + y^2}$ に対し，$\dfrac{1 - y^2}{1 - y^2}$ を か
けて

48　第 2 章　パリ時代における数学研究の開花

より大きくならないならば，

$$
\text{部分 ALEA} = 2 \times \left(\frac{b^3}{3} - \frac{b^5}{5} + \frac{b^7}{7} - \frac{b^9}{9} + \frac{b^{11}}{11} - \frac{b^{13}}{13} + \cdots \right)
$$

となることを示す．実際 $\text{LE} = \text{AD} = x = \frac{2ay^2}{a^2+y^2}$（式 (2.4) より），かつ $a = 1$ とすると，命題 6 より $y^2 - y^4 + y^6 - y^8 + y^{10} - y^{12} + \cdots = \frac{y^2}{1+y^2}$ であるが，今 $y = \text{AL} = \text{AC} = \text{BC} = b$ である．すると「あらゆる x の，またはあらゆる LE の和」は「この級数の 2 倍の和の和に等しい」．ここで例えば「あらゆる y^2 の無限量 (multitude infinie) の和は，全体の中で最も大きいもの，すなわち b の 3 乗の $\frac{1}{3}$ に等しいであろう．つまり $\frac{b^3}{3}$ に等しいであろう」とされる．同様にして

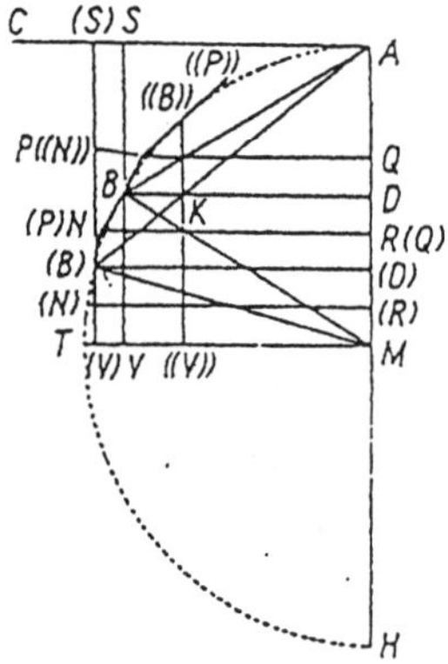

$$
\begin{aligned}
\text{部分 ALEA} &= \text{あらゆる LE の和} \\
&= 2 \times \left(\frac{b^3}{3} - \frac{b^5}{5} + \cdots \right)
\end{aligned}
$$

が成立する．次の命題 8 は二つの矩形 ADE と MAS の和が $\frac{2a^2x}{\sqrt{2ax-x^2}}$ となることを示す（図 2.8）．すなわち

$$
\text{矩形 ADE} + \text{矩形 MAS} = \frac{ax^2}{\sqrt{2ax-x^2}} + a\sqrt{2ax-x^2} = \frac{2a^2x}{\sqrt{2ax-x^2}}
$$

図 **2.7** ホイヘンス宛書簡（1674 年 10 月）より

$$
\frac{y^2-y^4}{1-y^4} = \frac{y^2}{1+y^2}, \quad \text{すなわち} \quad \frac{y^2}{1-y^4} - \frac{y^4}{1-y^4} = \frac{y^2}{1+y^2}.
$$

一方で，

$$
\frac{y^2}{1-y^4} = y^2 + y^6 + y^{10} + \cdots,
$$

$$
\frac{y^4}{1-y^4} = y^4 + y^8 + y^{12} + \cdots,
$$

$$
\therefore y^2 - y^4 + y^6 - y^8 + y^{10} - y^{12} + \cdots = \frac{y^2}{1+y^2}.
$$

2.1 算術的求積と変換定理　　*49*

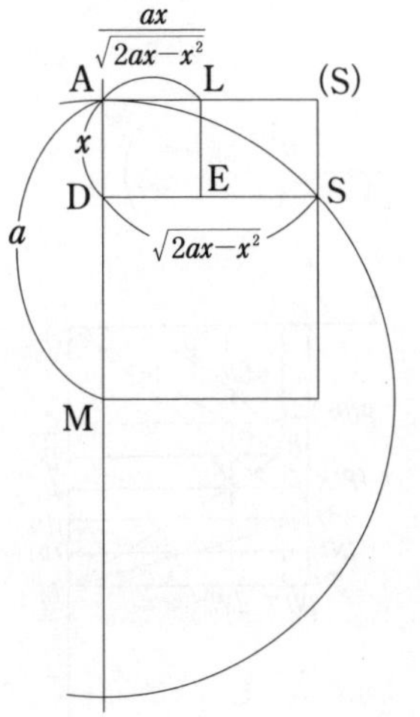

図 **2.8** ホイヘンス宛書簡
（1674 年 10 月）より

である[34]．そして命題 9 では図 2.6 で半径 $a = 1$，$AC = b$ とするとき（ただし b は半径を超えない）

$$\text{扇形 AMBA} = \frac{b}{1} - \frac{b^3}{3} + \frac{b^5}{5} - \frac{b^7}{7} + \cdots$$

となることが示される[35]．この命題 9 の結果を導く過程で，ライプニッツ独自の変換定理が用いられている．今，図 2.6 で円弧上に微小な幅を持つ BB' をとる．また B''，C'，D' を図 2.9 のようにとる．

$$\text{三角形 ABB'} = \frac{1}{2} \times BB' \times AC'$$

であるが，一方で三角形 $BB'B''$ と三角形 ACC' の相似より

$$AC' = \frac{B'B'' \times AC}{BB'} = \frac{DD' \times AC}{BB'}.$$

よって

$$\text{三角形 ABB'} = \frac{1}{2} \times DD' \times AC = \frac{1}{2} \times DD' \times DE.$$

---

(34) *Ibid.*, S. 162f. 邦訳，140f 頁．
(35) *Ibid.*, S. 164. 邦訳，141f 頁．命題 7 より

$$\text{部分 ALEA} = 2 \times \left(\frac{b^3}{3} - \frac{b^5}{5} + \frac{b^7}{7} - \frac{b^9}{9} + \frac{b^{11}}{11} - \frac{b^{13}}{13} + \cdots \right)$$

となるが，一方，変換定理を用いて切片 $\text{ABA} = \frac{1}{2} \times \text{部分 ADEA} = \frac{1}{2}(bx - \text{部分 ALEA})$．
よって図 2.6，図 2.7 で 扇形 AMBA ＝ 切片 ABA ＋ 三角形 AMB

$$= \frac{bx}{2} + \frac{\text{矩形 MAS}}{2} - \left(\frac{b^3}{3} - \frac{b^5}{5} + \cdots \right)$$

$$= \frac{\text{矩形 ADE} + \text{矩形 MAS}}{2} - \left(\frac{b^3}{3} - \frac{b^5}{5} + \cdots \right).$$

命題 8 より 矩形 ADE ＋ 矩形 MAS ＝ $2b$ から（$a = 1$ に注意して）

$$\text{扇形 AMBA} = \frac{b}{1} - \frac{b^3}{3} + \frac{b^5}{5} - \frac{b^7}{7} + \cdots$$

となる．

50   第 2 章 パリ時代における数学研究の開花

このことをそれぞれの微小
な三角形で繰り返し，和を
取ることによって図 2.6 に
おいて，

切片 ABA
$= \dfrac{1}{2} \times$ 三辺形 ADEA

とするのである．この面積
の変換こそが，ライプニッ
ツの算術的求積の中では本
質的な役割を果たすのであ
る．以上より特に四分円を

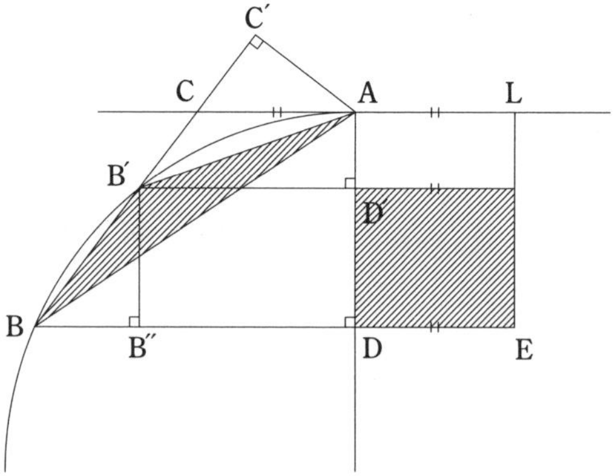

図 2.9 ライプニッツの変換定理

考えると再び図 2.6 で $b = 1$ となり，半径 1 の円の面積は

$$\pi = \frac{4}{1} - \frac{4}{3} + \frac{4}{5} - \frac{4}{7} + \frac{4}{9} - \frac{4}{11} + \cdots \tag{2.5}$$

となる．命題 10 は直径に対する周の比が 1 対「上記の右辺の数」となるとい
うように表している．

　続けてライプニッツは注解をつけて，上の級数が二つの調和級数

$$\frac{4}{1} + \frac{4}{5} + \frac{4}{9} + \cdots, \quad \frac{4}{3} + \frac{4}{7} + \frac{4}{11} + \cdots$$

の差であることを指摘した上で，式 (2.5) の右辺の $\frac{1}{8}$ は

$$\begin{aligned}
\frac{1}{2} &\left\{ \left(1 - \frac{1}{3}\right) + \left(\frac{1}{5} - \frac{1}{7}\right) + \left(\frac{1}{9} - \frac{1}{11}\right) + \cdots \right\} \\
&= \frac{1}{3} + \frac{1}{35} + \frac{1}{99} + \cdots \\
&= \frac{1}{4-1} + \frac{1}{36-1} + \frac{1}{100-1} + \cdots
\end{aligned} \tag{2.6}$$

となることを示している．つまり各分母が $(奇数 \times 2)^2 - 1$ となっているので
ある．さらに（平方数 − 1）を分母に持つ級数を取り上げ，各項を跳躍して次
のような新しい級数を考えている．

2.1 算術的求積と変換定理　51

$$\frac{1}{3} + \frac{1}{8} + \frac{1}{15} + \frac{1}{24} + \frac{1}{35} + \frac{1}{48} + \frac{1}{63} + \frac{1}{80} + \frac{1}{99} + \cdots,$$

$$\frac{1}{3} + \frac{1}{15} + \frac{1}{35} + \frac{1}{63} + \frac{1}{99} + \cdots,$$

$$\frac{1}{8} + \frac{1}{24} + \frac{1}{48} + \frac{1}{80} + \cdots,$$

$$\frac{1}{3} + \frac{1}{35} + \frac{1}{99} + \cdots,$$

$$\frac{1}{8} + \frac{1}{48} + \cdots.$$

最初の三つは値が知られているとする（それぞれ $\frac{3}{4}, \frac{2}{4}, \frac{1}{4}$）．それに対し最後の二つの級数はそれぞれ円と双曲線の求積に係わることを指摘している[36]．この注解のみでは不明瞭であるが，『算術的求積について』において，ライプニッツはこの間の内容を細かく先の三角数とも結びつけて記述している．そこで我々の目を少し『算術的求積について』へと転じよう．

『算術的求積について』の命題 36 において級数の値

$$\frac{1}{3} + \frac{1}{15} + \frac{1}{35} + \frac{1}{63} + \frac{1}{99} + \cdots = \frac{1}{2}$$

が示される．それは以前の 1672 年のガロワ宛書簡の内容に比べて，巧みに代数的な処理がされている[37]．命題 39 では前項で取り上げたホイヘンスに課された級数

$$\frac{1}{1} + \frac{1}{3} + \frac{1}{6} + \frac{1}{10} + \frac{1}{15} + \frac{1}{21} + \cdots = 2$$

---

(36) *Ibid.*, S. 165f. 邦訳，142f 頁.

(37) [Leibniz QA], S. 82. 実際，

$$1 + \frac{1}{3} + \frac{1}{5} + \frac{1}{7} + \cdots = A,$$

$$\frac{1}{3} + \frac{1}{15} + \frac{1}{35} + \frac{1}{63} + \cdots = B,$$

$$\frac{2}{3} + \frac{2}{15} + \frac{2}{35} + \frac{2}{63} + \cdots = 2B$$

とおく．このとき

$$A - 2B = \frac{1}{3} + \frac{1}{5} + \frac{1}{7} + \frac{1}{9} + \cdots = A - 1$$

より，$B = \frac{1}{2}$．以上のような無限級数の扱いは，17 世紀中において一般的なものである．すなわち，その級数の「収束」が，どのような条件のもとで実現するかは問題とされない．有限列において可能な操作を，そのまま無限級数の場合にも適用しようとするのである．

が上と同様な方法で導かれる．一方で上の級数の両辺を 8 で割って

$$\frac{1}{8} + \frac{1}{24} + \frac{1}{48} + \frac{1}{80} + \frac{1}{120} + \cdots = \frac{1}{4},$$

さらに命題 36 を用いて

$$\frac{1}{3} + \frac{1}{8} + \frac{1}{15} + \frac{1}{24} + \frac{1}{35} + \frac{1}{48} + \cdots = \frac{3}{4}$$

を導いている（命題 41）．先のホイヘンス宛書簡の注解において不明瞭であった部分は，これで説明される[38]．

ホイヘンス宛書簡の注にも級数

$$\frac{1}{8} + \frac{1}{48} + \frac{1}{120} + \cdots$$

が双曲線の求積に係わっていることをライプニッツは指摘していたが，この『算術的求積について』の中では，ブラウンカーまたはメルカトールに言及しつつ，次のように証明している[39]．今，図 2.10 において直交する漸近線 AF，AE を持つ双曲線 GCH を考える．

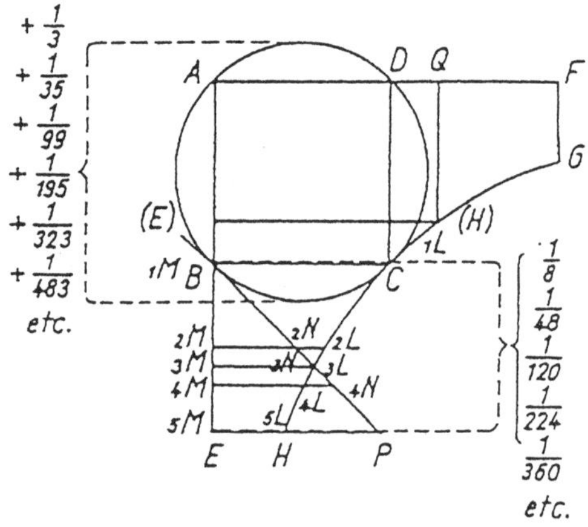

図 **2.10** 『算術的求積について』命題 42

漸近線の交点 A，双曲線の頂点 C を通る円，ならびに円に内接する正方形 ABCD を考える．このとき正方形 ABCD $= \frac{1}{4}$ と置く．すると

$$\frac{1}{3} + \frac{1}{35} + \frac{1}{99} + \cdots$$

は上の円の面積を示す（式 (2.6) 参照）．そして BC $=$ BE となるように点 E をとり，部分 CBEHC の面積を考える．矩形 AML $=$ 正方形 ABCD となるように ML をとるとき，あらゆる ML の和，すなわち部分 CBEHC の面積は

$$\text{部分 CBEHC} = \frac{1}{8} + \frac{1}{48} + \frac{1}{120} + \cdots \tag{2.7}$$

---

[38] *Ibid.*, S. 88.

[39] *Ibid.*, S. 89f.

となる[40].

以上ホイヘンス宛書簡，『算術的求積について』に依拠しつつ，円の算術的求積の方法と付随する双曲線の求積の方法について確認してきた．ライプニッツは彼の方法を得るにあたって，当然ながら求積問題に係わる先行研究の成果を利用している．そこで次にライプニッツの算術的求積と関連が深いと考えられる先行研究に言及したい．ライプニッツの解法が，どこに独創性を発揮したのかを確認したいからである．

2.1.3 算術的求積の方法への影響とライプニッツの独創性

ライプニッツは，我々が分析したホイヘンス宛書簡に加筆を試み，次のように述べている．

> ヴィエトならびにデカルトは，直線的幾何学の問題が方程式による数の計算に帰することを示したが，私はここで曲線幾何学の最も重要な問題の困難が，どのようにその幾何学から数列による有理数の算術へと移されるかということを示す．そして同様に次のことを示したい．すなわちヴィエトは望むだけ正確に，近似的な数によってあらゆる方程式を解く方法を与えた．私は望むだけ正確に，しかも簡単な近似によって，あらゆる数列の和を決定する方法に達したいと思っている[41]．

自己の方法の拡張性に対して，自信のほどを伺わせている．また双曲線の漸近線からとった縦線の値から成る無限級数の値は，有理的な (rationelle) ものである．ライプニッツはそれをブラウンカー，メルカトールが示したとする．一方で円の

---

(40) 式 (2.7) は以下のように導かれる．

$$ML = \frac{AB \text{ の平方}}{AM} = \frac{AB \text{ の平方}}{AB + BM},$$

$$ML = AB - BM + \frac{BM^2}{AB} - \frac{BM^3}{AB^2} + \frac{BM^4}{AB^3} - \frac{BM^5}{AB^4} + \cdots.$$

$$部分 \, CBEHC = BE^2 - \frac{BE^2}{2} + \frac{BE^3}{3AB} - \frac{BE^4}{4AB^2} + \frac{BE^5}{5AB^3} - \frac{BE^6}{6AB^4} + \cdots$$

$$= \frac{AB^2}{1} - \frac{AB^2}{2} + \frac{AB^2}{3} - \frac{AB^2}{4} + \frac{AB^2}{5} - \frac{AB^2}{6} + \cdots (BE = AB \, より)$$

$$= \frac{AB^2}{2} + \frac{AB^2}{12} + \frac{AB^2}{30} + \cdots.$$

一方で $AB^2 = \frac{1}{4}$ より得られる．

(41) [Leibniz A], III-1, S. 168. 邦訳，144 頁．

54 第 2 章 パリ時代における数学研究の開花

正弦に対する無限級数は，「無理的であるか，または取り扱えない (irrationalle
on intraitable) ものである」と述べている（「このように宣言することは私の義
務であると信じていた」）[42]．とはいえ，この円の算術的求積の方法が多くの他
の数学的著作に負っていることも率直に認めている．その中で言及される数学
者の名前は，ヴィエト，デカルト，ブラウンカー，ホイヘンス，メルカトール，
ロベルヴァル，レン，ウォリス，カヴァリエリ，フェルマー，グレゴワール・
ド・サン・ヴァンサン，ギュルダン，ヘラート，パスカル，グレゴリーである．

　まずホイヘンス宛書簡の命題2は，パスカルの『デトンヴィルの手紙』(*Lettres
de A. Dettonville*) からの影響が明瞭に見て取れる．これは多くの史家の指摘す
る通りである[43]．パスカルは上記著作中に含まれる「四分円の正弦論」(Traité
des sinus de quart de cercle)[44]において，図 2.11 のように四分円 ABC に
対し，弧 $\overset{\frown}{BC}$ 上に任意の点 D を取り，D から半径 AC へ正弦 DI を下ろす．
このとき三角形 ADI と三角形 EEK の相似から
EE × DI = EK × AD が導かれる．さらに円
弧を細かく分割し，上記の点 D を無数に取るこ
とによって，次の命題が導かれる．

> 四分円の任意の弧の正弦の和は，両端の
> 正弦の間に含まれた底の部分に半径をか
> けたものに等しい[45]．

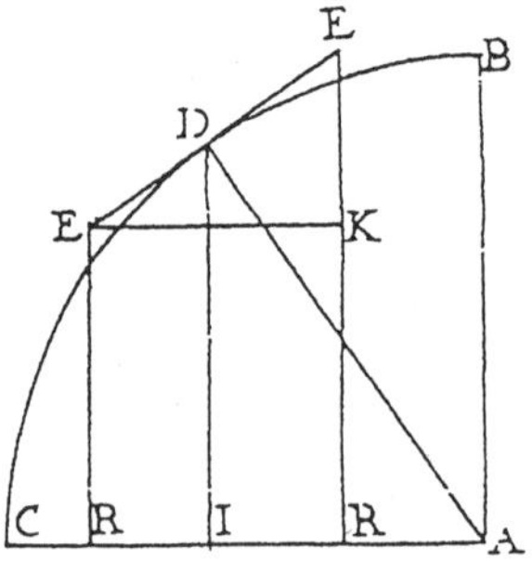

ライプニッツは図 2.7 において，これと全く同じ
手法を用いていることが容易にわかる．ここで依

図 2.11 パスカルの四分円

拠したホイヘンス宛書簡，または『算術的求積について』では，パスカルの手法を
そのまま受け継ぎ，曲線の外側に接線を引き，微小区間において，それが直観的に
円弧に一致するという発想を取っている．ライプニッツ自身のより一般的な特性三
角形 (trianglum characteristicum) の発想，すなわち，「三角形の斜辺が無数に分
割された弧の断片になる」は，現在公刊されているものの中では，1675 年末と推定
されるラ・ロック宛書簡として準備された下書き中に初めて現れる（図 2.12 参照）．

---

(42)　*Ibid.* 邦訳，145 頁.
(43)　例えば，[Hofmann 1970], p. 75 参照.
(44)　[Pascal 1659], 邦訳 [パスカル 1959], I, 所収. 原典は通しの頁数がついていないので以下
邦訳の頁数のみを記す.
(45)　[パスカル 1959], I, 617 頁.

2.1　算術的求積と変換定理　　55

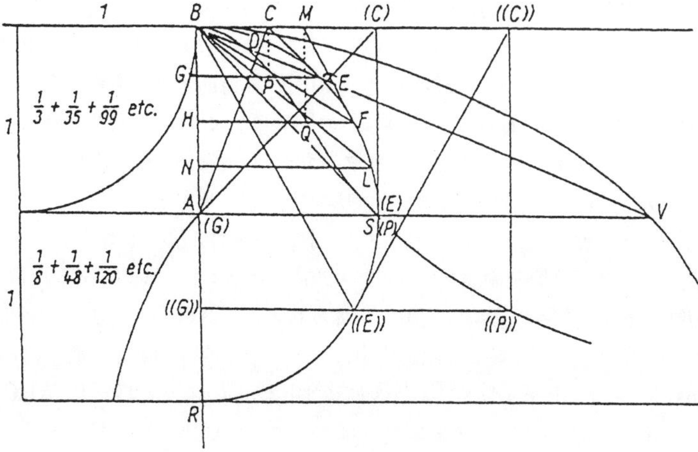

図 **2.12** ラ・ロック宛書簡草稿（1675 年末）より

そこでは曲線 E(E)((E)) は無限多角形 (un polygone infinitangle) によって表されるとされる．また辺 EF，FL 等は「無限に小さい」(infiniment petits) とみなされている．そして図 2.13 にあるように，三角形 BEF の面積の 2 倍が矩形 PGH に等しいことが示される[46]．

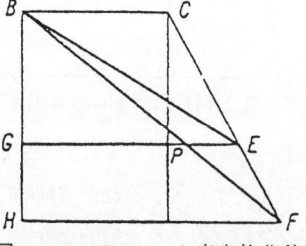

図 **2.13** ラ・ロック宛書簡草稿（1675 年末）より

次はホイヘンス宛書簡，命題 6 に現れる級数展開についてである．これはメルカトールの『対数技法』(*Logarithmotechnia*)（1668 年刊）の成果を利用したものである．ライプニッツは『算術的求積について』では，繰り返しメルカトールに言及している[47]．実際，その『対数技法』の中の命題 15 では双曲線下の部分の求積に関連して，級数

---

(46) [Leibniz A], III-1, S. 341. 1674 年 10 月のホイヘンス宛書簡（前節のホイヘンス宛書簡）の段階では，曲線を「無限に小さい」辺を持つ無限辺多角形とみなすという発想をライプニッツは打ち出していない．その後の著作『算術的求積について』では，命題 23 の後に置かれた注において曲線図形は「量において無限小である，無限に多くの辺を持つ多角形に他ならない」とみなしている ([Leibniz QA], S. 69). この発想は 1.3.2 項で見たように（1.3.2 項注 ((93)) の引用を参照），1670 年の著作「抽象的運動論」の中ですでに明確にされていたものである．

(47) 特に『算術的求積について』命題 29 の注において次のように述べている点が注目される．「我々が幾何級数の助けによって証明したことを，無限における連続的な分割を用いた，イギリス王立協会員のホルシュタイン人ニコラス・メルカトールの非常に美しい発見によっても，我々は証明することができるだろう」([Leibniz QA], S. 76).

56 第 2 章 パリ時代における数学研究の開花

$$\frac{1}{1+a} = 1 - a + aa - a^3 + a^4 - \cdots$$

が導かれている[48]. ライプニッツがこれを直接用いていることはいうまでもないであろう.

命題 7 の結果は，上の命題 6 において得られた級数展開に対して現代の我々の記法によれば，

$$\int_0^b \frac{y^2}{1+y^2} dy = \int_0^b (y^2 - y^4 + y^6 - y^8 + \cdots) dy$$
$$= \frac{b^3}{3} - \frac{b^5}{5} + \frac{b^7}{7} - \frac{b^9}{9} + \cdots$$

に相当する. ライプニッツはこの項別積分を直観的な形で提示したのだった. 各項の定積分について，以下が成立することはカヴァリエリの結果として，数学者たちには広く知られていたに違いない.

$$\int_0^b y^n dy = \frac{b^n}{n+1}.$$

カヴァリエリの直観的な議論を，より厳密な形で証明しようとする試みはフェルマー，パスカル，ロベルヴァル等によってなされていたのであった[49]. 『算術的求積について』でも，このことに相当する議論は命題 25 に現れる. この命題 25 の前後において繰り返しカヴァリエリ，ならびにその著作『不可分量の幾何学』に言及している[50]. 上の先人たちの研究もライプニッツは知っていたものと思われるが，やはりライプニッツの本領は証明の厳密性もさることながら，一層の一般化を目指しているところにある. 1675 年末と推定されるガロワ宛書簡の下書き中にはカヴァリエリのことも含め，次のように記されている.

> カヴァリエリとその他の人々は直線図形を，平行な縦線によって解決します. 私はここで全く新しい方法を切り開き，そして不可分量の幾何学の大部分を増大させることを，三角形を用いて，収束によって (par des convergentes) 有効に解決できることを示します.

と述べ，一方で同じ箇所で次のようにも述べている.

---

(48) [Mercator 1668], pp. 29f.

(49) [Edwards Jr. 1979], p. 110.

(50) [Leibniz QA], S. 69, 71.

ここで私が与える定理〔変換定理による算術的求積〕は，あらゆる幾何学の中で最も一般的で，最も可能性を持ったものの一つです．そしてそれによって放物面や双曲面を含めた既知のあらゆる図形の求積を幾何学的に証明するだけでなく，有名なウォリス氏が，最初帰納法によって確立しただけの無限算術の基礎も証明することができるのです[(51)]．

ウォリスが，『無限算術』(*Arithmetica infinitorum*)（1655 年刊）の中で取り組んだのは，放物線 $y = x^k$ 下の求積である．それはカヴァリエリ以降知られていた，k が正整数の場合をもとに，k が有理数または無理数の場合（前者はフェルマーが，後者はウォリスが初めて導入した）にまで帰納的に拡張していく方法であった．例えば『無限算術』命題 1 において，

$$\frac{0+1}{1+1} = \frac{1}{2}, \ \frac{0+1+2=3}{2+2+2=6} = \frac{1}{2}, \ \frac{0+1+2+3=6}{3+3+3+3=12} = \frac{1}{2}, \ \cdots$$

と級数 $\sum_{k=0}^{n} \frac{k}{n(n+1)}$ の計算を $n = 6$ まで示した後で，「我々がどんなに進もうとも，いつも下二倍比 (ratio subdupla) が生じるだろう」と分子対分母が 1 対 2 になることを推論する[(52)]．次に命題 19 では，級数 $\sum_{k=0}^{n} \frac{k^2}{n^2(n+1)}$ が

$$\frac{0+1=1}{1+1=2} = \frac{3}{6} = \frac{1}{3} + \frac{1}{6},$$

$$\frac{0+1+4=5}{4+4+4=12} = \frac{1}{3} + \frac{1}{12},$$

$$\frac{0+1+4+9=14}{9+9+9+9=36} = \frac{7}{18} = \frac{1}{3} + \frac{1}{18},$$

$$\frac{0+1+4+9+16=30}{16+16+16+16+16=80} = \frac{3}{8} = \frac{9}{24} = \frac{1}{3} + \frac{1}{24},$$

とやはり $n = 6$ の場合まで示され，「生じている比はどれでも下三倍比，すなわち $\frac{1}{3}$ よりも大きくなる．しかし超過分は常に諸項の数が増加されるのにつれて減少する」と帰納的に $\sum_{k=0}^{n} \frac{k^2}{n^2(n+1)}$ が $\frac{1}{3}$ に収束するという結論を導いている[(53)]．表現手段（記号）において，いずれも直観的な方法によっているが，

---

(51) [Leibniz A], III-1, S. 361. ライブニッツはパリ滞在以前に，ウォリスの著作『無限算術』の存在を知っていたようである．しかし本格的にその著作に取り組むのは，やはりパリ時代になってからと考えられる．[Hofmann 1973], S. 246. その後 1696 年になってウォリス側からライブニッツへ書簡が送られ，足掛け 4 年にわたる両者の交信が始まる．3.3.2 項注 (242) 参照．

(52) [Wallis 1695], I, p. 365.

(53) *Ibid.*, p. 373.

ウォリスなりの方法で,「収束」する数列の計算をしていたことは確かである.
さらにウォリスは $\sum_{k=0}^{n} \frac{k^3}{n^3(n+1)}$ の場合を命題 39 から 41 において同様な方法
で推測し,それを一般化したものが,下のように命題 44 で結論づけられる[54].

$$\sum_{k=0}^{n} \frac{k^p}{n^p(n+1)} = \frac{1}{p+1} \; (p: \text{自然数}). \tag{2.8}$$

ウォリスはこれを p が正の有理数さらには $\sqrt{3}$ のような無理数の場合まで拡張
することができることを主張し(命題 44, 49, 53),

$$\sum_{k=0}^{n} \frac{k^{\frac{s}{r}}}{n^{\frac{s}{r}}(n+1)} \to \frac{1}{\frac{s}{r}+1} = \frac{r}{s+r} \quad (n=\infty)$$

を導いている.その方法は式 (2.8) で,それぞれ $p=0$, 1 の場合から $p=\frac{1}{2}$ の
場合にその級数の値が $\frac{2}{3}$ となることを,「$1, 1\frac{1}{2}, 2$ は算術級数であるから」という
理由によって推測している[55].ライプニッツが先のガロワ宛書簡の下書き中に
言及していた「帰納法によって確立しただけの無限算法の基礎」とは以上の内容
であったと考えられる.ライプニッツはこうした帰納的な推測に満足していない.
自己の方法に沿っていけば,より一般性を高めた結果が得られることをガロワ
宛の書簡では主張するのである.

先のガロワ宛書簡(1675 年末)の下書きに
は,次のような放物線の求積の例が与えられて
いる(図 2.14).

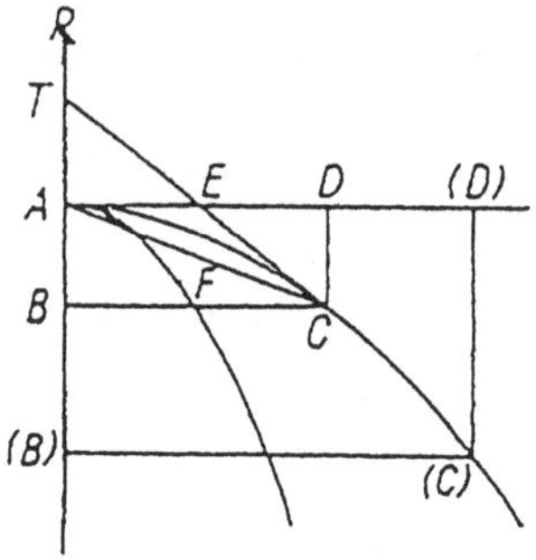

ここでライプニッツはまず「解析的な図形」
(figure analytique) とは何かを定義している.
「縦線の横線に対する関係が,あるベキを用い
た方程式によって理解されるとき」にそのよ
うに名付けるのである.この場合には方程式
は $y^z = ax^u$ である.ただし y は BC または
(B)(C) に等しい縦線,x は横線 AB,または

図 2.14 ガロワ宛書簡(1675 年末)より

---

(54) *Ibid.*, pp. 382ff. 現代的記号によって表すと以下のようになる.k が正整数のとき

$$\int_0^1 x^p dx = \lim_{n \to \infty} \frac{0^p + 1^p + \cdots + n^p}{n^p + n^p + \cdots + n^p} = \lim_{n \to \infty} \sum_{k=0}^{n} \frac{k^p}{n^p(n+1)}.$$

(55) *Ibid.*, pp. 384–390. 引用は p. 390.

2.1 算術的求積と変換定理 　59

A(B), a はパラメーター AR, z, u がそれぞれ縦線, 横線のベキである. このとき相似の関係から AE : BC = TA : TB である. 一方, このような解析的図形に対する接線の性質より, TB が AB に比例することが知られている. また AE は BF に移され, すべての AE の和 (すなわち図形 ABFA) 対すべての BC の和 (すなわち図形 ABCA) がわかる. その結果, 変換定理によって切片 ACA の図形 ABCA 全体に対する比もわかるのである. 今, 切片 ACA : ABCA 全体 $= s : r$ とすると, ABCA 全体 $=$ 切片 ACA $+$ 三角形 ABC より

$$\text{ABCA} = \frac{\text{三角形 ABC}}{1 - \dfrac{s}{r}}$$

となる[56]. ライプニッツはこの書簡の下書きの末尾に系として縦線 BC が横線 AB の二倍比, 三倍比, 四倍比, $\cdots$ (すなわち $z = 1$, $u = 2, 3, 4, \cdots$) の場合を示しているがそれは上の議論より自明となる. ここに示した方法はウォリスに比べて一般性があるといえよう. こうした理由でライプニッツは先のように, 自信を持って発言したのであろう.

ところでライプニッツは『算術的求積について』では, 題名通り, 楕円, 双曲線の求積を考察しているが, そればかりか対数曲線, 指数曲線の求積も試みている (命題 44 の直前の定義から命題 47 まで). ライプニッツのいう対数曲線とは図 2.15 で曲線 ARST のことである. その対数曲線下の求積を次のように扱う. ここで CA, CD (または vR), CF (または ϕS), CH (または βT) (Aβ は A における接線) の対数がそれぞれ 0, Cv (または DR), Cϕ (または FS), Cβ (または HT) として定められている. 命題 44, 45 でライプニッツは $\log \frac{b+n}{b}$ 等の級数展開を定めた後, 命題 46 で対数図形の求積として領域 T$\beta\psi$KAT が

---

[56] [Leibniz A], III-1, S. 362f. ライプニッツはこれ以上の変形を試みていないが, 我々が続行するならば, AE $= \left(1 - \frac{u}{z}\right) y$, また変換定理を用いて切片 ACA $= \frac{1}{2} \times$ すべての AE の和 $= \frac{1}{2} \times \left(1 - \frac{u}{z}\right) \times$ ABCA より $\frac{s}{r} = \frac{1}{2}\left(1 - \frac{u}{z}\right)$. これらを代入すると,

$$\text{ABCA} = \frac{2 \times \text{三角形 ABC}}{\frac{u}{z} + 1} = \frac{2 \times \frac{1}{2} \times x \times y}{\frac{u}{z} + 1}$$

$$= \frac{ax^{\frac{u}{z}+1}}{\frac{u}{z} + 1}$$

となる. 事実上, ウォリスの結果を, 特に正のベキに限定せずに拡張していることになる.

60   第 2 章　パリ時代における数学研究の開花

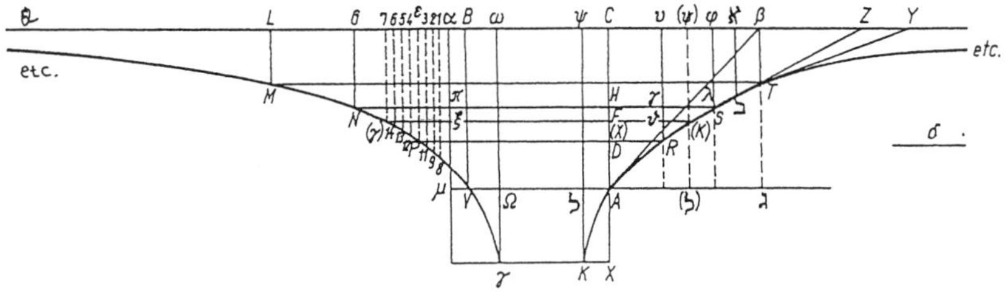

図 2.15 『算術的求積について』命題 46

πHX に等しいことを示している[57].

　この求積において，ライプニッツの算術的求積の主役である特性三角形が現れずに，微小に分割された一辺を持つ矩形の面積が問題にされている．この『算術的求積について』はクノープロッホの年代推定によれば，1675 年の終わりから 1676 年の秋に執筆され，1678 年から 1680 年にかけて付記されたものである[58]．次章で述べるようにこの時期はまさに接線法，逆接線法の問題を介在として，ライプニッツ独自の記号法と共に無限小解析が確立しようとしていた時期であった．この著作『算術的求積について』を記しながらも，算術的求積の問題の領域を大きく踏み出していたのである．後年 1698 年の（7 月以降と推定される）ヨハン・ベルヌーイ宛書簡で，ライプニッツは次のように述べている．

　　　私の算術的求積の論考は，書かれたそのときであれば称賛を受けられたでしょう．今となっては，あなたがというよりも，我々の方法の初心者

---

(57)　実際 CQ, CX を漸近線とする双曲線 MNPVγ があり，領域 VADPV, VAFNV, VAHMV がそれぞれ RD, SF, TH と AV（一定）の積に等しいとする．四辺形 PDFNP ＝ AV×対数の差 ＝ AV×(SF − RD) ＝ AV×θS，同様に四辺形 NFHMN ＝ AV×λT．一方 DF, FH を無限に小さい (infinite parvus) とすると，同時に θS, λT も無限に小さくなり，さらには，上の四辺形も無限に小さくなる．このとき，これらの四辺形はそれぞれ矩形 FDP または HFN とみなすことができる．すると FDP ＝ AV×θS ＝ DP×DF となるが，一方で双曲線の性質より DP ＝ $\frac{\text{CA}\times\text{AV}}{\text{CD}}$，∴ FDP ＝ $\frac{\text{CA}\times\text{AV}\times\text{DF}}{\text{CD}}$, θS ＝ $\frac{\text{CA}\times\text{DF}}{\text{CD}}$ である．ところが DF は無限に小さいので CD は CF と異ならないとみなすことができる．よって CA×DF ＝ θS×CF ＝ 矩形ϕSθ，同様にして CA×FH ＝ 矩形βTλ となる．πH, ξF をそれぞれ CA に等しいとすると，矩形πHF ＝ CA×HF，矩形ξFD ＝ CA × DF．

$$\text{矩形}\phi\text{S}\theta + \text{矩形}\beta\text{T}\lambda = \text{矩形}\pi\text{HF} + \text{矩形}\xi\text{FD} = \text{矩形}\pi\text{HD}.$$

以上と同様な計算をさらに繰り返すことにより

$$\text{対数四辺形 T}\beta\psi\text{KAT} = \text{矩形}\pi\text{HX}$$

が導かれる．[Leibniz QA], S. 94–110 (esp. S. 105). 図 2.15 は S. 96.
(58)　*Ibid.*, S. 19.

2.1　算術的求積と変換定理　　*61*

だけが大いに喜ぶだけでしょう[59].

このように『算術的求積について』が出版を計画しながらも果たされなかったということ自体が，ライプニッツの思考の発展状況を物語る．ライプニッツの算術的求積の研究は，円に始まり，円錐曲線，対数曲線，その他へと対象を拡大していった．これは同時代の求積問題に対する研究と較べ，ライプニッツの方法がより一般性を持っていた証拠であろう．だがこの求積問題中にも含まれていた問題（接線法）への取り組みを通じて，ライプニッツは無限小解析のアルゴリズム化に成功する．結果的に，この算術的求積の方法さえもその計算体系の一例になってしまうような，さらに一般的な方法が獲得されるのである．

2.2 無限小解析の形成

前 2.1.3 項で見たように，1675–76 年の執筆とされる『算術的求積について』では，対数曲線の求積が扱われていた．その中の命題 46 には注がついている．対数曲線に対して接線を引いた場合のことが述べられ，クレルスリエの編集による『デカルト書簡集』の第 3 巻中第 71 書簡ドゥボーヌ宛の参照を求めている[60]．ライプニッツ独自の無限小解析への貢献と接線法（曲線に対して引かれる接線の方程式を得る方法），ならびに逆接線法（逆に接線が与えられたときにそれが接する元の曲線の方程式を求める方法）の研究とは深い関係がある．デカルト，フェルマー，フッデ，スリューズ等に代表される 17 世紀の接線研究をふまえ，ライプニッツ自身の問題解決法が生み出された．本節では 1676 年 11 月にパリを離れる前後の時期までに確立した，ライプニッツの接線法・逆接線法への研究とそれを通じて形成された無限小解析を（記号法も含めて）分析したい．

2.2.1 1675 年以前の研究

残念ながら，パリ時代前半に行われたはずの，無限小解析に係わる研究の内容を確認できる資料は，ほとんど明らかになっていない．1673 年 8 月の日付を持つ草稿が例外的に紹介されている．実は前節の算術的求積と異なり，ライプニッツの接線法研究については，いくつかの資料的制約が我々の前に横たわる

---

(59)　[Leibniz GM], III/2, S. 537.
(60)　[Leibniz QA], S. 106f. その書簡は [Descartes AT], II, pp. 510–523 所収.

62　　第 2 章　パリ時代における数学研究の開花

ことをまず認識しなければならない．ただし資料が十分でないにせよ，ある時期以降の流れをある程度つかむことができる．したがって分析の中心は，1675年10月以降にならざるを得ないのが現状である[61]．

1675年以前のライプニッツの接線法・逆接線法研究の最も古い資料の一つは，1673年8月の日付を持つ草稿「与えられた縦線から曲線の接線を，あるいは反対に与えられた接線影，法線影，垂線，割線から縦線を探求する新方法」(Methodus nova investigandi tangentes linearum curvarum ex datis applicatis, vel contra applicatas ex datis productis, reductis, tangentibus, perpendicularibus, secantibus) である．ただしゲルハルトの紹介は，あくまで部分的なものにとどまった[62]．その後マーンケが画期的論文「高等解析の発見史における新洞察」(Neue Einblicke in die Entdeckungs geschichte der höheren Analysis) を公刊した際（1926年），この草稿の内容を重視し，より詳細な内容紹介と分析を試みた．以下ゲルハルト，マーンケをもとに，ライプニッツの接線法研究の最初の段階を再構成する．

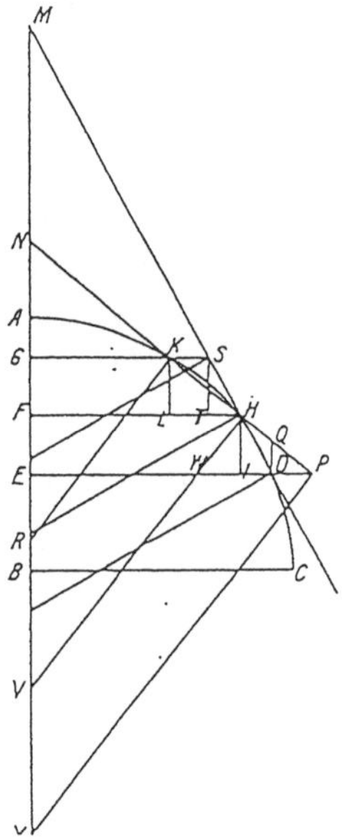

ライプニッツはこの草稿の中で特性三角形の考えを接線問題，およびその逆に適用しようとしている[63]．図2.16において「縦線 ED の横線 AE に対する関係が，我々に知られたある方程式によって示されている曲線図形 ABCDA があるとせよ」と設定した上で一般的な問題設定が示される．

図 **2.16** 1673年8月草稿より

　　もし図形が，例えばサイクロイドのように幾何学的でなくても何ら問題ではない．というのも，曲線と引かれた直線との間にある我々に既知な関係を想定することによって，それは幾何学の例と同様に扱われる．それゆえ

---

(61) アカデミー版第7系列第4分冊が，パリ時代の無限小解析関係の草稿を扱うことになっている．ただし1673年中に記されたと考えられるものは，(2002年9月現在) 2編の草稿がインターネット上で公開されているのみである．http://www.nlb-hannover.de/leibniz/VII4.pdf 参照．したがって以下で我々は，ゲルハルトによって公にされた草稿に限定して分析する．

(62) [Gerhardt 1855], S. 55f. ゲルハルトは「与えられた縦線から」の部分を ex datis explicatis と記しているが [Mahnke 1926], S. 44 にしたがって訂正した．

(63) [Mahnke 1926], S. 44f.

2.2　無限小解析の形成　　*63*

確かに，図形の性質が許す限り，幾何学的でも非幾何学的 (ageometria)
でも接線を引くことができるのである[64].

ここで「幾何学的」とは代数的な方程式に記述されるものを指し，他方「超越的」(transcendens) という語はいまだ使用されていないものの，「非幾何学的」という語が従来のデカルトの枠を踏み出した対象を扱おうという意識を明確にしている．

続けて図 2.16 で特性三角形 HID と MED の相似によって

$$ME = \frac{HI \times ED}{ED - EI} \qquad (2.9)$$

が成り立つことが示され，これより接線の決定は縦線 ED と隣接する縦線の差 ED − EI = ED − FH と，付随する横線の差 FE に対する比から接線影 ME が計算されることに帰着される[65].

一方で別の問題，すなわち逆問題が設定される．「この方法によって定められた高さにおいて，縦線から垂線まで接線の間隔が与えられるとき，縦線が見いだされるかどうか」ということである．そして「前に一つの接線に対して二つの縦線が想定されねばならなかったように，一つの縦線に対しては二つの間隔が設定されなければならない，と私は考える」とつけ加えている．この問題に対してライプニッツは式 (2.9) から

$$ED = \frac{(EN - 1)\frac{FH}{FN} \times ME}{ME - 1} \qquad (2.10)$$

を導いている．ただし横線の差 HI を 1 と置いている[66].

この草稿ではこれ以上の発展はなかったようであるが，特に式 (2.10) で特性三角形の一辺，つまり横線の差を 1 としているところは，まだ，ライプニッツがその後の微分量 dx の概念には遠かったことを示している[67]．その dx に類する記号法もここでは見受けられない．この時点で，問題自体は明確だった．ただし解決へ向けて，通過しなければならないいくつかの段階が必要だったに

---

(64)　[Gerhardt 1855], S. 55f. 図 2.16 は [Mahnke 1926], fig. 18 から採用．
(65)　[Mahnke 1926] には，付録としてこの草稿の写真複写 2 葉が掲載されている．それを見る限り，辺 HD が曲線上の微小部分なのか，曲線外の辺なのかは判然とはしない．この段階では辺 HD は曲線外の辺であると理解する．[Mahnke 1926], taf. 1 参照．
(66)　[Mahnke 1926], S. 45f.
(67)　2.1.2 項注 (31) 参照．

64　　第 2 章　パリ時代における数学研究の開花

違いない．他方，この草稿は途中から「接線の逆方法，あるいは関連量について…」(Methodus tangentium inversa, seu de functionibus …) と改題される．おそらくは数学史上初めて functio という語が，数学上の論考において用いられた例であろう[68]．マーンケは functio という語が現れる箇所についてその意味を詳しく分析し，ライプニッツに後の関数概念の先駆を見いだそうとしている[69]．しかしマーンケの議論にもかかわらず，この functio を現代の関数概念に過剰に引きつけて理解することは禁物である．ライプニッツは，この草稿以後の議論の中でも functio という語を，与えられた曲線に対してある点で接線が定まるときの，関連する接線影，法線影の量という意味で用いていることが一般的だからである[70]．この 1673 年 8 月草稿は，ライプニッツ接線研究に関するアイデアが豊富に含まれているが，上記以外についてはマーンケらの研究に譲り，我々は次の時期に記された草稿に進みたい[71]．

ゲルハルトは 1674 年 10 月の日付を持つ草稿「円に適用された逆接線法に関する手記」(Schediasma de Methodo Tangentium inversa ad circulum applicata) についても紹介している．だが，やはり極めて不十分なものでしかない．ただしこの草稿中には，以下のような言明を見ることができるとゲルハルトはいう．

> 逆接線法の方法から，あらゆる図形の求積がしたがう．かくして，和と求積についての解析的な学に帰することができる．これは以前は，誰にも期待されなかったことである[72]．

ここから我々は，その間のライプニッツの研究の進展を推察できる．前節で述べたように，算術的求積の成果とあわせて考えると，1674 年の秋までにはライプニッツは接線法に関する方法論をかなりの程度つかんでいたに違いない．ゲ

---

(68)　公刊論文中において初めてこの functio という語が登場するのは，1692 年 4 月『学術紀要』誌上の論文「規則正しく引かれ，互いに交わる無限個の線から形成され，それらすべてに接する曲線について，…」(De linea ex lineis numero infinitis ordinatim ductis inter se concurrentibus formata easque omnes tangente, …) においてである ([Leibniz GM], V, S. 268).

(69)　[Mahnke 1926], S. 47. マーンケによれば，初めて現れるときは関係一般を表し，それを relatio とも言い換え，2 番目に現れるときは，1) 具体的に目に見えるような位置，または曲線という幾何学的対象，2) 一般的な形式から項が形成される無限列，という意味で使われているという．そして現代的な「関数」の原型ともいうべき内容が見いだされるとしている．

(70)　例えば本項注 (68) で述べた 1692 年論文において，ライプニッツは「曲線に対する接線と関連する量」という意味で限定して用いている ([Leibniz GM], V, S. 268，ちなみに同じ箇所で coordinata（座標）という語も初めて公に使用された)．我々はライプニッツの functio を「関連量」程度に理解するのが適切ではないかと考える．

(71)　[Mahnke 1926], S. 58f. または [Youschkevitch 1978], pp. 75f 参照.

(72)　[Gerhardt 1855], S. 57.

2.2　無限小解析の形成　　65

ルハルトはさらに加えて，1675 年 1 月の日付を持つ草稿にも言及している．その中に次のようなライプニッツの記述のあることを紹介している．

> ずいぶん長い間苦しめられてきたが，方程式の 2 重根によって級数の和と図形の求積を見いだすという，空しい希望から私は解放された．そしてなぜそのように推論することができないか，その理由もつきとめた[73]．

デカルト流の代数曲線に対する解析の適用範囲を乗り越えたという表明とも受け取れるが，資料上の制約から詳しい議論を展開することは不可能である[74]．

1673 年から 1675 年 10 月までのライプニッツの接線法，逆接線法の取り組みは，あくまでも推量の範囲でしか論じることができない．しかし相応の成果，例えば曲線が与えられたときに逆接線法と求積の間の関係について，一定の見通しをライプニッツが持っていたことを推察させる．彼の無限小解析が形成されていく際，接線を見いだすための計算のアルゴリズム化，そして独自の記号法の開発が次の重要な段階となる．それら一連の過程は 1675 年 10 月の日付を持つ草稿中に確認される．我々はそちらに目を向けることにしよう．

2.2.2　1675 年 10 月以降の研究

1675 年 10 月 25 日付の草稿「重心論の求積解析」(Analysis tetragonistica ex centrobarycis) は接線問題を扱ってはいない．だが，ライプニッツの無限小解析において本質的な問題である，「記号的洗練」に対する試行錯誤が本格化した様子が見受けられ興味深い．

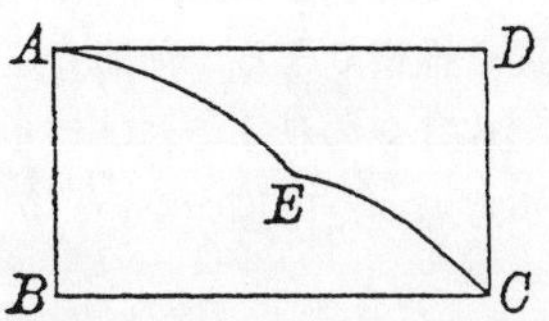

図 2.17 で任意の曲線 AEC に対し，AB $=$ DC $= x$，究極の x (ultima x) $= b$，また BC $=$ AD $= y$，究極の $y = c$ とする．このとき ABCEA のモーメントを考えると次が成立する．

図 2.17　草稿「重心論の求積解析」より

$$omn.\ \overline{yx\ ad\ x} \sqcap \frac{b^2 c}{2} - omn.\ \overline{\frac{x^2}{2}\ ad\ y}.$$

---

(73)　[Gerhardt 1855], S. 58.

(74)　原亨吉によれば，上記の言明は逆接線問題における「代数学への決別の辞」であるという（[原 1975]，340 頁）．他方 1675 年 10 月 23 日の日付を持つ草稿「求積解析第 2 部」では，代数的な不定方程式によって与えられる曲線の求積について，「この困難は 1 年前までは，長く私を捉えていた．しかしこのことで私たちは妨げられるべきではない，と今や私は考えている」と述べている．[Leibniz LB], S. 152. 邦訳 [ライプニッツ 1997]，158 頁．

ここで⊓は等号を，また *omn.* はカヴァリエリ以降用いられていた記号で「すべての」(omnes) を意味する．さらに式の上の横線は括弧を表す．我々の目から見るならば，上の式は部分積分を実行していることに他ならないが，ライプニッツにそのような概念の表明はない．しかし彼はこれを指して，「重心論の核心 (apex) である」と述べている[75]．

ここで注目すべき記号は *ad* である．これは「～に関係づけられている」の意であり，ラテン語の前置詞の用法からの流用である．ライプニッツは 1673 年 8 月草稿では，横線の差を「微小な量」と考える代わりに 1 に等しいと設定していた（式 (2.10) 参照）．2 年の歳月を経た，この草稿における定式化は上記のものとは一線を画する．何より横線（あるいは縦線）に「関係づけられた」量についての総和を考えることを明確にしている．そしてこれが実質的に微分量 dx の概念化，記号化に結びついているからである[76]．

次に 1675 年 10 月 29 日付の草稿「求積解析第 2 部」(Analyseos tetragonisticae pars secunda) を取り上げる．この草稿の中で試行錯誤しながら，今日の我々も使用する記号 $\int$, d の導入が初めてなされた．また，我々が「微分積分学の基本定理」と呼ぶ，その操作 $\int$ と d の逆関係も明確に述べられた．そうした意味でこの草稿は大変重要である．前半部は一般的記述に終始するのだが，後半部になって具体的な接線問題が扱われる．図 2.18 で BL $= y$, WL $= l$, BP $= p$, TB $= t$, AB $= x$, GW $= a$, $y = omn.\, l$ とする．このとき，

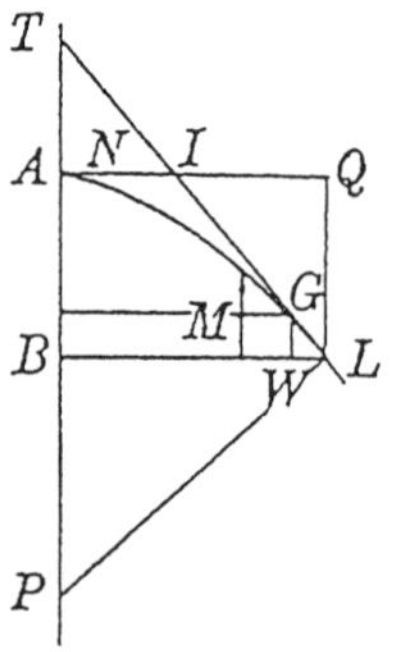

$$\frac{l}{a} = \frac{p}{omn.\, l} \Rightarrow p = \frac{omn.\, l}{a} l.$$

図 **2.18** 草稿「求積解析第 2 部」より

したがって，

$$omn.\, p = omn\, \overline{\frac{omn.\, l}{a},\ l} \tag{2.11}$$

となる．一方で「他のものから私は証明した」として，

$$omn.\, p = \frac{y^2}{2},\ \text{または} = \overline{\frac{omn.\, l}{2}\ \boxed{2}} \tag{2.12}$$

---

(75) [Gerhardt 1855], S. 117. 邦訳 [ライプニッツ 1997], 150f 頁．便宜上，等号は以降 '=' を用いる．

(76) [ライプニッツ 1997], 150 頁の注☆ 2 参照．

2.2 無限小解析の形成　67

とし，これを式 (2.11) に代入して

$$\frac{\overline{omn.\ l\ \boxed{2}}}{2} = \overline{omn.\ \overline{omn.\ l\frac{l}{a}}} \qquad (2.13)$$

としている．ライプニッツは式 (2.13) に対し「非常に美しく，そして決して自明でない定理である」と自賛している[77]．ちなみに，式 (2.12) を得ることになる「他のものから」とは，マーンケによれば，バロウ『幾何学講義』(*Lectiones geometricae*) (1670 年刊) 第 11 講義命題 1 を指す[78]．ところが，この草稿では式 (2.13) の後，突如として「*omn.* の代わりに ∫ と記されることは便利であろう」と宣言され，式 (2.13) は

$$\frac{\int \overline{l}^2}{2} = \int \overline{\int \overline{l}\frac{l}{a}}$$

と記される．ここに初めて記号 ∫ が登場するのである．また記号の導入だけではない．

> l, x に対する関係が与えられ，$\int l$ が求められる．そこで反対の計算においてどのようになるかというと，すなわちもし $\int l = ya$ であるとすると，我々は $l = \frac{ya}{d}$ と置くだろう．つまり ∫ が次元を増やすように，d は次元を減らす．他方，∫ は和を，d は差を意味する．

このように差を表す記号 d の登場と共に，∫ と d の逆関係も明確に述べられたのである[79]．ただ，この段階では記号 d は「次元を減らす」ことを意識してか分母に置かれている．この「求積解析第 2 部」の執筆された数日後，1675 年11 月 1 日付の「求積解析第 3 部」では上の記号，∫ も d も消えてしまう[80]．それが再び 11 月 11 日付の「逆接線法の諸例」(Methodi tangentium inversae

---

(77) [Leibniz LB], S. 153f. 邦訳 [ライプニッツ 1997], 164f 頁．式 (2.12), (2.13) 中の $\overline{omn.\ l\ \boxed{2}}$ は $\overline{omn.\ l}^2$ を意味する．

(78) [Mahnke 1926], S. 23.

(79) [Leibniz LB], S. 155. 邦訳，165f 頁．次元を増加，減少させる操作という意味において，記号 ∫ と d が当初からある種の「作用素」としての役割を担っていたと解釈することもできよう．この後の様々な場面でも，ライプニッツはこれらの記号をそうしたニュアンスで用いることがある．最も明瞭にそれを確認できるのは，晩年の論文「ベキと微分の比較における代数計算と無限小計算の注目すべき対応，および超越的同次の法則」(Symbolismus memorabilis calculi algebraici et infinitesimalis in comparatione potentiarum et differeneiarum, et de lege homogeneorum transcendentali) (1710 年) においてである．[ライプニッツ 1997], 174 頁参照．また，3.2.2項注 (168) も参照．

(80) [Leibniz LB], S. 157–160.

exempla) で復活する. 記号の有用性をまだ十分に自覚できておらず, 試験的使用にとどまっていたといえよう.

さてその草稿「逆接線法の諸例」は, 試行錯誤の様相が濃く, 計算上の誤りがあって全体としての理解が困難なものである. しかし, いくつかの点で注目される内容を含んでいる. それらを列挙すると,

1) $\frac{y}{d}$ がこの草稿の途中から dy に代えられること.
2) 微分に対し, ある数列の恣意的な選択.
3) $\int \overline{ydy} = \frac{y^2}{2}$ のように和と差を表す記号の合体.
4) 基本公式 (微分の積, 商等の計算) の確認.

以上の 4 点である[81]. 以上のようにこの 1675 年 11 月 11 日付の草稿は, 試行錯誤の上で, ある段階を突破した様子が感じられ, ライプニッツの数学の形成過程を考える上で, おさえるべき内容となっている.

我々は, 翌年 1676 年の草稿の分析に移りたい. ここでも我々は資料上の制約に直面する. 公刊されているもので, 1676 年の一番早い日付を持つ草稿は 6 月 26 日付「新接線法」(Nova methodus tangentium) である. この 7 カ月の空白期間中, ライプニッツがどのように取り組んだかには興味深いものがある. 特にこの「新接線法」以降は, ライプニッツの関心がはっきりと超越曲線に向かっており, その関心の移行における試行錯誤をつぶさに見ることができないのは残念である. ただ, 1675 年 12 月 28 日付のオルデンバーグ宛書簡中で,「私は〔算術的求積に係わる以外の〕他の幾何学的問題について今まではほとんど絶望を, 最近では実りある手がかりを見いだしました. 解決の至福が訪れるときにそれについて多くのことをお話することになりましょう」とライプニッツは述べている[82]. これはその期間中の進展を示唆した発言だろう.

草稿「新接線法」ではデカルトと自分自身の方法を比較して,「真の一般的な接線法は微分の方法による」と説明される. 同時に, この草稿中には「超越的」という語がしばしば現れる. ライプニッツは, この時点で超越曲線に対する接線・逆接線問題の解決の糸口をはっきりつかんだと推測できる[83]. そして同様の傾向は 1676 年 7 月の草稿「逆接線法」(Methodus tangentium inversa)

---

(81) [Leibniz LB], S. 161–166.
(82) [Leibniz A], III-1, S. 334. 欄外の注でホフマンは, これを逆接線問題の解決に関する暗示としている.
(83) [Child 1920], pp. 116ff.

2.2 無限小解析の形成　　*69*

でも確認できる.

　この「逆接線法」はクレルスリエ編集によるデカルト書簡集の内容を，ライプニッツが適宜引用するという形で始まっている．まずフェルマーの極大・極小を見いだす方法が一般的でないとデカルトが考えていることが紹介される[84]．その一方で別な書簡（ドゥボーヌ宛，1639 年 2 月 20 日付）を引用し，「接線のための私の法則にしても，多くの場合において私のよりも使い勝手がいいフェルマー氏が利用する方法にしても，逆の場合を一般的に見いだすことが可能であると私は思いません」とデカルトが語っていることを紹介している[85]．ライプニッツはすでにフェルマーやデカルトの方法の限界をはっきりと捉えている．フェルマーの方法は放物線に固有な性質を用いているため，一般性・汎用性に欠けていた．デカルトの方法は代数方程式に還元するため，ライプニッツが視野に入れている超越曲線に対しては有効に機能しない．そこでこの草稿では，二つの逆接線問題を扱うことによって自己の独自性を明らかにしようとしている．すなわち，一つはデカルトが解いたと称しているが実際は解が示されていない問題，もう一つはデカルトが解こうとして解けなかった問題である．

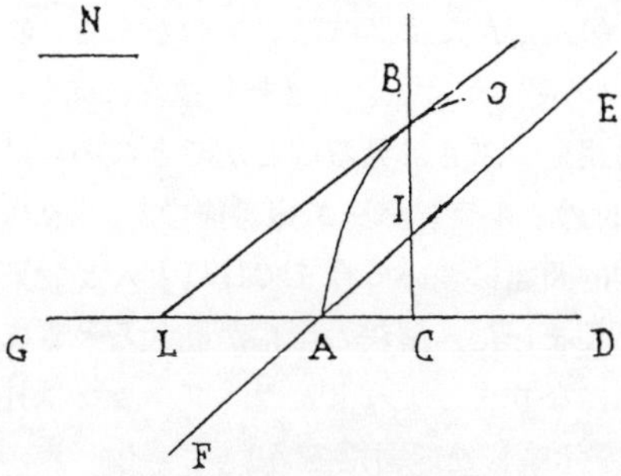

図 2.19　草稿「逆接線法」より

　上記の 2 種類の問題の内，前者は図 2.19 のように設定される．すなわち，$\angle EAD = 45°$，ABO を求める曲線, BL を接線, $CA = x$, $BC = y$ とする[86]．このとき $BC : CL = n : BJ$ を仮定する．この草稿を見る限り，ライプニッツは $CL = \frac{BC \times BJ}{n} = \frac{y(y-x)}{n}$ とすべきところを $CL = \frac{BC(=y)n}{BJ(=y-x)}$ としてしまった．そのまま計算を続けると $CL = t$ とおくとき, $\frac{t}{y} = \frac{d\bar{x}}{dy}$ より

---

(84)　フェルマーの極大・極小を見いだす方法については，1 次資料としては，[Fermat OF], I, pp. 134ff において見ることができる．その方法に対する解釈は研究者によってしばしば議論が分かれる．具体的な議論の内容は，[Strømholm 1968], [Mahoney 1973], [Breger 1994] 等々，代表的なものを参照のこと．

(85)　[Leibniz LB], S. 201.

(86)　図 2.19，さらには図 2.20 は [Leibniz LB], S. 201 の図ではなく [Descartes AT], IV, p.229 のものを用いる．前者においては図中に O という文字がなく，また G が S と誤記されている．さらに図 2.19 で I と J が同一視されている．

70　　第 2 章　パリ時代における数学研究の開花

$$\frac{d\bar{x}}{dy} = \frac{n}{y-x} \quad \left(\text{本来は} \frac{dy}{dx} = \frac{n}{y-x}\right).$$

変形して両辺の「総和」をとると,

$$\int d\bar{x}y - \int \overline{x d\bar{x}} = n \int dy$$

となる. ただし,

$$\int d\bar{x}y = \text{領域 ABCA}, \int dy = y, \int \overline{x d\bar{x}} = \frac{x^2}{2}$$

となる. よって

$$\text{領域 ABCA} = \frac{x^2}{2} + ny = \frac{\text{AC}^2}{2} + n\text{BC}$$

となる曲線を求めればよいとしている[87].

後者の問題は次の通りである. 図 2.20 に
おいて BC を曲線の漸近線, BA を軸, A
を頂点, $\angle \text{BAC} = 90°$, RX を縦線, 点 X
における接線を XN とする. このとき RN
が BC に常に等しくなるような曲線を見い
だすというものである. ライプニッツはこ
こで「もし私が誤っていなければ $\int \frac{d\bar{y}}{y}$ は
いつも手の内にある (in potestate) もので
ある」と述べる[88]. これは「対数曲線に

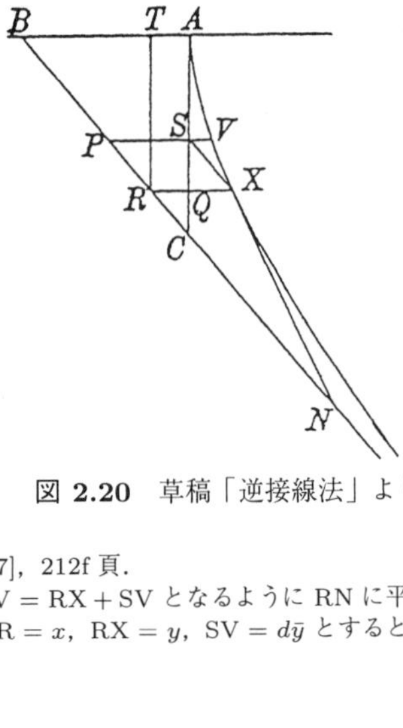

図 2.20　草稿「逆接線法」より

---

(87)　[Leibniz LB], S. 201f. 邦訳 [ライプニッツ 1997], 212f 頁.

(88)　ライプニッツの議論は次のように進められる. PV = RX + SV となるように RN に平行な
XS を引く. RN = $t = c$（定数）, PR = SX = $d\bar{x}$, BR = x, RX = y, SV = $d\bar{y}$ とすると, 三
角形の相似より $\frac{d\bar{y}}{d\bar{x}} = \frac{y}{t(=c)}$ さらに

$$c\bar{y} = \int \overline{y d\bar{x}}, \text{ または } cd\bar{y} = y d\bar{x}.$$

他方 AQ = TR = z, AC = f, BC = a とすると, $x = \frac{az}{f}$, そしてもし $d\bar{x}$ が一定ならば $d\bar{z}$
も一定であるように設定すると

$$cd\bar{y} = y\frac{a}{f}d\bar{z}, \text{ または } c\int \frac{d\bar{y}}{y} = \frac{a}{f}z$$

となる. [Leibniz LB], S. 202f. 邦訳, 213ff 頁.

2.2　無限小解析の形成　　71

属する」ものである. かくしてライプニッツはデカルトが明確に解を与えなかっ
た, ドゥボーヌの問題に一応の解決を与えたのである.

1676 年, ライプニッツは 4 年余りにわたったパリ滞在を終えることとなっ
た. ライプニッツ自身はパリに留まり, 恵まれた環境下での研究を希望してい
た. ロベルヴァルの死 (1675 年 10 月) によって空席になったコレージュ・ロ
ワイヤルのラムス教授職の座を狙っていたようでもある[89]. 1676 年初頭にハ
ノーファーの宮廷からの招聘を受けた後も, パリ滞在の可能性を模索し続けた.
しかしそれはかなわず, 結局 10 月 4 日パリを離れ, ハノーファーに向かうこと
となった[90]. おそらくその帰途において書かれたと考えられる草稿「接線の微
分算」(Calculus tangentium differentialis) (1676 年 11 月執筆) は, ライプニッ
ツの無限小解析がある決定段階を迎えたことを示している. この中では微分と
和に関する明快な公式化

$$\frac{dx^e}{dx} = ex^{e-1}, \int \overline{x^e d\overline{x}} = \frac{x^{e+1}}{e+1} \tag{2.14}$$

が確認される[91]. また式 (2.14) で e は正整数である必要はなく, 負整数, 分
数も含んだものを公式の前に列挙している. そして一方で「もし複雑な分数式
や無理式が計算に入ってくるとしても, これからは同じ方法が役に立つだろう」
と述べ, 例として $d\sqrt{a+bz+cz^2}$ の計算の場合には, $\sqrt{a+bz+cz^2} = x$ と
置いて

$$d\overline{\sqrt{a+bz+cz^2}} = -\frac{b+2cz}{2\sqrt{z}\sqrt{a+bz+cz^2}}$$

とするのである[92]. ライプニッツが行ってきた 1675 年 10 月以来の試行錯誤
は, 一応の決着がつき, 無限小解析の基本となる計算公式は, ここに記号法と
ともに定着した. まさにこの時点こそがライプニッツの無限小解析の方法論の

---

(89) [Leibniz A], III-1, S. 328f.

(90) [Aiton 1985], pp. 59, 66. 邦訳 [エイトン 1990], 93, 103 頁.

(91) [Hess 1986], S. 86. 邦訳 [ライプニッツ 1997], 239 頁. 従来のゲルハルトによるテクスト
(例えば [Gerhardt 1855], S. 140ff, または [Leibniz LB], S. 229ff) は部分的なものであり, ヘ
スはライプニッツの草稿中の欄外書き込みまで含めて全体を再現している.

(92) *Ibid.*, S. 87. 邦訳, 240f 頁. ただし正しくは,

$$d\overline{\sqrt{a+bz+cz^2}} = \frac{b+2cz}{2\sqrt{a+bz+cz^2}} dz$$

とするべきである.

72   第 2 章 パリ時代における数学研究の開花

確立のときといってさしつかえないであろう[93]．だが，こうしたライプニッツの無限小計算が公刊論文として発表されるのは，1684 年まで待たなければならない．この時間的差異が結果としてニュートン派との先取権論争の一因となってしまう．

1676 年 8 月にライプニッツはオルデンバーグを介してニュートンと交信する．いわゆるニュートン「前の書簡」（"Epistola prior"）（1676 年 6 月 13 日（旧）付）と，それに対する返書である．その下書き（8 月 24 日付）の中でライプニッツはニュートンの成果を称賛しつつ，自分自身の方法も同様な成果をもたらしていることを記している[94]．また発送された清書稿（8 月 27 日付）の中では，ドゥボーヌ問題にふれ，デカルトの解決できなかった問題を自分が解いたことを誇っている[95]．ニュートン，ライプニッツは，さらにもう一度オルデンバーグを介して書簡をやり取りする．「後の書簡」（"Epistola posterior"）（1676 年 10 月 24 日（旧）付）とその返書である．ライプニッツはニュートンに宛てた返書（1677 年 6 月 21 日付）の中で，接線法・逆接線法に関して詳細に論じている．ニュートンも共通の問題関心のもとに解決をはかっていたことは，すぐにライプニッツにも感知できただろう．ニュートンが（故意に）アナグラムによって問題を不明瞭にしたことに対しても，自分なりの解釈を提示し，まったく動じていない[96]．ニュートンの成果を知ったところで，もはや独自の方法に対する自信は揺るがなかったに違いない．

---

(93)　[原 1975]，347 頁．

(94)　[Leibniz A]，III-1，S. 567. 邦訳 [ライプニッツ 1997]，228 頁．

(95)　[Leibniz A]，III-1，S. 585.

(96)　ニュートンは接線を引くこと，極大・極小を求める方法論の上に，曲線の求積を簡単にする方法や，さらには一般的定理に達することが可能であると述べている．その方法論を標語的に提示する代わりに「6accdae13eff7i3l9n4o4qrr4s8t12vx」と記している（[Newton NC]，II，p. 115）．後に 1693 年 10 月 16 日（旧）付でニュートンはライプニッツに直接書簡を送る．その際，ニュートンはこのアナグラムの解「任意の流量を含んだ方程式が与えられたときに，流率を求めること．そしてその逆．」(Data aequatione quantitate quotqunque fluentes involvente invenire fluxiones, et vice versa.) を示した (*Ibid*, III, p. 285). ライプニッツは，そのアナグラムに対して次のように返答している．「私はニュートン氏が接線を引くことに関して，秘密にしておこうと望んだものも，この私の方法と異なるものではないと考えます．彼が同じ基礎から，求積がより簡単になるとつけ加えていることは，私のこの意見を裏づけてくれます．確かに微分方程式 (aequatio differentialis) に対応した図形は，常に求積可能です．ここで微分方程式と私が呼ぶのは，そこで $d\overline{x}$ の値が表わされていて，x の値が表わされていた別の式から導き出された方程式のことです」（[Leibniz A]，III-2，S. 172. 邦訳 [ライプニッツ 1997]，258 頁）．まさにニュートンが彼の用語（流率，流量）で語ろうとした内容を，ライプニッツは彼独自の記号と用語（dx と「微分方程式」）で言い換えている．ライプニッツの立場から眺めるならば，ニュートン流の方法論が，いつでも彼自身の方法論に翻訳可能であることを，明確に表明した発言と理解できよう．

2.3 代数学研究

2.3.1 方程式論

ライプニッツはパリ時代以前から，スホーテン版のデカルト『幾何学』第2版にふれていた．しかし本格的に内容の子細を検討したのは，やはりパリに滞在するようになってからである．ライプニッツは初等的な記号代数学をふまえて，17世紀後半において先端的な関心であった方程式論にも取り組み始めた．

スホーテン版のデカルト『幾何学』第2版は本来第3巻に記されていた方程式論以外にも，スホーテンによる注釈や，補論としてフッデの「方程式の還元に関する〔スホーテンへの〕第1の書簡」(Epistola prima de reductione aequationum) も所収している．ライプニッツはそれらの先行研究に大いに刺激を受けたに違いない．さらにデカルト，スホーテン以外の先行研究，すなわちフランスの学派（ヴィエト，ジラール，プレスト），イタリアの学派（カルダーノ，ボンベッリ），イギリスの学派（グレゴリー），その他（ホイヘンス）にも，ライプニッツは十分通じている．それらの中から，彼は未解決の問題を見いだすことになる．ライプニッツが実際この方程式論において取り組んだのは次のテーマについてである．

1)（3次方程式に対する）カルダーノの公式の一般的有効性.
2) 高次方程式の一般的解法のための中間項の削除.

我々は以上の問題を通じて，ライプニッツがどのように方程式論の研究について係わったかを考察したい．

上記の 1), 2) の問題ともカルダーノが著書『アルス・マグナ』(*Ars magna*) (1545年刊) で公表した事柄に端を発している．カルダーノはデカルト以降の記号代数を持ち得なかった．したがってその内容を確認するため我々の記号法によって素描する．今 p, q を自然数とする．3次方程式

$$x^3 + px = q \tag{2.15}$$

が与えられるとき，二つの補助方程式

$$u^3 + v^3 = q, \ uv = -\frac{p}{3} \tag{2.16}$$

74　第2章　パリ時代における数学研究の開花

を用いる. $u^3 = X$, $v^3 = Y$ とすると式 (2.16) は

$$X + Y = q, \ XY = -\left(\frac{p}{3}\right)^3 \tag{2.17}$$

と実質的に 2 次方程式に帰着する. このように方程式の次数を下げ, 既知の低次方程式の解法を用いることがカルダーノによって示された方法論の本質である. 実際, 式 (2.17) から

$$X = \frac{q}{2} + \sqrt{\left(\frac{q}{2}\right)^2 + \left(\frac{p}{3}\right)^3}, \ Y = \frac{q}{2} - \sqrt{\left(\frac{q}{2}\right)^2 + \left(\frac{p}{3}\right)^3}$$

となり, 与えられた方程式 (2.15) の解は

$$x = u + v = \sqrt[3]{\frac{q}{2} + \sqrt{\left(\frac{q}{2}\right)^2 + \left(\frac{p}{3}\right)^3}} + \sqrt[3]{\frac{q}{2} - \sqrt{\left(\frac{q}{2}\right)^2 + \left(\frac{p}{3}\right)^3}} \tag{2.18}$$

となる[97]. デカルトを経てライプニッツの時代に問題となっていたのは, 式 (2.18) のより一般的な有効性, すなわち方程式 (2.15) で p, q を有理数に拡張した場合に対しても解を与えているのかということである. 当時はコンセンサスとして, 実量であっても負の解は排除されて考えられていた. ところが式 (2.18) では, p, q の値の組み合わせによっては $\left(\frac{q}{2}\right)^2 + \left(\frac{p}{3}\right)^3 < 0$ となり, その場合には虚量が現れてしまう. しかし一方で実際の解は実量であることもあり, (負の解が認められていないような状況で) 虚量を通じて実量が得られることをどう認知するのかということに, ライプニッツは取り組んだのである. それが問題 1) である. 他方, 一般的な 3 次方程式

$$x^3 + ax^2 + bx + c = 0 \ (a, \ b, \ c : 定数) \tag{2.19}$$

に対しては中間の 2 次の項を削除して式 (2.15) に帰着させればよい[98]. 多少方法は違っていても, カルダーノ以降の数学者たちの 4 次方程式, さらにそれ

---

[97] ここで表記した記号法を持たないカルダーノの論法は [中村 1980], 22f 頁に再現されている. また式 (2.18) を得る際に, 式 (2.15) の右辺に $x = u + v$ を代入すると,

$$(u + v)^3 + p(u + v) = u^3 + v^3 + 3uv(u + v) + p(u + v)$$

となる. さらに式 (2.16) より

$$p = -3uv$$

から上式の右辺$=q$ となり, $u + v$ が解であることがわかる.

[98] $x \rightarrow y - \frac{a}{3}$ とおけば, 未知量の 2 乗の項を削除できる.

以上の高次方程式の解法に対する発想はほぼ一致している[99]．ライプニッツも同じ流れの中で様々な試行錯誤を繰り返している．これが問題 2) である．

無限小解析と同様，この時期のライプニッツの数学的成果は公刊されることがなかった．当然，草稿，書簡を通じた分析にならざるを得ない．しかし近年，パリ時代に残された草稿群については新資料が公刊された[100]．我々はそれらを読解しつつ，ライプニッツの方程式論の特色を明らかにしていきたい．

我々の手元にあるライプニッツの草稿上で，3 次方程式に対するカルダーノの公式が明瞭に登場するのは，1674 年 9 月の執筆とされる草稿群からである[101]．ライプニッツはこれらの草稿中，ヴィエト，スホーテン，フッデ，ドゥボーヌといった人々の名を挙げて言及している．同時代の先行研究を忠実に読解している様子が窺われるが，ライプニッツの独自性が少し顔を出す部分もあり興味深い．例えば同年同月の草稿の中には「方程式の解法，すなわち解を見いだすことについて」(Schediasma de resolutionibus aequationum, sive inventionibus radicum) と題された断片がある．そこでは一般的な方程式の可解性について，「あらゆる与えられた量が，我々に既知の関係を互いに有するような方程式は，すべて可解である (resolubilis)」と断定している．ライプニッツは有理数，あるいは無理数の係数を持つ「数方程式」(aequatio numeralis) を想定し，与えられた方程式が文字を含んでいる場合も「互いに我々に既知の関係を持つ」場合には数方程式への変換が可能であるという．また「あらゆる数方程式が可解であること」(Omnem autem aequationem numeralem esse resolubilem) を示すことで，そのような結論が得られるとしている[102]．

ライプニッツは 1674 年後半から 1675 年にかけて方程式論に関する多くの草稿を残しているが，必ずしも大きな進展を見ることはできない．この間のライプニッツの試行錯誤を簡単にまとめると次のようになる．

1) 3 次以上の方程式の中間項の削除のための置換の方法の模索．

- 1 次式による置換 $(x = z + p,\ z = \frac{f}{a}x + g,\ $等々$)$．

---

(99) カルダーノ以降，ボンベッリ，ヴィエト，デカルト，スホーテン等による取り組みの具体的内容については [ライプニッツ 1997]，204–210 頁の原亨吉の解説参照．

(100) [Leibniz A], VII-1, VII-2.

(101) [Leibniz A], VII-1, S. 800, 861.

(102) *Ibid.*, S. 828. 具体性に欠ける記述で，しかも結果的には誤った発想である．しかし数を文字記号と同一視する姿勢は，『結合法論』以来抱いていたライプニッツの独自の思想である．実際，虚量の受け入れにあまり抵抗感がないことと関連するのではないかと考えられる．

76   第 2 章　パリ時代における数学研究の開花

- 有理式による置換（$x = \frac{a^2}{z}$, $x = \frac{dy+ag}{y+b}$, 等々）.

2) 1 次式または 2 次式を因子に持つような補助方程式の構成.

1) は不成功に終わるものが多かったにせよ，膨大な計算が試みられている[103].
2) は『アルス・マグナ』で紹介されるフェッラーリによる 4 次方程式の解法の適用である．すなわちフェッラーリは（我々の表記法で）

$$x^4 + px^2 + qx + r = 0 \tag{2.20}$$

の左辺を二つの平方に分解し，

$$4(2z - p)(z^2 - r) = q^2 \tag{2.21}$$

のような，より次数の低い方程式の解を求めることに帰着したが[104]，この方法をさらに高次の方程式に適用しようとするものである[105].

---

(103) 1 次の置換に関しては代表例として 1674 年秋の執筆と推定される草稿「作図の方法について，代数的方程式を解く方法について」(De arte construendi. De methodis aequationes algebraicas solvendi) 中に現れるものを挙げた (*Ibid.*, VII-2, S. 17f, 21, 31). また有理式の方はその草稿中の例に加え (*Ibid.*, S. 18), 1675 年初めの執筆とされる草稿「予備式 (praeformatio) による 5 次方程式の還元 II」(De reducenda aequatione quinti gradus perpraeformationes II) 中の例を挙げた. 後者の草稿では一般的な 5 次方程式

$$x^5 + hx^4 + acx^3 + a^2lx^2 + a^3ex + a^4f = 0$$

を本文中の後者の置換によって（＊は欠項を表す）

$$x^5 * 5mnx^3 * 5m^2n^2x \left[+ m^5 + n^5 \right] = 0$$

へと還元しようとする．その際新たに

$$b = -\frac{5d^4 + 4d^3h + 3d^2ac + 2da^2l + a^3l}{d^4 + 2acd^3 + 3a^2ld^2 + 4a^3ed + 5a^4f}ag$$

とする．しかしライプニッツは「後の方程式の中で任意のものの内，唯一 d だけが残り，〔それを求めるのに方程式の次数が〕14 次まで上がることになる．したがって役に立たない」としている. *Ibid.*, S. 148f.

(104) 式 (2.20) より

$$(x^2 + p)^2 = px^2 - qx - r + p^2.$$

他方，新しい未知量 y を導入して

$$(x^2 + p + y)^2 = (p + 2y)x^2 - qx + (p^2 - r + 2py + y^2).$$

上式の右辺が完全平方になる条件を考え

$$4(p + 2y)(p^2 - r + 2py + y^2) = q^2.$$

ここで $y + p = z$ とおくと式 (2.21) が得られる. [中村 1980], 27 頁参照.

(105) 1675 年秋までに執筆されたと推定される草稿「方程式の解法について」(De aequationum

一方，3次方程式におけるカルダーノの公式の有効性についての考察は以下のように行われる．1675年前半の執筆と考えられる草稿「三つの根を持つ方程式から，根を抽出することについて」(De extractionibus radicum, ex aequationibus cubicis tri-radicalibus) では，3つの実根 4, − 1, − 3 を持つ3次方程式

$$x^3 - 13x - 12 = 0 \qquad (2.22)$$

のような具体例を考え，カルダーノの公式によって作られる3乗根（我々の記号で）

$$x = \sqrt[3]{6 + \sqrt{36 - \left(\frac{13}{3}\right)^3}} + \sqrt[3]{6 - \sqrt{36 - \left(\frac{13}{3}\right)^3}}$$

からどのように実量を抽出するかを考察している[106]．すなわち，カルダーノの公式の「一般的有効性」とは，虚量の介入によって実量が得られることをどう判断するかの問題である（17世紀において，負根でさえいまだ「偽根」と称されていた！）[107]．虚量の介入を認めることに対する態度が問われることになるが，ライプニッツは大変積極的である．

　ライプニッツがこの問題に関して特に影響を受けたのはボンベッリである．ボンベッリは1572年に主著『代数学』(L'Algebra) 全3巻を刊行したことで知られるが，ライプニッツは書簡，草稿中に幾度かその名を挙げて言及している．実際1675年7月12日付のオルデンバーグ宛書簡で，ライプニッツは「疑いなくあらゆる人々の中で，ロドヴィコ・フェッラーリが最初に平方−平方方程式を立方〔方程式〕へと還元することを導き，また最初に外見上虚量となるカルダーノの2項から有理根を抽出することをラファエル・ボンベッリが導いたのです」と記している[108]．さらに1675年9月半ばに執筆されたと推定されるホイヘンス宛書簡では[109]，冒頭でライプニッツは，ボンベッリの著書をホイヘンスに送ることを知らせる．そして続けて次のように述べる．

---

resolutione) で，5次，6次方程式にフェッラーリの方法を適用しようとしている．[Leibniz A], VII-2, S. 438–465.

(106) *Ibid.*, S. 472f. ライプニッツは3乗根を表す記号としては $\sqrt{③}$ を用いている．

(107) ライプニッツ自身，前注 (106) で取り上げた草稿と同時期の別な草稿「3次方程式の根の制限」(Limites radicum aequationis cubicae) では，方程式 (2.22) を取り上げて，解 4 を 'radix vera'，−1, − 3 を 'falsae 1, 3' と記している．[Leibniz A], VII-2, S. 486.

(108) *Ibid.*, III-1, S. 271.

(109) [Leibniz A], III-1 では執筆時期を，ホイヘンスからの返書が同年9月30日付であることから，先掲注 (108) の 1675年7月12日付書簡の後であると推定している．しかし原亨吉はホイヘンスが同返書で返事の遅れを詫びていることを理由に，執筆時期を多少早めて考えるべきである

あなたはその〔ボンベッリの著書の〕292 頁で，彼がいかに虚根を使うか（彼は例えば $\sqrt{-121}$ または $11\sqrt{-1}$ を，11 マイナスのプラス (piu〔sic〕di meno 11)，そして $-\sqrt{-121}$ または $-11\sqrt{-1}$ を，11 マイナスのマイナス (meno di meno 11) と呼んでいます)，またそれを用いて方程式 $1^3 = 15^1$ プラス 4，すなわち $y^3 = 15y + 4$ の根をいかに求めるかを見ることになりましょう．彼はそれについての証明を線を使って得たと述べ，また 298 頁で示しています．しかしながら彼がそこで証明するのは，ただそのような方程式が可能であり，その根が線で与えられるような何らかの実量であるということのみで，彼のマイナスのプラスの演算が，正しいということにはならないのです[(110)]．

この書簡の記述を見る限りでは，ボンベッリの不十分さにライプニッツの力点があるように見える．しかし別の草稿（1675 年 8 月執筆）では少し違ったニュアンスを記している．1675 年の夏を境にこの虚量の問題に対してライプニッツは何かをつかんだ様子が窺える．ボンベッリの著書の読解がそのきっかけを与えたのではないかと想像される．その 1675 年 8 月の日付を持つ草稿ではボンベッリの著書（1579 年刊の第 2 版）からライプニッツがそのまま抜書きして考察を加えている．ここでは上記のホイヘンス宛の書簡よりもボンベッリに対する積極的評価が見られる．例えば虚量に関して次のように記している．

ボンベッリは〔『代数学』の〕第 1 巻で，見かけ上虚量になっているもの

と主張している（[ライプニッツ 1997]，203 頁注 1）．1675 年 8 月の草稿に記されたボンベッリに対する積極的評価と，以下の同年 10 月の草稿の記述（本項注 (115) 参照）における記述もあわせると原の主張は首肯できるものである．

(110) [Leibniz A], III-1, S. 277. ホイヘンスは返書の下書きで，「主要なことは $6 + \sqrt{-\frac{1225}{27}}$ のような虚量があるとき，〔その 3 乗根は〕$2 + \sqrt{-\frac{1}{3}}$ ですが，根の抽出をする方法を示すことでしょう．なぜなら確かにスホーテンの著書はそれを扱っていないからです．ボンベッリはどんな方法によってその根を抽出するかは言っていません」と記している．さらに発送された書簡の中では「虚量から作られるカルダーノの法則の場合に，そうした量なしに根の公式を見いだすことは可能でないとあなたは確信していますが，そうした否定の証明は難しいのです．〔…〕すべての場合においてカルダーノの根の実在性から，どのように有理量がしたがうかをあなたが理解させてくれるとよいのでしょう．というのも告白すると，私はいまだはっきりとそれを理解できないからです．抽出不能な根に関して，また一緒に付け加えられて実量を構成する虚量を用いて，あなたが指摘していることは驚くべきことで，しかも全く新しいものです．しかし

$$\sqrt{1 + \sqrt{-3}} + \sqrt{1 - \sqrt{-3}} = \sqrt{6}$$

になったり，我々に理解不能なものの中に隠された何かがあるというのは信じられません」と述べている．*Ibid.*, S. 282ff.

の特別な計算法をすでに作っていた．それらの記号 (signum) を彼は，p. di m. あるいはマイナスのプラスすなわち $a\sqrt{-1}$ と呼ぶのだが（なぜならいつも $\sqrt{-121} = 11\sqrt{-1}$ のような形へと還元できるからである），かくしてそれらの記号の特別な計算法を次のように置くのである．実際，符号 (signum) は単位に付与されたものであるということが知られている．1 であれば ＋ がつけば +1 であるし，－ ならば −1 となることが補足される．ここでまた $\sqrt{-1}$ もまた符号である．ゆえに彼はその計算法を，$+\sqrt{-1} \times \sqrt{-1} = -1$，$+\sqrt{-1} \times -\sqrt{-1} = +1$ と記している．そしてボンベッリによって述べられた流儀で驚くべき事々が理解され，その付け加えられた符号によって直ちに明らかになるその他の事柄がある[(111)]．

　ボンベッリの成果そのものは，ライプニッツがホイヘンスへの書簡の中で評価したように，あくまで方程式の解が「線で与えられるような，何らかの実量であるということのみ」を示したに過ぎないのかもしれない．しかしライプニッツはボンベッリの著作の中にそれ以上のものを見いだしていたと考えられる．ボンベッリの著作『代数学』以降，およそ 100 年の間に進展した記号代数学の持つ形式性を取り入れることに，ライプニッツは誰よりも抵抗がなかったのではないか．上記の草稿に示される通り，虚量を「量」として捉えるのではなく，単なる ± の記号同様，ある種の符号（付与された記号）とみなしているからである．上記の引用は基本操作の設定（$+\sqrt{-1} \times \sqrt{-1} = -1$）をすることで $\sqrt{-1}$ に対する理解の可能性が生まれることを示唆している．ボンベッリは，一方で方程式とその解を考える．その一方で，定規やコンパスによる作図を考える．彼の代数学は，両者の対応によって特徴づけられる．だが，ライプニッツにとって，そうした結びつきは必ずしも重要なものではないのである[(112)]．

　以上のような思考の過程を経過して，ライプニッツは 1675 年の秋には虚量に

---

(111)　[Leibniz A], VII-2, S. 664. 引用文中において，等号に加えて積の記号も我々のものに変えてある．

(112)　[Giusti 1992a], p. 318. ジュスティはボンベッリとヴィエトとの比較において，ボンベッリに対して本文中に示したのと同様な特徴づけをしている．他方，ヴィエトの代数に対しては「代数と幾何は直接対応せず，比の理論のフィルターを通してのみ対応している」と指摘する．だが，代数と幾何との対応を代数記号による量の代替と捉えるならば，ライプニッツはヴィエトよりも一層形式性を押し進めた地点にいる．ライプニッツにとって，記号の計算法が定まってさえいれば十分だからである．ただしその一方で，3.1.3 項で見るように，位置解析というまた違った文脈の下では，ライプニッツも記号演算の形式性と幾何学的作図との対応に目を向けている．ライプニッツの発想は単純化できないが，記号が単に「量」を代替するという観念からは，少なくとも解放されたところにいるといえよう．

80　　第 2 章　パリ時代における数学研究の開花

関して自己の立場を固めていったようである．同年10月に執筆されたと推定される草稿「3個の〔実〕根を持つ立方方程式の解法について．虚量の介入によって表される実根について．および第6のある算術的演算について」(De resolutionibus aequationum cubicarum triradicalium. De radicibus realibus, quae interventu imaginariarum exprimuntur. Deque sexta quaedam operatione arithmetica) の内容から我々はそれを判断できるだろう[113]．この草稿における問題設定は明瞭である．3次方程式 (2.15) の一つの解（必ず実量となる）は式 (2.18) で与えられるが，特に $\left(\frac{q}{2}\right)^2 + \left(\frac{p}{3}\right)^3 < 0$ の場合に虚量が現れる．そこで「提示された方程式の解になっているような実量が，虚量の介入によって表されるということがどうして生じるのか」が問われなければならない．なぜなら「(計算が示すように) 何ら虚量の解を持たず，すべてが実量または可能なものであるような立方方程式においてのみ，そのような虚量の介入が見られるということ自体驚き」だからである[114]．しかし3個の実根を持つ3次方程式に対して，他の解を求めても見つけることはできない．結局「虚量の介入によって表されたカルダーノの無理根自体が実量であり，そして方程式を解くことに対し十分なものである」ということを示すしかない．ボンベッリはそれに至らなかったとライプニッツは明言している[115]．

　ライプニッツは連立方程式

$$\begin{cases} x^2 + y^2 = b \\ xy = c \end{cases} \tag{2.23}$$

の解を通じて虚量の介入が実量をもたらす例を示している．実際，連立方程式 (2.23) を解き，$d = x + y$ とすると

$$d = x + y = \sqrt{\frac{b}{2} + \sqrt{\frac{b^2}{4} - c^2}} + \sqrt{\frac{b}{2} - \sqrt{\frac{b^2}{4} - c^2}}.$$

一方で，

---

(113)　この草稿が内容的に一つの区切りとなることは複数の史家の認めるところである．[Hofmann 1974], p. 147, [Leibniz A], VII-2, S. XXVI 参照．

(114)　[Leibniz A], VII-2, S. 680. 邦訳 [ライプニッツ 1997], 179 頁．

(115)　ライプニッツは「このことは今から数ヶ月前に (aliquot abhinc mensibus) 見いだされた」と記している．*Ibid.*, S. 681. 邦訳, 180f 頁．

2.3　代数学研究　　*81*

$$d^2 = b + 2c$$

$$\therefore d = \sqrt{b + 2c}.$$

よって特に $b = c = 2$ とすると

$$\sqrt{6} = \sqrt{1 + \sqrt{-3}} + \sqrt{1 - \sqrt{-3}} \tag{2.24}$$

となる[116]. ライプニッツは式 (2.24) のように, 虚の無理根を開方することなく実量に還元することを指して次のように述べる.

> 算術的にも解析的にも第 6 種の演算を我々が持とうとしていることに注目すべきである. すなわち加法, 減法, 乗法, 除法, 根の開方に加えて虚量の表現の実量への変形あるいは還元が得られるだろう[117].

ライプニッツは, ここでデカルトとの比較によって, 自己の発想を一層明瞭化しようとしている. すなわち, デカルトが『幾何学』第 3 巻においてカルダーノの公式が適用できるものとして, 虚量が含まれない方程式しか認めないことを批判する[118]. それはライプニッツが見るところによれば, 未知量を線によって幾何学的操作で表現しようとするためである (この点ではデカルトとボンベッリは共通している). つまり「方程式を解いたということと, 作図したということは違ったものなのである」(aequationem resolvisse aliud esse quam construxisse)[119]. ライプニッツとて虚量や「不尽根量」(quantitas surda) の実在性を示すのに, 幾何学を援用することにやぶさかではない. しかし, 次のように彼は結論づける.

> 作図に関しては私は何も〔デカルトのおいた制約に〕反対しない. しかし表現 (expressio) に関係することは, デカルトが理解したところとは異なり, カルダーノのものが最も簡単で, また最も一般的であり, あらゆる場合が完全に包含されている, と私は断言する[120].

---

(116)　*Ibid.*, S. 682f. 邦訳, 181f 頁.

(117)　*Ibid.*, S. 683f. 邦訳, 183 頁.

(118)　デカルトの主張は [Descartes AT], VI, pp. 471–475. 邦訳 [デカルト 2001a], 72ff 頁において見ることができる.

(119)　[Leibniz A], VII-2, S. 686. 邦訳, 186f 頁.

(120)　*Ibid.*, S. 687. 邦訳, 188 頁. ライプニッツは, デカルト『幾何学』ラテン語訳版に所収されたフッデの「スホーテンへの第 1 の書簡」([Hudde 1657], p. 504) においても, カルダーノの公式で $\left(\frac{q}{2}\right)^2 + \left(\frac{p}{3}\right)^3 < 0$ の場合を除くという記述があることを指摘している. 他方, 大陸の数学者達のこの虚量に関する態度とは別に, イギリスの数学者達の対応も興味深いものがある. 17 世紀の同時代人, すなわちハリオット, ウォリス, ニュートン等の虚量の扱いに関する分析は [Pycior 1997], pp. 59–64, 107–112, 194–200 参照.

カルダーノの公式の一般性を認めるためには，方程式の解と幾何学的作図とを切り離して考える他ないのである．その上でなお「表現」における一般性が確保され，適用範囲が拡大することに意味を見いだすのである．この虚量に対するライプニッツの態度は同時期に形成されつつあった，無限小解析の中での無限小量に対する態度と相応するものがある[121]．ライプニッツはすでに考察済みの具体例を再び挙げる．方程式 $x^3 - 13x - 12 = 0$ に対して

$$x = \sqrt[3]{6 + \sqrt{\frac{-1225}{27}}} + \sqrt[3]{6 - \sqrt{\frac{-1225}{27}}} = 2 + \sqrt{-\frac{1}{3}} + 2 - \sqrt{-\frac{1}{3}} = 4$$

であることや，また（実根が偽根になる）方程式 $x^3 - 48x - 72 = 0$ に対して

$$\sqrt[3]{36 + \sqrt{-2800}} + \sqrt[3]{36 - \sqrt{-2800}} = -3 + \sqrt{-7} - 3 - \sqrt{-7} = -6$$

を示しつつ，今や代数学一般に対する目標を掲げるに至る．すなわち，「代数学の完成は，任意次数の方程式の無理根が見いだされることにある」のである．そして次のように結論づける．

> ある次数の無理根の一般的公式が見いだされるならば，制限 (limes) と判別 (determinatio)，可能性と不可能性，根の数，それらの最も簡単な表現，問題を最も単純な項へと還元する〔次元の〕降下と開方，といったその次数において望み得る任意のものが得られるのである[122]．

かくしてライプニッツは，方程式論の問題の所在を明確化することができたのである．

　我々はライプニッツのパリ滞在中の方程式論研究の過程を追ってきた．加えて影響のあった知的交流ということで見逃せないのは，チルンハウスとの出会いである．チルンハウスはライプニッツと出会う以前，1675 年 5 月頃よりイングランドに渡ってオルデンバーグを始めとする王立協会の関係者の知己を得ていた．当然そうした交流を通じて，イギリス側の数学の発展の状況に関する情報（無限小解析についてなど）を持っていた[123]．その後パリに移ったチルンハウスとライプニッツとの出会いは 1675 年 10 月 1 日であったようである[124]．

---

(121)　例えば 1702 年 2 月 2 日付ヴァリニョン宛書簡では無限小と虚量 $\sqrt{-2}$ とが共に推論を簡略にするための「理想的概念」として説明されている．3.3.2 項注 (274) 参照．

(122)　[Leibniz A], VII-2, S. 691–697. 邦訳，192–197 頁．

(123)　[Hofmann 1974], pp. 165–173.

(124)　[Leibniz A], VII-2, S. XXVIII.

2.3　代数学研究　　*83*

以来両者はライプニッツがパリを離れてからも交信を続けることになる．ホフマンは無限小解析の先取権論争の現代的解釈の問題を念頭において，（イングランド側の情報をもたらした）チルンハウスのライプニッツに対する影響を過小評価する[125]．しかしこの方程式論の分野に関して，両者は共同作業で取り組んでいる様子が草稿，書簡などを通じて窺われる．チルンハウスの数学的能力は，評価に値するものである[126]．我々は先取権論争とは切り離して，チルンハウスとの知的交流を眺める必要があろう[127]．

　ライプニッツは，5次以上の方程式の一般的解法への試行錯誤を，ハノーファー期にも続けていく．一方でその後，彼の方程式論研究は新たな方向に向けられる．すなわち，連立1次方程式の行列式（と認定し得るもの）による解法である．ライプニッツは，方程式の可解性そのものを問うには至らず，その点に関してはチルンハウスのほうが発展性のあるものを残したのである．

2.3.2　数論研究

　ライプニッツはパリ滞在中に数学研究を大きく開花させた．ライプニッツの関心は幅広く，前項の方程式論に加え，「ディオファントス解析」と彼が呼ぶ，数論研究にも取り組んだ．ライプニッツのいう「ディオファントス解析」とは，（「図形数」と呼ばれるベキを含んだ）不定方程式の有理解を求める作業を意味する．ライプニッツはパリ時代以降，ハノーファーに移った後も，いくつかの問題を通じて試行錯誤を繰り返しながら研究を続ける．同時期に形成されていた無限小解析の論文中にもディオファントスの名が挙げられていて，ライプニッツ自身がその重要性を強調している[128]．こうした数論研究はやはり我々にとって無視できない分野である．

---

(125)　[Hofmann 1974], p. 186.

(126)　[Kracht and Kreyszig 1990], pp. 18f.

(127)　チルンハウスは無限小解析に関してはともかく，方程式論に関してはライプニッツも参考にする見識を備えていたと考えられる．イギリスで交流した数学者の一人であるコリンズが，グレゴリーに宛てた書簡（1675年8月3日付）で「彼〔チルンハウス〕は（あなたとニュートンとを除いて）ヨーロッパにおいて最も見識ある代数学者だと，私は考えています．」と述べていることからも裏づけられる．[Gregory GT], pp. 315, 319.

(128)　例えば，1702年5月発表の論文「和と求積に関する無限の学問による解析の新しい例」(Specimen novum analyseos pro scientia infiniti circa summas et quadraturas) では，一般的な有理式の積分を部分分数に分解する問題が扱われる．その論文中ライプニッツはディオファントスの名に言及している．すなわち「デカルトの弟子たちが，幾何学における利用を十分に見通すことができず無視してきた，ディオファントスの代数の拡大に今までなされてきた以上に熱心に没頭する」人の現れるのを期待する旨述べている．[Leibniz GM], V, S. 360. 邦訳 [ライプニッツ 1999], 221頁.

本項ではパリ時代に限定して，ライプニッツの不定方程式への取り組みを見ておこう．様々な問題が扱われる中，繰り返し登場するのは「六つの平方問題」(problema quod dicitur sex quadratorum) と呼ばれる次のものである（x, y, z が未知量，他は定数である）．

$$\begin{cases} x + y = a^2, \\ y + z = b^2, \\ x + z = c^2, \\ x - y = d^2, \\ y - z = e^2, \\ x - z = f^2. \end{cases} \quad (2.25)$$

$$\begin{cases} x + y = a^2, \\ y + z = b^2, \\ x + z = c^2, \\ x^2 + y^2 = d^4, \\ y^2 + z^2 = e^4, \\ x^2 + z^2 = f^4. \end{cases} \quad (2.26)$$

$$\begin{cases} x - y = a^2, \\ z - y = b^2, \\ z - x = c^2, \\ x^2 - y^2 = d^2, \\ z^2 - y^2 = e^2, \\ z^2 - x^2 = f^2. \end{cases} \quad (2.27)$$

これらの問題は 1673 年 3 月にフランスの数学者ジャック・オザナムとの交信によって知り得たものである[129]．ライプニッツは時期を変えて（1674 年 2–9 月，1676 年 4 月等々）集中的に取り組んでいる．1674 年 4–9 月にかけて執筆されたと推定される草稿で，ライプニッツは (2.27) の有理量による解を問題とする．イタリアのメンゴーリ神父は，それを得ることが不可能であると主張した．

---

[129] ライプニッツは 1673 年 3 月 8 日付オルデンバーグ宛書簡において，オザナムから教えられた問題を紹介し，いまだに解決されていないことを伝えている．ライプニッツはオザナムの「拡張されたディオファントス」(Diophantus promotus) というタイトルの論考に言及しているが，それは現在では失われてしまっている．[Leibniz A], III-1, S. 42. またオザナムとライプニッツの係わり合いについては [Hofmann 1974], pp. 36–40, 89–95, [Hofmann 1969] 参照.

2.3　代数学研究　　*85*

ライプニッツはその主張に対するオザナムの反例を確認している．すなわち

$$x = 2288168, \ y = 1873432, \ z = 2399057$$

と与えれば，問題 (2.27) の解となることを計算して確かめている[130]．ただし
我々の手元にある資料から判断してライプニッツはこの「六つの平方問題」に
対して，一般的な解法を見いだせずじまいであったようである[131]．

オザナム自身の解は，その後 1691 年に刊行された『数学事典』($Dictionaire$
$mathématique$) の中に所収された．我々の表記法によれば次のようになる．x,
y, z を求める未知量として $(z > x > y > 0)$，a, b を任意の定数とすると，

$$\begin{cases} z = (a^4 + b^4)(a^{16} + 20a^{12}b^4 - 26a^8b^8 + 20a^4b^{12} + b^{16}), \\ x = 2a^2b^2(5a^{16} - 12a^{12}b^4 + 30a^8b^8 - 12a^4b^{12} + 5b^{16}), \\ y = 2a^2b^2(a^8 + 6a^4b^4 - 3b^8)(3a^8 - 6a^4b^4 - b^8) \end{cases} \quad (2.28)$$

となる[132]．またライプニッツがオルデンバーグ宛書簡によって同問題をイン

---

(130) [Leibniz A], VII-1, S. 235–241. 実際，式 (2.27) に代入して確認するならば，次のよう
になるだろう．

$$x = 2288168, \ y = 1873432, \ z = 2399057.$$

$$x - y = 414736(= 644^2), \ z - y = 525625(= 725^2), \ z - x = 110889(= 333^2).$$

$$x^2 - y^2 = 1725965337600(= 1313760^2), \ z^2 - y^2 = 2245727030625(= 1498575^2),$$

$$z^2 - x^2 = 519761693025(= 720945^2).$$

(131) 1676 年 4 月の草稿「ディオファントス代数の利用」(Profectus algebrae Diophanteae)
では，問題 (2.25), (2.27) が融合した形で取り上げられる．今 $y + x$ と $y - x$ とが，平方数に等
しいとする．無論，両者の積 $y^2 - x^2$ も平方数となる．よって

$$y^2 - x^2 \equiv y^2 - 2yb + b^2$$

とすると

$$y = \frac{b^2 + x^2}{2b}, \ y + x = \frac{b^2 + x^2 + 2bx}{2b}, \ y - x = \frac{b^2 + x^2 - 2bx}{2b}.$$

ここで $y + x$ と $y - x$ とが平方数になるためには $b = 2c^2$ が必要である．

$$\therefore y + x = \frac{4c^4 + x^2 + 4c^2x}{4c^2}, \ y - x = \frac{4c^4 + x^2 - 4c^2x}{4c^2}$$

が得られる．しかしライプニッツは「ここでより簡単にこの問題が，すなわちその 2 項の和と差が
平方数となる三つの数 x, y, z を見いだすことが，解かれるかどうかを調べるべきである」とし
て別の解法を提示する．だが結局，うまく一般解を見つけることができずに終わっている．$Ibid.$,
S. 630–633.
(132) [Hofmann 1958], S. 284f. 先のライプニッツが確認した解の一例は，上記の式に $a = 2$,
$b = 1$ を代入したものである．

86　　第 2 章　パリ時代における数学研究の開花

グランドの数学者たちに知らしめた後，グレゴリーによる解も与えられている（1675 年）[133]．

こうしたディオファントスの名で称される不定方程式の研究はライプニッツに何を残したのだろうか．先にも注意を促したが[134]，1702 年 5 月の有理式の積分の論文では，有理式の部分分数への分解の例を示している．そして分解される分数式として $\frac{2xx+x\sqrt{2}+\sqrt{5}}{xx+2x+\sqrt{3}}$ のように無理量を含んだ例を挙げている．このとき，ライプニッツは無理量を含んだ場合に対して，分解の過程で $\frac{\sqrt{2}}{x+\sqrt{3}}$ のような項があっても「有理的である」とみなす．なぜなら次のように理由が示される．

> 不定なものを含まないような無理性はこの和の解析を妨げず，無理的なものの有理的なものへの還元は，この場では図形数に関するディオファントスの計算よりも容易である．かくして次のことに帰結する．定まった次数を持つ，すなわち不定量がベキに含まれないような，有理数列の和を求めることにおいて，たとえ根が無理的であっても，虚でなく実である限り，問題はいつでも調和数列の和，あるいはその数列の項によるベキの和を求めることに還元される[135]．

ここでライプニッツは「六つの平方問題」のような不定方程式の解法において，未知量がベキの中に含まれない場合を想定していると考えられる．「図形数に関するディオファントスの計算」と称して，我々が上で見たパリ時代の試行錯誤が想起されていたとしても不思議ではない．ライプニッツはまた同じ論文の末尾で，「求積に関する無限小解析の進展は，我々に知られる限りディオファントスが初めて公にされた業績において論究した，数論の発展に大部分依存しているのである」と述べている[136]．必ずしも明確な成果を伴わなかったとはいえ，ライプニッツが無限小解析の形成にあたって「超越性」，すなわちベキの中に変量（あるいは未知量）が含まれる場合を積極的に扱う際にも，対比されるものと

---

(133) [Gregory GT], pp. 430ff. グレゴリーの解は 1675 年 6 月 1 日付のコリンズからの書簡の裏側に書きつけられた．このテクストの編者（ターンブル）の推定によれば，それは 1675 年 10 月のグレゴリーの死の直前に記されたものである．また編者はパリ滞在中のライプニッツはこのグレゴリーの結果を知っていたに違いないと推定し，1676 年 4 月の草稿への影響を示唆している．しかしライプニッツの草稿にはグレゴリーの名は挙げられていない．
(134) 本項注 (128) 参照．
(135) [Leibniz GM], V, S. 355. 邦訳，214 頁．有理式の部分分数への分解の具体例は 3.2.2 項の式 (3.45)–(3.48) で見る．
(136) *Ibid.*, S. 360f. 邦訳，221 頁．

2.3 代数学研究　　*87*

してのディオファントス解析が意識されていたに違いない[137].

---

(137) ライプニッツは，ディオファントス問題に対して情熱をもって取り組んだように見える．だが，そうした事柄への関心は必ずしも一貫していない．ハノーファー期の 1678 年 12 月 19 日付のガロワ宛書簡では，バシェ，フェルマー，フレニクル，その他の学識ある人々によって特殊例のみ研究されていた「図形数の問題，またはディオファントスの問題を唯一の解析的方法で解決する方法」を得たことを報告している．具体的にはフレニクルの定理（面積が平方数になる直角三角形の不可能性を示すこと）の証明である．ライプニッツは自分自身の証明の一般性を誇る一方で，「私はこの手の算術の，あるいはディオファントスの問題を高く評価しません．というのもたとえそれらが素晴らしいものでも，あまり役に立たないからです」と述べている．ディオファントス問題について，関心の揺れを示した発言である．[Leibniz A], III-2, S. 568f.

88　第 2 章　パリ時代における数学研究の開花

第3章
ハノーファー時代における研究の展開

3.1 代数学，確率論，位置解析研究

ライプニッツは4年間パリに滞在し，数学研究を大きく進展させた．彼はそのままパリに留まることを望んだようである[1]．だが最終的にハノーファーの宮廷に迎えられ，1676年末に到着した[2]．結果的に，1716年に生涯を閉じるまでの間，ライプニッツはこの地を活動の拠点とすることになる．

ハノーファー期におけるライプニッツの数学研究は，大きく分けて二つの内容を持っている．一つは，パリ時代からの試行錯誤の延長上に位置づけられるものである．すなわち，無限小解析，代数学（方程式論，数論）研究である．もう一つは，パリ時代以前に数学研究以外の中で発想が温められていたものが挙げられる．（ユークリッド『原論』改革の意図を含んだ）証明論の発展形として，また幾何学的解析と代数解析双方の利点を活用する意図を持った新幾何学（位置解析）構想．蓋然性を数量化，理論化する「確率論」の枠組の構成，さらには社会的要求に根ざした保険数学などである．また最初期の『結合法論』以来の組み合わせ論は，各分野で応用される．

1680年代以降『学術紀要』誌という発表の場を得て，特に無限小解析の成果

---

(1) 2.2.2項注 (89) 参照.

(2) ライプニッツは，1676年10月4日にパリを離れ，ロンドン，オランダを経由してハノーファーに至っている．その間，ロンドンではオルデンバーグやコリンズと会し，ニュートンの草稿の写しを手に入れている．またオランダでは当地の様々な研究者と接し，特にアムステルダムで，数学者フッデと，ハーグで哲学者スピノザと交流したようである．[Aiton 1985], pp. 66–70. 邦訳 [エイトン 1990], 103–109 頁.

は次々と公表されていく．それ以外は，相変わらず草稿の中に眠ったままだが，書簡を通じて部分的に他の人々の目にふれることになる．本章で我々は，1670年代後半以降に果たされたライプニッツの数学研究の深化を追究することにしたい．まず代数学研究を皮切りに，新幾何学構想，確率論・保険数学の内容を検討する．そしてもっとも大きな影響力を誇った無限小解析の分析へと移っていきたい．こうした数学上の成果が，彼が若き日に抱いた根源的なテーマである学問体系の再編，再構築（普遍学，普遍数学の構想）のアイデアにも結びついていくのである．

3.1.1 代数学研究

方程式論

ハノーファー期（1676 年 11 月以降）のライプニッツの方程式論研究は，チルンハウスとの共同作業で続けられる．パリ時代の草稿に見られた，一般的な高次方程式の解を得るために行う中間項削除の試行錯誤は，今日「チルンハウス変換」として知られる方法に結実する．チルンハウスはこれを 1683 年に発表した[3]．チルンハウスの結果は，論文公表に遡る 6 年前，1677 年の早い段階には見いだされていた（1677 年 4 月 17 日付ライプニッツ宛書簡に提示されて

---

(3) チルンハウスの論文は『学術紀要』誌に「与えられた方程式から，あらゆる中間項を取り除く方法」（Methodus auferendi omnes terminos intermedios ex data aequatione）のタイトルで発表された．チルンハウス変換の内容を簡単に示すと次のようになる（記号法はクラハト等の論文中のものによる）．与えられた方程式

$$x^3 - px^2 + qx - r = 0$$

に対して，2 次の項を取り除き，あらためて定数を $q,\ r$ として

$$y^3 - qy - r = 0 \tag{3.1}$$

を考える．このとき $a,\ b$ を定数として「仮定された式」（aequatio assumta）

$$y^2 = by + z + a \tag{3.2}$$

とおく．式 (3.2) の両辺に y をかけて，式 (3.1) と比較して

$$by^2 = (q - a - z)y + r. \tag{3.3}$$

今度は式 (3.2) の両辺に b をかけ，式 (3.3) と比較して，

$$(z + a + b^2 - q)y = -bz - ab + r.$$
$$\therefore y = \frac{-bz - ab + r}{z + a + b^2 - q}.$$

これを最初の方程式 (3.1) に代入して $a,\ b$ を決定するのである．[Tschirnhaus 1683], pp. 204f. または [Kracht and Kreyszig 1990], pp. 25f.

いる)[4]. ライプニッツはチルンハウスの方法を 5 次方程式に適用しようと試みる. しかし 1679 年 12 月末に送られたチルンハウス宛の書簡では, 次のように悲観的な見通しを述べている.

> 方程式の解を見いだすあなたの第 3 の方法, すなわち $x^5 + px^4 + qx^3 + rx^2 + sx + t = 0$ とし, $x^4 + bx^3 + cx^2 + dx + e = y$ とおき, y と任意の〔定数〕b, c, d によって x を消去する. さらに得られる方程式 $y^4 + \cdots = 0$ 中の中間項を取り除くとするならば, 特別な場合でない限り, より高次〔の方程式〕においては成功できないと私は考えています. その証明を手にしていることは, 私には明らかなのです.〔…〕〔チルンハウスの方法は〕方程式を変換することに有効であっても,（一般的に）〔方程式を〕解くことには有効ではないのです[5].

ライプニッツが, 高次方程式へのチルンハウスの方法の適用に対して, 否定的な見解を持ち得たのも, パリ時代からの試行錯誤と無関係ではないだろう. ライプニッツにもチルンハウスにもさらなる進展は望むべくもなかった. 問題の設定そのものを変える必要があったからである[6].

ライプニッツはその後, 方程式論研究の方向を変える. すなわち, 連立 1 次方程式の一般的解法に目立った成果を残している. 今日「行列式」と呼ばれるものを導入し, また「クラメルの公式」と呼ばれるものに至った. その行列式に相当するものを表す, 表記自体も記号法の側面から興味深い. パリ時代同様, この分野の研究は論文として公刊されることはなかったが, 本項では代表的な草稿を通じて内容を検討していきたい.

1678 年 6 月の日付を持つ草稿「誤りが避けられ, あたかも手を引かれるように精神が導かれ, そして容易に数列が見いだされる新しい解析の例」(Specimen Analyseos novae, qua errores vitantur, animus quasi manu dicitur et facile progresiones inveniuntur) では, 連立 1 次方程式の解に関する定理と（係数, 未知量を含めた）方程式系そのものを数字を使って表す独特な方法が提示される. ライプニッツは冒頭で「私は文字の代わりに数を用いる」(Pro literis numeros adhibeo) と宣言する. 理由は次のように述べられる.

---

(4) [Leibniz A], III-2, S. 66f.

(5) *Ibid.*, S. 924f.

(6) 例えば [Edwards 1984], pp. 18 以降を参照.

3.1 代数学, 確率論, 位置解析研究　　*91*

数を用いると，量あるいは記号自体の間の様々な順序や関係を正確に表現することが私には容易になり，どんな既知の文字がどのような未知のものに関係しているのか，またはその力がどこまで及んでいるのか，数列において一見してすぐに明らかになるだろう．それは数において極めて正確に達成することができるのだが，文字ではそうはいかない[7]．

これはパリ時代の方程式研究の草稿中に顔を出していた発想である[8]．この草稿では上記の方針の具体例として未知量の次数が 1 次で，任意の個数の方程式が揃った場合に解を与える定理が提示される．すなわち「各未知量の値は，分子が方程式の既知項から作られ，分母は値が問われている未知量の係数から作られる分数となるだろう」というものである[9]．この言葉のみでは内容はつかみにくいが，ライプニッツ自身の説明によれば次のようになる．（我々の記号法を用いて表された）次の連立方程式（x, y, z：未知量，$a_{ij}(1 \leqq i \leqq 3, 1 \leqq j \leqq 4)$：定数），

$$a_{11} = a_{12}x + a_{13}y + a_{14}z,$$
$$a_{21} = a_{22}x + a_{23}y + a_{24}z, \qquad (3.4)$$
$$a_{31} = a_{32}x + a_{33}y + a_{34}z$$

を考える．ライプニッツはこの連立方程式 (3.4) に対して「文字の代わりに数を用い」て，すなわち各係数の添字の部分と未知量を数 2, 3, 4 とで以下のように表現する（ライプニッツの表記のまま示す．*aequ.* は等号を意味する）．

$$12, 2 + 13, 3 + 14, 4 - 119 \; aequ.0,$$
$$22, 2 + 23, 3 + 24, 4 - 209 \; aequ.0, \qquad (3.5)$$
$$32, 2 + 33, 3 + 34, 4 - 299 \; aequ.0.$$

ライプニッツはこの連立方程式の解の構成の仕方を，次のように法則化している．

- 「分子」＝「方程式の既知項から作られ」，求める未知量と「別の相異なる文字の係数のすべてがお互いにかけ合わせられ，同時に最も小さい文字から始めて，$-12, 23 + 13, 22$ のように符号を交替させながら加えられた」もの

---

(7) [Knobloch 1980], S. 5. 邦訳 [ライプニッツ 1997]，273 頁．
(8) 2.3.1 項注 (102) 参照．
(9) [Knobloch 1980], S. 10f. 邦訳，274 頁．

92　　第 3 章　ハノーファー時代における研究の展開

- 「分母」＝「値が求められる未知量の係数から作られ」,「相異なる未知量
  と方程式のあらゆる係数をお互いにかけ合わせ」,「より小さい数から始
  めて順序に配列された積に交互に ＋ と － がつけられる」.

ライプニッツは $-12, 23 + 13, 22$ を「作用数」(afficiens) と呼ぶ. また例えば
未知量 $z(=\text{`4'})$ を, 彼は以下のように与える.

$$z = \frac{-12,23 + 13,22\ 299 + 12,33 - 13,32\ 209 - 22,33 + 22,32\ 119}{-12,23 + 13,22\ 34 + 12,33 - 13,32\ 24 - 22,33 + 23,32\ 14}.$$
(3.6)

我々の記号を用いて書き直すと次のようになる.

$$z = \frac{(-a_{12}a_{23}+a_{13}a_{22})a_{31}+(a_{12}a_{33}-a_{13}a_{32})a_{21}+(-a_{22}a_{33}+a_{22}a_{32})a_{11}}{(-a_{12}a_{23}+a_{13}a_{22})a_{34}+(a_{12}a_{33}-a_{13}a_{32})a_{24}+(-a_{22}a_{33}+a_{23}a_{32})a_{14}}.$$
(3.7)

各々の作用数の積に関して符号が － から始まっているが, これは ＋ にしたと
しても変わらない. なぜならば, 分母分子ともに符号が変わって相殺されるか
らである. このことをライプニッツも指摘している[10]. この解 (3.6) を得るに
あたって, 規則性が明快に法則化されているように見える. しかし作用数各々
につける符号について, ライプニッツはまだ確信を持つには至っていない. 実
際, ライプニッツが述べる規則では解 (3.6) は与えられないからである.

　この符号の規則が確立するのは 1683 年以降のことである. 1683 年から 1684
年にかけて執筆されたと推定される草稿「未知量を取り除くための規則につい
て」(De canone pro tollendis incognitis) では「符号の規則」(Lex signorum) を
明らかにしている. 作用数の組み合わせにおいて, 前のものと「二つ, 四つ, 六
つ, その他の係数において異なるものはその反対の符号を持つだろう. 反対に
三つ, 五つ, 七つ, その他の係数において異なるものはその符号と同じ符号を
持つ」としている[11]. ライプニッツは先の 1678 年 6 月草稿では作用数の符号
に関して, 「小さい数から順に配列された各々の積の前に, ＋ と － を交互につ
けなければならない」としていた[12]. こちらの規則にしたがうと解 (3.6) の分

---

(10)　*Ibid.*, S. 10f. 邦訳, 274f 頁.

(11)　*Ibid.*, S. 80.

(12)　*Ibid.*, S. 11. 邦訳, 275 頁.

3.1　代数学, 確率論, 位置解析研究　　*93*

母の $+12,33\ 24$ と $-13,32\ 24$ の項は符号が正反対になってしまう[13]. 我々は通常, 解 (3.7) を「クラメルの公式」と称している. クラメルの発表 (1750年) に先立ってライプニッツは同じ結果を得ていたことになる. ライプニッツはさらに「符号の規則」を一般化する考察を続けていく.

1683 年末から 1684 年 1 月 12 日以前に執筆された草稿「単純な方程式から文字を取り除くことについて I」(De sublatione literarum ex aequationibus simplicibus I) では, 1678 年の草稿で名づけられた作用数の表現に対して新しい記号が与えられる. 2 元 1 次連立方程式

$$
\begin{aligned}
10 + 11a + 12b &= 0, \\
20 + 21a + 22b &= 0
\end{aligned}
\tag{3.8}
$$

に対して, a を消去して b を求めると,

$$
\begin{aligned}
+10.21 + 12.21b & \\
-11.20 - 11.22b &= 0
\end{aligned}
\tag{3.9}
$$

となる. ところが「私は省略して」(compendio) とライプニッツは述べて式 (3.9) を

$$
+\overline{0.1} + \overline{2.1}b = 0
\tag{3.10}
$$

と表すのである[14]. 同時に

$$
-\overline{1.2} = +\overline{2.1}
\tag{3.11}
$$

となることも指摘している[15]. また式 (3.8) で b を消去して a を求めると

---

(13) 1683 年から 1684 年の草稿「未知量を取り除くための規則について」における符号法則にしたがうならば, 解 (3.6) で 12,33, 24→13,22, 34 は三つの係数を変えたので同符号のまま, また 13,22, 34→13,32, 24 は二つの係数を変えたので符号は逆 (+ から − へ) になればよい. こちらの方が解 (3.6) を正確に反映している.

(14) [Knobloch 1980], S. 48. ライプニッツの記号の意味は, かけられている二つの係数の右側の数字に着目したということであろう.

(15) *Ibid.* 我々の記号法で表すと

$$
\overline{1.2} = \begin{vmatrix} 11 & 12 \\ 21 & 22 \end{vmatrix},
$$

$$
\overline{2.1} = \begin{vmatrix} 12 & 11 \\ 22 & 21 \end{vmatrix}
$$

より, 式 (3.11) は行列式の列を入れ替えた場合の符号の変化を示していることになる. 実際この式 (3.11) がライプニッツの符号法則の出発点である.

94 第 3 章 ハノーファー時代における研究の展開

$$+\overline{0.2} + \overline{1.2}a = 0 \tag{3.12}$$

となる．さらにライプニッツは第 3 の方程式 $30 + 31a + 32b = 0$ を加える．この両辺に $-\overline{1.2}$ をかけ，式 (3.10) の両辺に係数 32，式 (3.12) の両辺に係数 31 をかける．式 (3.11) を考慮して a, b を消去すると，未知量の係数と定数との間の次の関係式が成立する．

$$-\overline{1.2}.30 + \overline{0.2}.31 - \overline{0.1}.32 = 0$$
$$\Longleftrightarrow \quad \overline{0.1}.32 - \overline{0.2}.31 + \overline{1.2}.30 = 0. \tag{3.13}$$

式 (3.8) の両式を用いて同様な計算をすると

$$\overline{0.1}.2_2 - \overline{0.2}.2_1 + \overline{1.2}.2_0 = 0, \tag{3.14}$$

$$\overline{0.1}.12 - \overline{0.2}.11 + \overline{1.2}.10 = 0 \tag{3.15}$$

となる．ここで各式 (3.13)–(3.15) についた係数の左の数字 3, 2, 1 を無視してしまうと 3 式はすべて同じになる．ライプニッツはそれを

$$\overline{0.1.2} = 0 \tag{3.16}$$

と表している[16]．

また加えて次に三つの未知量を持つ連立方程式

$$10 + 11a + 12b + 13c = 0,$$
$$20 + 21a + 22b + 23c = 0, \tag{3.17}$$
$$30 + 31a + 32b + 33c = 0$$

に対しても，

$$+\overline{0.1.2} + \overline{3.1.2}c = 0, \tag{3.18}$$

$$[+]\overline{0.1.3} + \overline{2.1.3}b = 0, \tag{3.19}$$

$$+\overline{0.2.3} + \overline{1.2.3}a = 0 \tag{3.20}$$

---

[16]　*Ibid.*, S. 48f. 式 (3.14) はテキストの通り記した．ライプニッツは奇妙なことに式 (3.13) の「左の結合には 3 がない」(non esse in vinculo sinistrum 3)，同様に式 (3.14) は「左の結合に 2 がない」，式 (3.15) は「左の結合に 1 がない」と記している．「結合」を与えられた方程式の未知量の係数と解釈すると，否定の 'non' をはずして考えないとつじつまが合わない．こうした不明瞭さはその後の草稿（1684 年 1 月 12 日付）にも共通する．[ライプニッツ 1999]，369 頁，注 12, 13 参照．

を導き，第 4 の方程式 $40 + 41a + 42b + 43c = 0$ から a, b, c を消去して

$$+\overline{1.2.3}.40 - \overline{0.2.3}.41 + \overline{0.1.3}.42 - \overline{0.1.2}.43 = 0$$

を示している．これは先の式 (3.13)–(3.15) と平行な議論で，結局

$$\overline{0.1.2.3} = 0$$

を得ている[17]．この草稿では新たな記号の導入といくつかの性質の表現は果たしたが，一般的な符号の規則にまでは言及されていない．ほぼ同時期に執筆されたと推定される別な草稿「単純方程式から文字を取り除くこと II」では，式 (3.16) を

$$\left.\begin{array}{l} +0.1.2 \\ -0.2.1 \\ -1.0.2 \\ +2.0.1 \\ +1.2.0 \\ -2.1.0 \end{array}\right\} = 0 \tag{3.21}$$

と記す．そして各々の前につく符号について，

> 0 が残りの二つの〔数の〕両方の前にあるときは，1 が前にある場合は符号は ＋，2 が前にある場合は符号は － になる．もし 0 が中間にあるときは，1 が前にある場合は符号は －，2 が前にある場合は符号は ＋．もし 0 が両方の後ろにあるときは，1 が前にある場合は符号は ＋，2 が前にある場合は符号は － になる[18]．

と変化の様子を記述している．

　以上の 2 草稿はいずれも冒頭に「この断片で始められ，行われたことをようやく 1684 年 1 月 12 日の断片の中で私は解決した」という後からの書き込みが記されている[19]．1684 年 1 月 12 日の日付を持つ草稿は，クノーブロッホによって「1 次連立方程式論に関するライプニッツの決定的論考」という判断を

---

(17)　[Knobloch 1980], S. 49.

(18)　*Ibid.*, S. 51.

(19)　*Ibid.*, S. 41, 50.

96　　第 3 章　ハノーファー時代における研究の展開

与えられて公にされた．ライプニッツは先の 2 草稿と同じ問題設定の下，「互換」(permutatio) という用語によって一般的な符号法則に到達する．一般法則を示すのに適切な概念を提示することができたところが，まさに「決定的」なのである．

その 1684 年 1 月 12 日草稿でもライプニッツは連立方程式 (3.17) を考え，式 (3.18)–(3.20) を得る．その際，式 (3.18) から式 (3.19) へ，または式 (3.19) から式 (3.20) へ各々の中に現れる作用数を変えることは容易である．前者は「記号 3 と 2 を互換し」，後者は「記号 3 と 1 を互換するだけで」よいのである[20]．結局，この数記号の互換の回数が，符号の変化をもたらすことにライプニッツは気づく．実際「もし b と c が a と同じ係数を持つように望むならば，変位 (mutatio) が行われなければならない．また確かに $\overline{2.1.3}$ は $-\overline{1.2.3}$ に等しく，というのも単に 1，2 との間の互換によって後者から前者が生じるからである」．さらに「$+\overline{3.1.2}$ は $+\overline{1.2.3}$ に等しい．なぜなら一方から他方になるのに二重の互換が必要で，すなわち 1 のところに 3，2 のところに 1，3 のところに 1 を置かなければならない」ということになる[21]．先の式 (3.11) では素朴すぎてつかめなかった，符号の法則がこうして明らかになった．つまりライプニッツが述べるように，「1 回の互換は符号を変え，二重の互換は〔符号を〕戻す」のである[22]．この法則は連立 1 次方程式 (3.4) の解 (3.7) の原理，そして式 (3.16)（すなわち式 (3.21)）の符号の変化を簡潔に表現しているという点で見事である．無論我々にとって，$\overline{0.1.2}$ という記号自体は見やすいものではない[23]．しかしライプニッツにとっては若き日に構想した『結合法論』の思想が反映された数学的結果という点で大変意味深いものであろう．なぜなら，この 1684 年 1 月 12 日付草稿の末尾でライプニッツは次のように述べているからで

---

(20) [Knobloch 1972], S. 173. 邦訳 [ライプニッツ 1999]，372 頁.

(21) *Ibid.* 邦訳，同頁.

(22) *Ibid.*, S. 176. 邦訳，375 頁.

(23) 現在我々が用いている行列式の表記はケーリーによる（1841 年，[Cayley CP], I, p. 1). ケーリーは，1841 年に発表の別な論文で，

$$\begin{vmatrix} x_1 & y_1 & z_1 \\ x_2 & y_2 & z_2 \\ x_3 & y_3 & z_3 \end{vmatrix} = \overline{123}$$

と記した上で，「次の等式は恒等的に真である」として

$$\overline{345.126} - \overline{346.125} + \overline{356.124} - \overline{456.123} = 0$$

としている．*Ibid.*, pp. 44f.

3.1 代数学，確率論，位置解析研究　　*97*

ある.

> 今，明らかになった結合法による傑出した技法を考えることは，またとても有用であろう．すなわち質料の多様性または複雑さが，単に形相あるいは順序の多様性，さらには転位へと移されるのである．〔…〕ここで，我々によって見いだされた極めて一般的な定理を，いつも計算に注意を向ける必要がないように，結合法の言葉によって説明することを試みよう[24].

以上のようにライプニッツによる連立 1 次方程式の解法は，彼の特質が明瞭に現れている．新しい記号法の開発が単に表現の簡略化だけにとどまらず，潜んでいる一般的性質，概念（例えば「互換」）を生み出すに至っているのである．ライプニッツの方程式論は生前公表されなかったために同時代的な影響力は持ち得なかったかもしれない[25]．しかしライプニッツの数学を考察する我々にとって見逃せないものとなっている．

数論

　ライプニッツの数論研究は，2.3.2 項で取り上げたディオファントス解析，すなわち不定方程式の有理数解を求めること以外にもテーマを持っていた．それは素数に関する性質の考察である．今日「フェルマーの定理」と呼ばれる以下の結果が代表的成果である（便宜上，問題を明示するのにこの名称を用いる）．すなわち我々の記号法によれば，p を素数，a，p を互いに素とするとき，

$$a^{p-1} \equiv 1 (\bmod\ p)$$

が成立することを指す[26]．マーンケの研究によって，ライプニッツはフェル

---

(24)　[Knobloch 1972], S. 177f. 邦訳，378 頁（最後の一文は邦訳には含まれない）.

(25)　わずかにロピタルへの書簡（1693 年 4 月 28 日付，[Leibniz GM], II, S. 239ff），その他 2，3 の人々への書簡によって知らしめただけである．[Knobloch 2001] 参照.

(26)　フェルマーは 1640 年 6 月の執筆と推定されるメルセンヌ宛書簡の中で $2^p - 1$ の形の数を列挙し，特に p が素数のときは，以下のことが成立すると証明なしに提示している.

　　1) $(2^p - 1) - 1$ が $2p$ で割り切れる（$= 2^{p-1} - 1$ が p で割り切れる）.
　　2) $2^p - 1$ は $k(2p) + 1$（k：定数）でのみ割り切れる.

また 1640 年 10 月 18 日付のフレニクル宛書簡では，さらに一般的に「すべての素数は例外なく，どんな数列であれ，『そのベキ乗 -1』を割り切る，そして当のベキの指数は『与えられた素数 -1』の約数である (sous-multiple)」と述べている（[Fermat OF], II, pp. 198, 209）．フェルマーの定理の背景，フェルマー自身の方法の分析は [Mahoney 1973], pp. 288–302 参照.

98　　第 3 章　ハノーファー時代における研究の展開

マーとは独立して，同じ結果を得たことが明らかになっている[27]．フェルマーの数学的成果は 1679 年に『数学全集』(*Varia opera mathematica*) が出版されることで一般に初めて公になる．ライプニッツがこの全集にふれるのは 1681–82 年頃であると推定される[28]．我々はライプニッツとフェルマーの先取権の問題について問題にしない．むしろ，この問題の考察を通じて垣間見ることができる，ライプニッツの方法論に注目したい．『結合法論』以来，ライプニッツが慣れ親しんできた，組み合わせ論の利用が見られるからである．加えて，ここでも独自の記号法開発の工夫がなされており，大変興味深いからである．

ライプニッツのこの「フェルマーの定理」に係わる取り組みは，我々が手にする資料によれば，1676 年 1 月 3 日の日付を持つ草稿「ベキ数の倍数と約数についての新しい手がかり」(Ouverture nouvelle des nombres multiples, et des diviseurs des puissances) から始まる．ライプニッツはここで，「すべての平方数は，3 の倍数か，あるいは 3 の倍数よりも単位だけ大きい」ということを確認する．そして y を自然数とするとき，$y^3 - y$ は 3 の倍数であることを示す．これが「フェルマーの定理」への第一歩となる[29]．また 1676 年 1 月の日付を持つ別の草稿では，上の事実に加えて $y^5 - y$ が 5 の倍数，$y^7 - y$ が 7 の倍数であることが示される．ライプニッツは特に $y = 2$ としたときの式 $2^{2p+1} - 1 (1 \leqq p \leqq 6)$ について実際に計算をして確認している[30]．

執筆時期が不明な二つの草稿「計算概観」(Conspectus calculi)，「素数と結合表から得られる約数について」(De primitivis et divisoribus ex tabula combinatoria) では，『結合法論』以来の組み合わせ論が同じ問題に適用され始める[31]．前者の草稿ではライプニッツ自身によって「型」(forma) と呼ばれる次

---

(27)　[Mahnke 1912], S. 31f.

(28)　*Ibid.*, S. 57.

(29)　ライプニッツの論法によれば，連続する二つの数の積は偶数となることから，$y(y+1)$ は偶数となる．また連続する三つの数の積は 3 の倍数である．よって $(y-1)y(y+1) = y^3 - y$ は 3 の倍数となる．またこのとき y が 3 の倍数ならば，y^2 も 3 の倍数である．さらに y が 3 の倍数でないとすると $y^2 - 1$ が 3 の倍数となり，ゆえに y^2 は「3 の倍数よりも 1 大きくなる」．他方，ライプニッツは九つの過程の中で，「ある連続する数から作られるものは，連続する数の「個数」によって割り切れる」，「連続する数による積は，2 (3, 4, ⋯) のベキによって割り切れる．その指数は，連続する数の数を 2 (3, 4, ⋯) によって割ったものの余りを除いた商となる」といった命題を示している．[Leibniz A], VII-1, S. 576f.

(30)　ライプニッツは自らが得た結果を「非常に美しい結果」(theorema perelegans) と称している．*Ibid.*, S. 584f.

(31)　マーンケは前者の草稿の執筆時期を 1676 年頃，後者を 1681 年頃と推定している．[Mahnke 1912], S. 33f.

3.1　代数学，確率論，位置解析研究　　*99*

の多項式の分類法が披露される[32].

$$
\begin{aligned}
&\text{次数 I} &:\quad& a, \\
&\text{次数 II} &:\quad& a^2,\ ab, \\
&\text{次数 III} &:\quad& a^3,\ a^2b,\ abc, \\
&\text{次数 IV} &:\quad& a^4,\ a^3b,\ a^2b^2,\ a^2bc,\ abcd.
\end{aligned}
\tag{3.22}
$$

単に次数による分類で，この草稿内でも特に活用されることはない．しかし後の草稿において，その「型」はより発展的な形で再登場することになる．草稿「計算概観」の末尾には連続する数の積が，連続する数の「個数の階乗」で割り切れることが主張される．すなわち，

$$
\frac{y(y+1)}{1\times 2},\ \frac{y(y+1)(y+2)}{1\times 2\times 3},\ \frac{y(y+1)(y+2)(y+3)}{1\times 2\times 3\times 4}
$$

が各々整数であることをライプニッツは述べている[33]．こうして容易に組み合わせの数との関連が浮かび上がることになる．後者の草稿「素数と結合表から得られる約数について」では「組み合わせの型」(combinationum formae) として

$$
y^0,\ \frac{y}{1},\ \frac{y(y-1)}{1\times 2},\ \frac{y(y-1)(y-2)}{1\times 2\times 3},\ \frac{y(y-1)(y-2)(y-3)}{1\times 2\times 3\times 4}
$$

が冒頭で列挙されると共に表が掲げられる（図 3.1 参照）．その上で，1676 年 1 月草稿以来の素朴な連続する数に関する性質に加えて，素数と組み合わせ数の関連が述べられる．例えば，次のような定理が提示される．

　　問題の数 (Numerus rerum) が素数であるならば，その数自身による任意の組み合わせの数は，最初と最後〔の数〕を除いて割り切れる[34]．

具体例としてライプニッツは，問題の数＝$y=7$ の場合を挙げている．すなわち 1, 7, 21, 35, 35, 21, 7, 1（我々の記号では ${}_7C_r\,(0 \leqq r \leqq 7)$）のうち，最初と最後を除いた残りはすべて 7 で割り切れることになる．

---

(32) [Leibniz GM], VII, S. 88. ただしテキストで次数 IV の先頭が a^3 となっているのを a^4 と訂正した．

(33) *Ibid.*, S. 99f.

(34) ライプニッツによれば，次のように証明される．問題の数を y（素数）とする．今，組み合わせの数として $\frac{y(y-1)(y-2)(y-3)}{1\times 2\times 3\times 4}$ をとると，これは四つの連続数を $1\times 2\times 3\times 4$ で割ったものであるので整数である．ところが，「y は素数なので，それ自身を除いて約数を持たず，したがって約分には何も関係しない」．よって $\frac{(y-1)(y-2)(y-3)}{1\times 2\times 3\times 4}$ が整数となり，ゆえに与えられた組み合わせの数は y で割り切れる．*Ibid.*, S. 102f.

Nomina indices	Nullio 0	Unio 1	Binio 2	Ternio 3	Quaternio 4		
Numeri rerum	Combinationes singulae.					Combinationum summae seu	Potentiae Binarii
Nibil 0	1					1	2^0 Nullatum
Unitas 1	1	1				2	2^1 Radix
Binarius 2	1	2	1			4	2^2 Quadrat.
Ternarius 3	1	3*	3**	1		8	2^3 Cubus
Quaternar. 4	1	4*	6*	4**	1	16	2^4 Biquadr.

図 3.1 草稿「素数と結合表から得られる約数について」より

以上のようにベキと素数の組み合わせ数との関連について，ライプニッツは認識を深めていったようである．マーンケによれば，1680 年 9 月には「フェルマーの定理」の証明に至っていたようである[35]．マーンケが言及する草稿は，現在もまだ公刊されていない．したがって我々は直接その内容に立ち入ることはできないが，別の公刊された草稿によって窺い知ることはできる．

1697 年頃の執筆と推定される草稿「代数学の新しい進展」(Nova algebrae promotio) は，我々の言及した草稿群と時期的に少し間隔があいてしまうが，ライプニッツの「フェルマーの定理」に対する思考法を推察するには好都合なものである[36]．この草稿は複数のテーマを持っているが，その一つに多項式のベキと組み合わせの数との関係がある．まずライプニッツは先の草稿「計算概観」の中に現れていた多項式の分類 (3.22) を再説する．前回よりも発展した形になっており，しかも新しい記号法が導入される．それによれば，

第 1 次の型 $a = a,\ a + b,\ a + b + c,\ \cdots,$

第 2 次の型 $a^2 = a^2,\ a^2 + b^2,\ a^2 + b^2 + c^2,\ \cdots,$

$\quad\quad ab = ab,\ ab + ac + bc,\ ab + ac + ad + bc + bd + cd,\ \cdots,$

第 3 次の型 $a^3 = a^3,\ a^3 + b^3,\ a^3 + b^3 + c^3,\ \cdots,$

$\quad\quad a^2b = a^2b + ab^2,\ a^2b + ab^2 + a^2c + ac^2 + b^2c + bc^2,\ \cdots,$

$\quad\quad abc = abc,\ abc + abd + bcd,\ \cdots,$

$$(3.23)$$

---

(35) [Mahnke 1912], S. 32.

(36) 執筆年代推定に関しては [ライプニッツ 1999], 162f 頁にしたがう.

となる．この記法を用いると

$$(a+b+c)^2 = \underset{.}{a}^2 + 2\underset{.}{a}\underset{.}{b},$$

$$(a+b+c)^3 = \underset{.}{a}^3 + 3a^2\underset{.}{b} + 6\underset{.}{a}\underset{.}{b}\underset{.}{c},$$

$$(a+b+c)^4 = \underset{.}{a}^4 + 4a^3\underset{.}{b} + 6a^2b^2 + 12a^2\underset{.}{b}c + 24\underset{.}{a}\underset{.}{b}\underset{.}{c}d \qquad (3.24)$$

と表される[37]．ライプニッツは式 (3.24) の中で，それぞれの項の係数に注目する．すなわち「型の前に記されている係数を調べるためには，ベキ乗されている型の任意の項は，その項において与えられる文字の転位 (transpositio) と同数の仕方で現れることを考慮」するとしている[38]．上の例 (3.24) で，$(a+b+c)^4$ に現れる a^2b^2 の「転位の数」は，4 個の中から 2 個を，そして $(4-2)$ 個の中から 2 個を選ぶ組み合わせをかけ合わせて得られる．すなわち，

$$\frac{4(4-1)}{1\times 2} \times \frac{(4-2)(4-2-1)}{1\times 2} = ({}_4C_2 \times {}_2C_2) = 6$$

となる．ここでライプニッツは「注目すべき性質」として次のように述べる．

〔すべての型の転位の数は〕それ自身と型がそこへ向けて上がっていく次数〔すなわち最高位〕の指数と，互いに素ではあり得ないということである．したがって，もし次数の指数が素数であるならば，その次数における型の転位の数を割り切るのでなければならない[39]．

これは先に我々が確認した性質の一般化に他ならない[40]．例 (3.24) 中の次数 3 の場合，現れる型の転位の数は 3，6 であり，また次数 4 の場合，4，6，12，24 となることを見ても上記の内容は簡単に確認できる．したがって今，a，b，c，e，$\cdots$ を整数とし，$x = a+b+c+\cdots$ とすると，「$x^e - \underset{.}{a}^e$ と e とはけっして互いに素にはならない」．特に「e が素数ならば $x^e - \underset{.}{a}^e$ は e によって割り切れるだろう」．結局 $a = b = c = \cdots = 1$ とすると $\underset{.}{a}^e = \underset{.}{a} = x$ から，ライプニッツは次のように結論づける．

(37) [Leibniz GM], VII, S. 178. 邦訳 [ライプニッツ 1999]，143f 頁．

(38) *Ibid.*, S. 179. 邦訳，144 頁．

(39) *Ibid.*, S. 180. 邦訳，146f 頁．

(40) 本項注 (34) 参照．ライプニッツはこの「型の転位の数」の問題を「私は船中で余暇を得て解決した」と述べている（[Leibniz GM], VII, S. 179. 邦訳，145 頁）．すなわち，パリを離れてイギリス，オランダを経てハノーファーに向かう途中（1676 年 10–11 月）のことと考えられる．その注 (34) で言及した草稿「素数と結合表から得られる約数について」の執筆時期を推定する助けとなるだろう．[ライプニッツ 1999]，145 頁，注 58，59 参照．

102　　第 3 章　ハノーファー時代における研究の展開

$x^e - x$ と e とは決して互いに素ではあり得ず，したがってもし e が素数ならば，$x^e - x$ は e によって割り切れるだろう．もし e が素数でないならば，$x^e - x$ は e によって割り切れず，ただ他の公約数を持っているということから素数の逆性質 (numeri primitivi propritas reciproca) であることが見いだされる[41].

ライプニッツは単に「フェルマーの定理」の証明を示しているだけでなく，その逆の成立も信じている点が興味深い[42]．以上の証明は組み合わせ論，そして多項式のベキとの関連についての性質に根差しており，ライプニッツにとっては若き日から抱いていた数学的アイデアを自然に利用したものである．ライプニッツはこの草稿「代数学の新しい進展」の前半部で次のように述べている．

> 大きさ (magnitudo) に関する解析的計算は，結合法あるいはより一般的な記号法 (speciosa generalior) の実践に他ならず，型や量（無論判明に理解される限りにおいて）や，それらの関係や類似性はヴィエトによって導入された文字代数よりも，記号によって扱われることで諸量の性質 (habitudo) に適用され，また特に結合法にしたがう．さらに一般的記号法自体は結合法と一つの学説が渾然一体となった，記号術 (Ars characteristica) である．それを通じて物々の関係が記号によって的確に表されるのである[43].

この一般的言明と「フェルマーの定理」の証明に至る各種の発想を見るとき，対応関係があることが容易に確認できるだろう．特に「型」の分類と記号表示によって，多項式の一般形を簡略に指示しようとしている点は重要である．またライプニッツの論法に帰納法的要素を見いだすことも不可能ではない[44]．ただ後年，ライプニッツは帰納法を排して，むしろ「理論的な推論によって」と称して 2 進法とベキ乗数とを関連させている[45]．以上の考察からわかるよう

---

(41) [Leibniz GM], VII, S. 180. 邦訳，147 頁.
(42) すなわち我々の記号法で「$x^{e-1} \equiv 1 \pmod{e} \Rightarrow e$ は素数」の成立をライプニッツは信じたことになる．しかし $x = 4$, $e = 15$ とすると，$4^{14} \equiv 4^2 \equiv 1 \pmod{15}$ が成立する．無論 15 は素数ではないので，したがって逆は成り立たない.
(43) [Leibniz GM], VII, S. 159.
(44) [Mahnke 1912], S. 41.
(45) 1701 年 2 月 26 日付で，パリの王立アカデミーに提出された論文「数についての新しい学問試論」(Essay d'une nouvelle science des nombres)，またはその補遺として提出された論文「算術級数列によるベキ乗を表す数列の，あるいはそれらによって合成された数を表す数列の各折は周期的であることの証明」(Demonstratio, quod columnae serierum exhibentium potestates ab arithmeticis aut numeros ex his conflatos, sint periodicae) の中で，2 進法とベキ乗数の関連が考察されている．[Leibniz LHD], pp. 250–261, または [Leibniz GM], VII, pp. 235–238, 邦訳 [ライプニッツ 1999], 177–190, 198–204 頁参照.

3.1 代数学，確率論，位置解析研究　　*103*

に，初期の数学的成果から自然に育った発想をもとに，この数論研究が行われたと評価することができよう．

3.1.2　確率論

　我々は 1.2.3 項で，ライプニッツのパリ滞在以前の法学研究の中に，確率論の萌芽というべき内容を読み取った．それはあくまでも法学研究の中の条件論として考察されたに過ぎなかった．ライプニッツはパリ滞在期，ハノーファー期には数学的問題として「確からしさ」の問題に取り組むことになる．従来の一般的な確率論形成史では，17 世紀半ばのパスカル（フェルマー），ホイヘンスと 18 世紀初期の，例えばヤーコプ・ベルヌーイとの間で重要な概念的変化が起きたことが強調される．ライプニッツの試行錯誤の多くは草稿の形のままで，公刊されることが少なかったので，いわば表舞台での影響力には乏しかったかもしれない．しかしライプニッツもヤーコプ・ベルヌーイと同様な発想の転換を試みていた．彼の数学的理論の発展をテーマとする上では，その特徴を（草稿，書簡を通じて）明らかにすることもやはり重要な作業である．

　パリ時代（1676 年 1 月 7 日付）に記されたライプニッツの草稿「分け前の計算について」(Sur le calcul des partis) は，「パスカル氏やホイヘンス氏が取り組んだ分け前の計算のための手だてをシュヴァリエ・ド・メレは最初に与えた人である」という言葉から始まる[46]．パスカルならびにホイヘンスの「賭けの分け前」に関する研究が，ライプニッツの議論の背景にあることはまずふまえなければならない[47]．

　パスカル，ホイヘンス，両者の著作には「確からしさ」の定式化は見られない．「偶然」または「公正さ」が同等であることを前提に「分け前」，「価値」すなわち（我々の用語で言う）期待値の計算がなされている[48]．

　一方でライプニッツの確率論研究の背景を考えることに関しては，アルノー等による『ポール・ロワイヤルの論理学』の影響も無視できない．この著作でもやはりパスカル，ホイヘンスと同じ発想が基本として貫かれている．結局「判断は結果の期待値にもとづかなければならない」ということが，17 世紀の確率

---

(46)　[Leibniz EA], p. 113. 'parti' という言葉を「分け前」と訳したが，それはパスカルの用法に倣ったものである．パスカルは『数三角形論』の 1 論文で 'parti' を「公平な分配」(juste distribution) と呼んでいる．[Pascal OC], 305. 邦訳 [パスカル 1959], I, 715 頁．
(47)　「メレ」という人物については [Leibniz EA], p. 113, n. 38, pp. 268f, n. 5–9 参照．
(48)　[Daston 1988], pp. 15ff, 24, または [Leibniz EA], p. 104.

論の根本理念であったといえよう[49]．しかし注目すべきことは，アルノー等の著作で「確からしさ」(probabilité)，または「見込み」(apparence) という語が頻繁に用いられることである．例えば『ポール・ロワイヤルの論理学』第 4 部 XVI では，10 人が 1 エキュずつ出し合って賭けをし，勝ったものが全部を取り，残りのものは失うことにする例が示されている．このとき次のように述べられる．

> この種のあらゆるゲームは，こうしたゲーム同様対等 (equitable) である．そうした比率を外れたものは明らかに不公平 (injuste) である．〔…〕ところで，もし全体として不利益になるならば，それは構成している各々の場合に対しても同じことである．なぜなら負ける確からしさ (probabilité) が勝つ確からしさを上回っている，または注ぎ込んだ分を失うという危険を冒す不利益を，期待される利益が上回ることがないということに達するからである．なんであれ利益が得られるということや，またそれを手に入れるのに危険が伴う可能性が小さいということは，それを運まかせにしてしまうのは無益だということである．ある出来事の中でそうした見込み (apparence) がわずかしかないこともしばしばある[50]．

ある事象が起こる可能性そのものを定式化（数量化）していく上では，発想の転換，ないしは新たな概念が必要である．数学的に詳細な議論は『ポール・ロワイヤルの論理学』には見られないものの，ライプニッツは明らかに用語において彼らの影響を受けている．こうした背景をもとにライプニッツ自身の思考過程を見ることにしよう．

　本項の冒頭で言及したパリ時代の草稿「分け前の計算について」では，パスカル，ホイヘンスと同じ問題にライプニッツが取り組んでいる様子を見ることができる．ライプニッツも「一般的原理」として「二人の競技者は，勝ったり負けたりが，お互い同じように容易であるとき，その賭けのために用意された金額に対して同等な権利 (un droit égal) を持っている」ということを掲げている[51]．ホイヘンスが前提した「公平さ」を踏襲しているように見えるが，この点においてライプニッツの議論は，17 世紀半ばまでの通常の理論構成に倣っているといえる．しかし，ライプニッツはホイヘンスのようにすぐに「価値」（＝

---

(49)　[Daston 1988], p. 17.
(50)　[Arnauld et Nicole, 1662], pp. 384f.
(51)　法学上の用語が用いられている点に注意．[Leibniz EA], p. 117.

3.1　代数学，確率論，位置解析研究　　*105*

期待値）の計算へは移行しない．特定の事象が起こる度合自体を表現する用語を
試行錯誤して探そうとしている．すなわち，「見込み」(apparence)，「容易さ」
(facilité)，「可能性」(possibilité)，「確からしさ」(probabilité) 等々である．こ
れらの用語は『ポール・ロワイヤルの論理学』でも用いられていた．ライプニッ
ツはそれらを例えば次のように使用する．二人が賭けを行い，5 回勝ったとき
に賭け金を得られるとする．一方の人物（「私」）が 3 回，相手が 1 回勝ってい
る場合と，一方が 2 回，他方が 0 回勝っている状況が同じでないことを引き合
いに出す．

> 最初の場合には賭け金の $\frac{3}{4}$ が私のものである．第 2 の場合には賭けに勝
> つためには私には 3 回必要であり，最初の同等の状態に戻るには 2 回し
> か負ける必要がない．ゆえに，$\frac{a}{2}$ 稼ぐ見込み (apparence) 対稼ぎ 0 であ
> る見込みは 2 対 3 である[52].

ここで説明されるライプニッツの論理そのものは誤りである．ライプニッツは
「勝つ見込み対負ける見込みは，勝たねばならない回数対〔同等になるのに〕負
けなければならない回数の逆比になる」という考えにもとづいている[53]．さ
らに賭けに勝つのに必要な回数が p，賭け金 a，1 回勝つごとに勝者は l だけ稼
ぐ（すなわち $p-1$ 回で $a-l$ を争う）と設定するとき，ライプニッツは次のよ
うに述べる．

> ここで奇妙なことを考えなければならない．すなわち，この条件が承認
> されるとき，もし生じた一つの場合が私に同じように勝負しようとする

---

(52) *Ibid.*, pp. 117f.
(53) パスカルが『数三角形論』(Traité du triangle arithmétique) の中で得た結論を我々の記
号で表すと次のようになる．賭けに最終的に勝つまでに A は i 勝，B は j 勝不足しているときに，
A が得る分け前の全体に対する比の値は，

$$\left(\frac{1}{2}\right)^{i+j-1}\left(_{i+j-1}C_0 + _{i+j-1}C_1 + _{i+j-1}C_2 + \cdots + _{i+j-1}C_{j-1}\right)$$

となる．したがってそのパスカルの定式化によれば，引用文中の前者の場合に「私」は全体の賭け
金の，

$$\left(\frac{1}{2}\right)^{2+4-1}\left(_5C_0 + _5C_1 + _5C_2 + _5C_3\right) = \frac{26}{32}$$

を得る．また後者の場合の「私」の取り分は，

$$\left(\frac{1}{2}\right)^{3+5-1}\left(_7C_0 + _7C_1 + _7C_2 + _7C_3 + _7C_4\right) = \frac{99}{128}$$

となる．

ことを妨げるとしても，私には何らかのものが属するのである．なぜな
ら私にはつねに既得権があり，私が勝つことは可能 (possible) だからで
ある．また私が 5 回連続で勝つ確からしさ (probabilité) と，1 回だけ負
ける確からしさとを算定する (estimer) ことは同じ程度難しい．1 回目の
勝負で，私が負けるのも勝つのも同じように確からしい (probable) から
である．したがって，一方の私の相手にとっても確からしさは，また不
確か (incertain) なのである[54].

上記の引用を見るならば，ライプニッツはこの段階ではいまだ「確からしさ」
を算定するための具体的な定式化は明らかにしていない．ただホイヘンス（ま
たはパスカル）の前提を出発点にしながらも，ある事象が生じることの可能性
とその確からしさの等しさに言及せざるを得なくなっている．ここに我々は期
待値計算を第一義にした議論と，「確からしさ」を主体にした理論構築との過渡
的状況を見ることができるだろう[55].

　ハノーファー期になってからの草稿「不確かさの算定について」（1678 年 9
月執筆）については，すでに 1.2.3 項で紹介済みである．ここでもライプニッ
ツはまた「公平さ」を出発点にする（「公平なゲーム (justus ludus) とは期待
(spes) と不安 (metus) の両方が同じ比である場合に限る」とライプニッツは記し
ている）[56]．その上で「期待」，「確からしさ」を数学的に定義づけようと試み
ている．この二つの語は，1.2.3 項で見たようにライプニッツの法学研究の中で
用いられていたものである[57]．賭けなどのゲームを想定しつつ，ここでライ
プニッツは期待を算定することを打ち出す．端的にそれは賭け金が置かれてい
るときに「個々の人の賭け金の取り分」(virilis portio sortis) と考えられる．加
えて次のように述べている．

　　期待の算定に関する限り，どこから賭け金がもたらされるかはまったく関
　　係ない（なぜならそれは損失の不安にも関係しているからである．賭け金が
　　ないときは，0 になる）．ゆえに，賭け金で分け前が作られ，他方各々の取

---

(54)　[Leibniz EA], pp. 128f.
(55)　本文中の引用（注 (54)）中に使われた 'probabilité' という語は 'apparence' に比べて，勝
つ場合も負ける場合も両方を想定している点で一般性を持っている．こうした用語と連動して，ラ
イプニッツの議論の中で，「公正さ」とは独立に「等確率性」(équiprobabilité) が議論の前提とし
て仮定されるようになる．*Ibid.*, p. 129, n. 109, 111 参照.
(56)　[Leibniz A], VI-4A, S. 92.
(57)　1.2.3 項注 (68), (73) 参照.

3.1　代数学，確率論，位置解析研究　　*107*

り分が期待の算定であるので，あった分に応じただけの期待があるだろう(すなわちどれだけ各々が〔賭けのために〕用意したかが問題である)[58].

　すなわち具体的な賭けの状況において，「取り分」を算定する際，値 0 をも含んだ抽象化が行われている．さらに「確からしさ」という語については，この草稿では賭けで儲けを得るだけでなく，損することも含めて事象の可能性を一般的に表す語へと変化している．先の 1676 年 1 月 7 日付草稿でも変化の兆しが窺えたが，ここではさらに明確になった．つまり再述するならば，「確からしさは可能性の度合である」[59]．以上のように「期待」，「確からしさ」という語の意味が定められた上で，両者は関係づけられる．

　　　期待とは〔何かを〕得る確からしさである．不安とは〔何かを〕失う確か
　　　らしさである[60]．

結局，パスカルまたはホイヘンスと違い，(我々の語でいう) 期待値の前に，より一般的抽象的概念となった「確からしさ」が挟み込まれているのである．これが前二者に対するライプニッツの固有の視点である．これは「公平さ」という，法学上の概念をもとに理論を構築するよりも，演繹的な数学的体系を作る上で，「確からしさ」を公理的に定義づけた議論の方が，有効に機能するという発想が結びついたのである．17 世紀半ばまでの一般的な数学上の理論構成の例と，ライプニッツ自身の旧来の問題意識が，独自の形で融合したと見ることができるだろう[61]．ライプニッツの確率論を考える上で，忘れてはならないポイントである．

　ライプニッツは起こり得る出来事の数 (numerus eventuum) が n，特定の事象によって得られる値を R とするとき，期待 S を定式化する[62]．すなわち

$$S = \frac{R}{n} \tag{3.25}$$

である．さらにより一般的な定理を提示する．

---

(58)　[Leibniz A], VI-4A, S. 92.
(59)　1.2.3 項注 (74) 参照.
(60)　[Leibniz A], VI-4A, S. 94.
(61)　そもそもライプニッツには法学上の研究を通して，確からしさは複数の存在を前提に，特定の事象の容易さによって定まるという把握があった (1669–71 年頃執筆の草稿「自然法原論」中の言明，すなわち 1.2.3 項注 (73) 参照．さらには法学上の用法は同項注 (75) を参照).
(62)　1.2.3 項注 (77) 参照.

108　　第 3 章　ハノーファー時代における研究の展開

すべての出来事のうち，いくつかは事象 A を，別のいくつかは事象 B
を，そして残りは事象 C を与えるとする．期待全体は，与えられ得る出
来事の数において個々の事象から集められたものを，あらゆる可能な事
象の数によって割ったものである．ちょうどもし事象 A で与えられる出
来事の数が α であり，事象 B で与えられるのが β であり，事象 C で与
えられるのが γ であり，あらゆる出来事の数を n とするならば，

$$\text{期待 } S = \frac{\alpha A + \beta B + \gamma C}{n} \tag{3.26}$$

であろう[63].

ライプニッツは「もし諸々の出来事が同じように容易である」(Si eventus sint
aeque faciles, …) と仮定した上で式 (3.25)，(3.26) を作る．現象そのものを
抽象化し，「確からしさ」が均等であることを基礎にしているのである[64].

　通常の数学史では，1713 年に刊行されたヤーコプ・ベルヌーイの『推測術』
(*Ars conjectandi*) が，確率論形成の一つのマニフェストであるとされる．確率
論が理論として整備されていく上での転機をヤーコプ，ニコラウスの両ベルヌー
イ以降に求めることは正当性のあることである[65]．ヤーコプ・ベルヌーイの
『推測術』の内容を見るならば，ライプニッツの発想との対応は容易に見いだす
ことができる．例えば，『推測術』第 4 部第 1 項では「事象の確実性 (certitudo)，
確からしさ (probabilitas)，必然性 (necessitas)，偶然性 (contingentia) につい
てのある種の前提」と称して，以上の四つの項目を定義する．事象の確実性とは
「客観的に (objectivè) それ自体において考察される．実際，事象の存在あるいは
(futuritio) の真理以外の何ものも意味しない．あるいは主観的に (subjectivè)，
我々に対して順序立てて考察される．そしてまたその事象の真理に関する我々
の認識の度合に存する」とされる．そして確からしさは「確実性の度合であ
る」(Probabilitas enim est gradus certitudinis) と定められる[66]．これはライ

----

(63)　[Leibniz A], VI-4A, S. 96f.

(64)　ティルーアンはパスカルの分け前の問題の中で，パスカルが「一つの出来事の確からしさ，
それ自体には関心がない」とするのに対し ([Thirouin 1991], pp. 115f)，シュヴァレーはその正
当性を認めながらも「可能な場合全体を抽象化することへの移行と，可能な場合に対する好都合な
場合の関係についての計算が，確からしさの数量化の出現には決定的である」としてパスカルの先
駆性を擁護している ([Chevalley 1995], p. 99, n. 2). シュヴァレーの説は，むしろライプニッツ
にこそ当てはまるように見える．

(65)　[Daston 1988], p. 34. またハルドは 1708–18 年を，確率論形成における「大躍進」(The
Great Leap Forward) と呼んでいる．[Hald 1990], p. 191.

(66)　[Bernoulli WJK], III, S. 239f. ド・モアブルの論文「分け前の大きさについて，あるいは偶

3.1　代数学，確率論，位置解析研究　　*109*

プニッツが「確からしさは可能性の度合である」としたことに対応する定義である.

　ライプニッツは 1697 年 2 月 16 日付のヨハン・ベルヌーイからの書簡によって, ヨハンの兄 (ヤーコプ) が長年にわたって『推測術』という名の書物の執筆に取り組んでいることを知る[67]. その後ライプニッツは, 1703 年からヤーコプ・ベルヌーイの没年 (1705 年) にかけての書簡において, ヤーコプの書物の内容 (確からしさの算定に係わる思考過程) を知ろうとしている[68]. しかし両者の間で十分な議論が展開されないまま, ヤーコプの死を迎えてしまった. ライプニッツとヤーコプ・ベルヌーイのこの確率論に関する影響関係は, 一方通行的なものを想定することはできない. 両者の研究はおおむね独立して行われていたと考えられるからである. ライプニッツ自身, 1714 年 3 月 22 日付のブールゲ宛書簡において, 推測術 (L'art de conjecturer) の発展史を簡潔にまとめている. それによると, メレ, パスカル, フェルマー, ホイヘンス, デ・ウィット, フッデという名に加えて「故ベルヌーイ氏は*私の勧めにもとづき*こうした題材に励んだのでした」(強調は引用者) と述べている[69]. またライプニッツは 1708 年 6 月 27 日付のヨハン・ベルヌーイ宛書簡において, 同年のモンモールの著作の出版にもかかわらず, ヤーコプの死後, 未出版のままに終わってしまった上記の著作の価値は失われないだろうと伝えている[70].

　フェルマー, パスカル, ホイヘンスからベルヌーイへと至る 17 世紀の確率論形成史の中に, ライプニッツを中間的な位置に置くことは可能だろう. ライプニッツの「確からしさ」に対する発想は, パリ時代以前の法学研究上の思想との連続性を保ちつつ, より数学的な定式化を試みようとしたものと評価できるからである. と同時にライプニッツ個人の思想の流れの中に, この「確からし

発的な場合に依存するゲームにおける出来事の確からしさについて」(De mensura sortis seu, de probabilitate eventuum in ludis a casu fortuito pendentibus) (1711 年刊) の中にも『推測術』同様, 注目に値する「確からしさ」の定義を見ることができる. 論文の冒頭でド・モアブルは, 「もし p がある出来事が起こり (contingere) 得る場合の数であり, q は起こり得ない (non-contingere) 場合の数とするならば, 起こること同様, 起こらないことで出来事の確からしさのその度合を得る. ここでもし出来事が起こり得るもしくは起こり得ない, あらゆる場合が等しく容易であるならば, 起こる確からしさ対起こらない確からしさは p 対 q であろう」と述べている. [De Moivre 1711], p. 215.

(67)　[Leibniz GM], III/1, S. 367.

(68)　例えば [Leibniz GM], III/1, S. 71, 83f. ヤーコプに対するライプニッツの具体的意見の表明は, 1.2.2 項注 (74) を参照.

(69)　[Leibniz GP], III, S. 569f.

(70)　[Leibniz GM], III/2, S. 836.

110　　第 3 章　ハノーファー時代における研究の展開

さ」の研究をある一貫性を持って捉える必要性も主張したい[71].

さらに確率論に係わる問題で，より社会的な要求に即した問題に対するライプニッツの取り組みを簡単に眺めておこう．それは「年金計算」である．17 世紀にヨーロッパ諸国で発展した，応用数学の一分野であり，すなわち統計学のはしりとなるものである．人口調査，死亡数表，保険年金などの経済活動への実用を目標とする数学にライプニッツも関心を寄せていた．主にイギリス，オランダで発達した分野であるが[72]，内容的には，ある年齢に対する死亡率と保険の賭け金，または受取額をどのように計算するかということである．

草稿「終身年金の算定について II」(De aestimatione redituum ad vitam II)（1680–83 年執筆）では，最大 80 年の余命を仮定した上で，平均余命 (spes viviendi)，または生まれた子供の推定寿命 (anni praesumtiviunius infantis recens nati) を次のように計算する．

$$平均余命 = \frac{1+2+3+4+5+\cdots+79}{80} = 39 + \frac{1}{2}. \tag{3.27}$$

さらに現在の年齢を a とするとき，平均余命 $= \frac{79-a}{2}$ とする[73]．この式 (3.27) を見れば明らかなように，個々の事象（人が 1 年ごとに亡くなること）の確からしさが，各々等しいことを前提としている．ライプニッツの議論はその意味で首尾一貫したものである．またほぼ同時期に執筆されたと推定される草稿「寿命について II」(De longaevitate II)（1680–83 年執筆）では，さらに複雑な場合が考察されている．すなわち，複数の人間に対する平均余命を計算している．実際，次のように定式化する（テキスト通りに示す）．

$$二人の場合 = \frac{1.1+2.2+3.3+4.4+5.5+\cdots+79.79}{80.79:2} = \int \frac{x.\overline{x}}{80.79:2} \tag{3.28}$$

$$\left(x.x = \overline{x}.x - 1 + 1.\overline{x}, \int x.x = \frac{x+1.x.x-1}{3} + 1\frac{x+1.x}{2} \right).$$

---

(71) ダストンもヤーコプ・ベルヌーイへのライプニッツの影響を考慮している．そこで根拠にしているのは『人間知性新論』の記述である ([Daston 1988], pp. 44f)．しかし我々は，ハノーファー期の初期における草稿の内容にベルヌーイへの影響を与える発想があったことを確認した．

(72) この分野に貢献のあった数学者の名を挙げると，グラウント，ペティ，ハリー，ド・モアブル，デ・ウィット，ホイヘンス，そしてニコラウス・ベルヌーイである．[Hald 1990], chapter 7–9 参照．

(73) [Leibniz VF], S. 450, 452.

3.1 代数学，確率論，位置解析研究　　*111*

$$\text{三人の場合} = \frac{2.2.1 + 3.3.2 + 4.4.3 + \cdots + 79.79.78}{80.79.78 : 3} = \int \frac{x.x.x - 1}{80.79.78 : 3}. \tag{3.29}$$

$$\left(x.x.x - 1 = \overline{x.x - 1}.\overline{x - 2} + \overline{2x.x - 1}, \right.$$

$$\left. \int x.x.x - 1 = \frac{x + 1.x.x - 1.x - 2}{4} + 2\frac{x + 1.x.x - 1}{3}. \right)$$

ここでライプニッツが用いている記号 $\int$ は，我々の $\sum$ に相当する．これらの式 (3.28)，(3.29) においても，事象の確からしさが等しいことを前提に，組み合わせの応用問題として解決されていることがわかる．ライプニッツは式 (3.27) でも求めた一人の場合，$39 + \frac{1}{2}$ に加えて，次のように二人，三人の場合を提示する．

$$\text{二人の場合} = \frac{2 \cdot 78}{3} + 1 = 53, \ \text{三人の場合} = \frac{3 \cdot 77}{4} + 2 = 59\frac{3}{4}.$$

そして議論の一般化を試みる．

$$n \text{ 人の場合} = \frac{n \cdot (80 - n)}{n + 1} + n - 1 = \frac{80n - 1}{n + 1}. \tag{3.30}$$

ライプニッツのこの定式化は，我々のいう「一般形」あるいは「一般項」という捉え方の提示と考えてもよいだろう[74]．後にオイラーがその著書『無限解析入門』(*Introductio in analysin infinitorum*) で明示する，「一般項」(terminus

---

[74] *Ibid.*, S.496, 498. ライプニッツの計算を現代的な記号で再構成すると次のようになる．

$$(n \text{ 人の場合の}) \text{ 一般公式} = \frac{\sum_{x=1}^{x=79} x_x C_{n-1}}{{}_{80}C_n}$$

一方，

$$\sum x = \frac{(x + 1)x}{2}, \sum x(x - 1) = \frac{(x + 1)x(x - 1)}{3},$$

$$\sum x(x - 1) \cdots (x - n + 2)(x - n + 1) = \frac{(x + 1)x(x - 1) \cdots (x - n + 2)(x - n + 1)}{n + 1},$$

$$xx(x-1) \cdots (x-n+2) = x(x-1) \cdots (x-n+2)(x-n+1) + (n-1)x(x-1) \cdots (x-n+2)$$

が成り立つことをふまえ，分子，分母を計算してライプニッツの結果，式 (3.30) を得る．

$$\text{分子} = \left\{ \frac{(79 + 1)79(79 - 1) \cdots (79 - n + 2)(79 - n + 1)}{n + 1} \right.$$

$$\left. + \frac{(n - 1)(79 + 1)79(79 - 1) \cdots (79 - n + 2)}{n} \right\} \times \frac{1}{(n - 1)!}$$

generalis) の概念へと至る過渡的段階がここに現れているように考えられる[75]. こうした成果は，やはり生前に公刊されることはなかった．したがって影響力を及ぼすには至らなかったのである[76].

　ライプニッツ自身は，この確率論に関する研究に満足していなかった．彼は後年の著作，例えば『人間知性新論』の中で一般的な学問的方法論を展開する．それはけっして「理論のための理論」といった具体性の乏しいものではなく，社会における実践的活動をも視野に入れていた．数学の証明の持つ，（相対的な）厳密さと明証性を，広く社会的事象に活用しようという同時代の思潮をライプニッツは共有していたのである[77]. 本項で考察した確からしさの議論や年金計

$$= (79+1)79(79-1)\cdots(79-n+2)\left\{\frac{(79-n+1)}{n+1} + \frac{n-1}{n}\right\} \times \frac{1}{(n-1)!}.$$

$$分母 = \frac{(79+1)79(79-1)\cdots(79-n+2)}{n!}.$$

[75]　オイラーは級数 $A + Apz + Ap^2z^2 + Ap^3z^3 + \cdots$ の一般項を Ap^nz^n と記号表示するにあたって，「この表わし方は『一般項』と呼ばれる習わしになっている．なぜならその式から，n の場所に次々とあらゆる数を代入することによって，すべての級数の項が生まれるからである」とその意味するところを明示的に述べている．[Euler 1748], I, p. 177. 邦訳 [オイラー 2001], 197 頁.
[76]　1713 年に第 2 版が出版されたモンモール『賭け事に関する解析試論』(*Essay d'analyse sur les jeux de hazard*)（初版 1708 年刊）の緒言において，前世紀からの理論的発展史が記されている．モンモールはパスカルとフェルマーの往復書簡（1654 年），ホイヘンス（1657 年），ヤーコプ・ベルヌーイ（1685 年，1690 年），ニコラウス・ベルヌーイ（1709 年），ド・モアブル（1711年）といった著作，論考に言及する．またライプニッツの名も挙げられている．モンモールはまずライプニッツの生前出版された唯一の単行書『弁神論』(*Essais de Theodicée*)（1710 年刊）を引用している．その著作の冒頭に置かれた「理性と信仰の一致についての緒論」中の記述にふれ，「本当らしさの重み (le poids des vraisemblances) を決定するはずの論理学について，まだ誰も考えようとはしないが，それは熟慮すべき重要性において必要なものであろう」とライプニッツが述べている（[Leibniz GP], VI, S. 68, 邦訳 [ライプニッツ 1990a]，72 頁）ことを紹介している．さらにモンモールは，ライプニッツの二つの公刊された論文も紹介している．一つは 1683 年に『学術紀要』誌に発表した論文「簡単な中間利益に関する法学的・数学的考察」(*Meditatio juridico mathematica de interusurio simplice*)，もう一方は 1710 年にベルリン学術協会の紀要に発表された論文「あるゲームに関するノート，とりわけ中国のゲームについて $\cdots$」(*Annotatio de quibusdam ludis, in primis de ludo quodam Sinico* $\cdots$) である．前者はある年数の期限付きで支払われる年金の現在の時点での額を計算する問題を扱っている．後者はモンモールによれば「学識ある人〔ライプニッツ〕が我々のチェス (nos Echets) と大いに関係する中国のゲームについて語っている．彼は結局フランスで 12–15 年前に流行したソリテール (le Solitaire) という名のゲームについての問題も提示している」という内容を持つ．モンモールは刊行された論文の内容にライプニッツの聡明さを見抜いていた．[Monmort 1713], pp. XXv-XLi.
[77]　[Elster 1975], p. 144. 1697 年 2 月 11 日付のバーネット宛書簡の中で，ライプニッツはバーネットの同国人のニュートン，ウォリスの名を挙げて，「彼らの思考によって大衆を豊かにすることはすばらしいことでしょう」と述べている．その一方で，「私は経済的政治的分野への数学の応用 (l'application des Mathematiques aux matieres oeconomico-politiques) を気づかせてくれた故ペティ氏の思考を，かつて大いに称賛しました」と自分自身の関心のありかについて語っている．[Leibniz GP], III, S. 190.

3.1　代数学，確率論，位置解析研究　　*113*

算は，その一つの試みにすぎない[78]．ライプニッツは我々のいう社会科学の分野までも視野を広げた上で，体系化された学問が備えるべき一般的有効性を確認しようとしたに違いない．したがってライプニッツはその取り組みが中途半端に終わってしまっていることを，『人間知性新論』やその他の草稿・書簡の中において繰り返し問題視することになるのである[79]．

3.1.3　新幾何学としての位置解析

1679 年以前の取り組み

我々は 1.2.2 項で，パリ時代以前の法学研究の中に，ライプニッツが独自の証明論を展開している様子を見た．ライプニッツが進んでいく過程において，「論証の確実性」の追求という大きなテーマがあった．数学上の著作でありながら，一つの学問的規範として存在していたユークリッド『原論』は再検討の対象とされた．その論理構造において定義 → 公理・公準 → 命題（証明すべき対象）という流れが見直されるのである．特に公理・公準として前提されたものをことごとく証明の対象にしてしまい，理想的には同一律（A=A）のみを仮定する，論証の体系化と実践という構想をライプニッツは抱くに至った．理論としての成功，不成功はさておき，ライプニッツのユークリッド批判と改革はパリ時代を経てハノーファー期，晩年までほぼ一貫した学問的動機として持続し続けたといってさしつかえないだろう．

他方，ライプニッツには別の動機もあった．それはデカルトの数学を批判的に乗り越えることである．ライプニッツは学問的活動を始めた当初から，スホーテン版ラテン語訳『幾何学』第 2 版（1659–61 年刊行）に親しんでいた．パリに滞在し本格的な数学の研究を志してからも，デカルトの著作は接線法など無限小解析の分野の発展や方程式論の虚根の扱い，高次方程式の解法に関する研究の基盤となっていた．ライプニッツが幾何学の分野で貢献しようとするときに，デカルト『幾何学』はまた新たな問題を与えることになる．すなわち，幾何学における伝統的概念である「解析」（幾何学的解析）とヴィエト，デカルト流代数解析，双方の不備を補う新しい解析の手法の模索である．我々は本項

---

(78) ライプニッツは保険に係わる問題も論じている．保険制度の基盤として，個人のレヴェルでは知り得ない未来の予測を集団の中の一員として可能にする必要がある．そこに「確からしさの論理学」＝確率論の適用する余地がある．佐々木能章はライプニッツの保険論には，「共同体を運営する論理が個人と集団との間にどのように設定されるべきかという問題意識が働いている」と指摘している．[佐々木（能）2001]，87 頁．

(79) 4.1.1 項注 (33) 参照．

114　　第 3 章　ハノーファー時代における研究の展開

で晩年に至るまでの草稿の分析を通じて，ライプニッツ流幾何学「位置解析」(analysis situs) に関する発想を追究することにしたい．

現在公刊されている資料によれば，ライプニッツの幾何学の分野への取り組みが熱を帯びるのは 1679 年になってからである．しかしパリからハノーファーへと活躍の舞台が移る間も，ライプニッツの脳裡から新幾何学の構想が離れることはなかったようである．1678 年 12 月 19 日付のガロワ宛書簡には彼の意図するところが十二分に語られている．

> 私は幾何学において，何よりも適当な作図を見いだす方法のみ，ほとんどそれだけを探究しています．私はだんだんと代数学はそれに達する自然な方法ではないと考え，また線に対する固有な，そして線による解にとって自然な，他の記号法を作る方法があると考えています．代数学は，たとえいまだに皆に知られていない多くの巧妙さがあるとはいえ，すべての量に対して共通であるのにもかかわらず，常に計算から作図を引き出すために強いられる回り道や操作があると思います．もし幾何学の記号法が，私がそうなるだろうと考えるように確立されるならば，代数学同様，可能な限り目指すところへまちがいなく導いてくれるでしょう．線による方法や純粋に幾何学的な方法によってのみ解を求める，通常の幾何学の巧妙さはまさに限定され，まれにしか成功しません．反対に代数学は，たとえ解がいつもは非常に短いわけでもなく，計算の方法が極めて自然だというわけでもなく，幾何学の方法のように途中で精神を照らすのでもないのに，それは常に問題の解に達するのです．しかしあらゆる場合の解に達するのは，ヴィエトやデカルトの代数学ではありません．なぜならそれらは直線的な幾何学の問題に対してのみ，都合よくいくものだからです[80]．

ライプニッツの新幾何学の内容は，代数学の持つ形式的な計算による解への到達可能性を最大限活かし，他方，古典的な幾何学的解析に必要な作図を「計算から引き出す」ための十全な記号法の整備ということになろう．結果的に以降のライプニッツの試行錯誤は，以上の意図の実現に向けたものである．この新幾何学構想をより詳しく理解するために，我々は 1679 年の代表的草稿を分析することにしよう．

---

(80) [Leibniz A], III-2, S. 566f.

3.1 代数学，確率論，位置解析研究　　*115*

草稿「幾何学的記号法」(1679 年)

我々が手にすることができる 1 次資料によれば，ガロワ宛書簡で述べられた新幾何学に関する草稿は 1679 年以降に多く残されている．中でも 1679 年 8 月 10 日の日付を持つ草稿「幾何学的記号法」(Characteristica geometrica) と 1679 年 9 月 19 日付のホイヘンス宛書簡の二つは注目に値する．前者は 1679 年に残された多くの草稿の中でも最大の分量を持ち，ライプニッツの意図することが多く盛り込まれている．また後者は彼の数学上の師に対して理解を求めるために，最も整理された記述を見ることができるからである．

本項では先のガロワ宛書簡で語られていた，いくつかの論点との対応を見いだしておこう[81]．

すなわち，今一度ガロワ宛書簡中の主旨を列挙すると次のようになる．

1) 代数的計算によって作図を引き出す（ギリシア以来の伝統的幾何学的解析との対応）[82]．
2) 上を容易にするための新しい記号法の考案．
3) 直線的な幾何学以外への適用（ヴィエト，デカルトとの差異）．

無論，元来のユークリッド『原論』批判から生まれた証明論の観点，特に幾何学的対象の再定義も上の三つに付随する[83]．

草稿「幾何学的記号法」では図形の「合同」が最重要概念となる．合同とはすなわち，次のように定義される．

> もし二つのものが確実に一致しない，すなわち同時に同じ位置を占めることがないとしても，それ自身で見て互いに何の変化 (mutatio) もなしに，一方の位置を他方へと置換できるならば，そのときそれら二つのものは合同であるという[84]．

さらに新しい記号も与えられる．図 3.2 (A) で AB と CD は合同である．ま

---

(81) 草稿「幾何学的記号法」の内容に対するより詳細な検討は他に譲る．[Hayashi 1998], pp. 54–61 参照．
(82) 古典的な幾何学的解析では総合的証明の際に，必要な補助的な作図を見いだすことが必須の作業であった．具体例は [Hintikka and Remes 1974], chapter III, V–VI 参照．
(83) 澤口昭聿はライプニッツの位置解析を論理学の観点に引きつけて解釈し，「証明論の見地で位置解析を見るのが最も適切であろうと思われるのである」と述べている（[ライプニッツ 1988], 382 頁）．確かに我々も 1.2.2 項，また本項の冒頭でそれが重要な一因であることを確認した．しかしハノーファー期に至り，数学的素養を身につけたライプニッツにとって，「証明論の見地」のみが唯一の動機ではない．したがって我々は以下で，位置解析の技法的な側面にも目を向けたい．
(84) [Leibniz CG], p. 172（図 3.2 (A) は *Ibid.*, p. 170）．邦訳 [ライプニッツ 1988], 331 頁．

116   第 3 章 ハノーファー時代における研究の展開

た空間内に四つの点が配置されているときも，（線を仮想すれば）同様に合同であることが考えられる（図 3.2（B）参照）．このとき

$$\text{A.B. } \gamma \text{ C.D.}$$

と表す．図形同士の関係概念としてライプニッツは，他に「一致」（図 3.2（A）の A と C），「相等」（＝量の変化なしで必要な変形を行って合同にできる，図 3.3 の ABCD と EGFG 参照），「相似」（＝「それ自身において考察された個々のものが区別することができない」，図 3.4 参照）も導入する[85]．特に「相等」でかつ「相似」であるときが，「合同」な場合である．そしてこの草稿では合同の記号 'γ' を含んだ式を立て，その形式的な変形によって幾何学的性質を見いだすこと，さらにある種の方程式，すなわち図形上の任意の点を X または Y とするとき，X または Y を含んだ式によって図形を解析的に表示することなどが様々試みられるのである．例えば空間内に 3 点 A，B，C があるとき，

$$\text{A.B.C. } \gamma \text{ A.C.B.} \Rightarrow \text{A.B. } \gamma \text{ A.C.} \tag{3.31}$$

が成立する．なぜなら式 (3.31) の左辺は

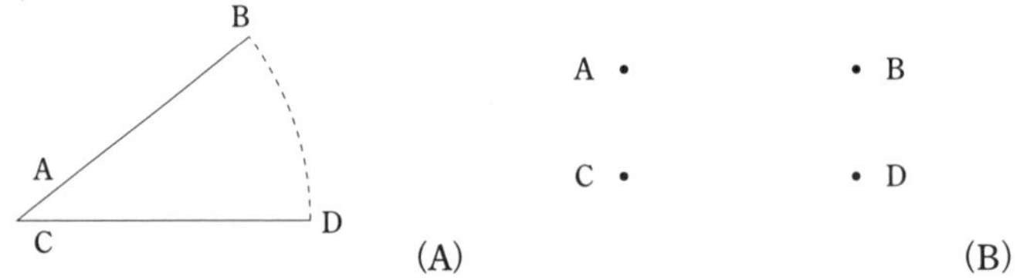

図 **3.2** 草稿「幾何学的記号法」より

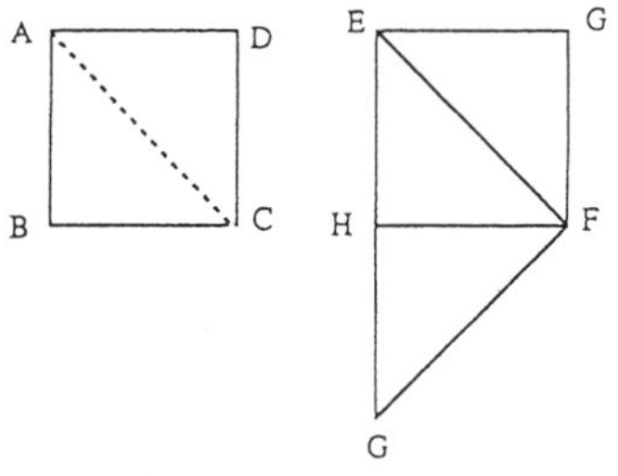

図 **3.3** 草稿「幾何学的記号法」より 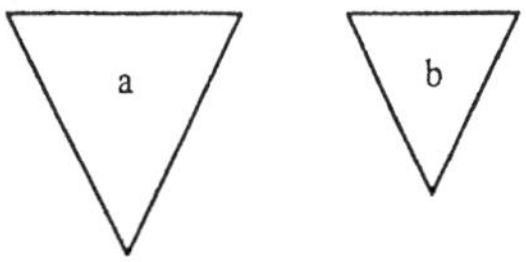　図 **3.4** 草稿「幾何学的記号法」より

---

(85) *Ibid.*, pp. 170ff, 182ff. 邦訳，331，336 頁．

3.1 代数学，確率論，位置解析研究　　*117*

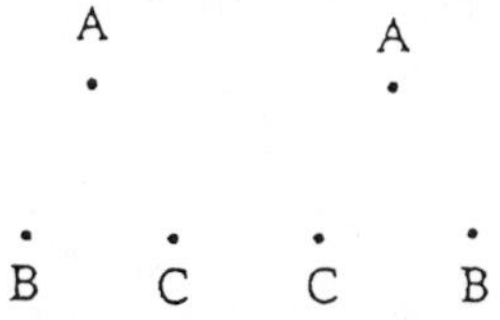

A.B. γ A.C., B.C. γ C.B., A.C. γ A.B.

を意味し，自明なものを取り除くと式 (3.31) の右辺になるからである．つまりこの式 (3.31) は二等辺三角形を与える式となっていると理解できよう（図 3.5 参照）[86]．さらに同様に空間内に 3 点 A，B，C があるとき，

$$\text{A.B.C. } \gamma \text{ A.B.}_z\text{Y.} \tag{3.32}$$

図 3.5 草稿「幾何学的記号法」より

を満たす点の集まり $_z$Y は一つの線を形成する．これをライプニッツは「円形線」(linea circularis) と呼ぶ（図 3.6 参照）[87]．かくして円の定義と作図が，同時に式 (3.32) によって達成されることになるのである．

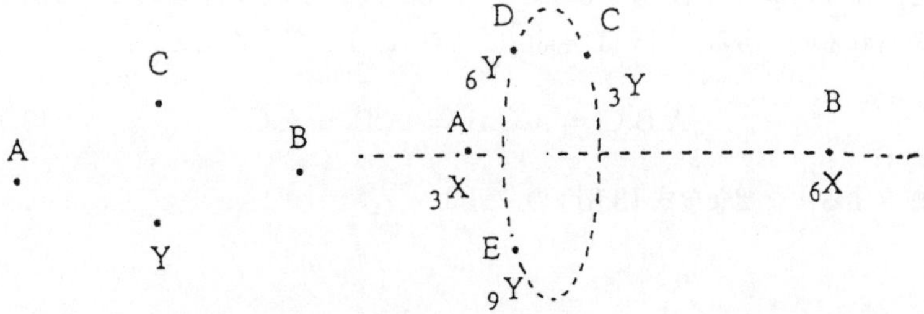

図 3.6 草稿「幾何学的記号法」より

　以上のような幾何学の意図は何であったのか？　一つは記号表現の対象を拡張することである．旧来の代数解析では記号はあくまで量を代替するものであった．そのため「点の位置自体を表さない」．さらにその第一の意図に付随して，形式的な計算の運用による図形の解析的な表現を提示することが挙げられる．従来の幾何学に欠けるものをライプニッツは次のように指摘する．

> どのような図形が得られるかを，計算によって表示することは大変に困難である．したがって計算によって発見されたものを，図形において作り出すことは一層困難である[88]．

---

(86) [Leibniz CG], p. 194. 邦訳，342f 頁.
(87) *Ibid.*, pp. 206ff. 邦訳，348f 頁.

B.C. γ B.$_z$Y, A.C. γ A.$_z$Y

より空間内の異なる 2 点から支えられる形で円が浮かび上がってくる．
(88) *Ibid.*, p. 144. 邦訳，319 頁.

118　　第 3 章　ハノーファー時代における研究の展開

確かに式 (3.32) における点 $_zY$ は位置を表示しており，また式 (3.31) は矢印の左側の計算が二等辺三角形という図形の表示を果たしていた．上記の引用中の「困難」は一応克服されている．さらにライプニッツは古典的な幾何学を射程に入れて，次のように述べる．

> 我々が『原論』〔の定理〕を我々の記号によって証明しようとするならば，直ちに同じ労力で線による作図と証明を示すような，問題の解を容易に発見する方式 (modus inveniendi) を捉えることができるだろう．反対に代数学者たちは未知量の値が見いだされたときに，さらに作図について考えなければならず，作図が得られたならば線による証明を求めるのである．したがって証明と作図が線によるもので，あらゆる計算において取り出され，はるかに簡略なものになるならば，たしかに線による発見が与えられなければならない．そう人々が考えなかったことが私には驚きである．実際，代数的総合に劣らず，線による〔総合〕においても，後退 (regressum) が与えられなければならないからである．他方，なぜ線による解析が今まで捉えられなかったかという理由は，点の位置自体を直接表現する記号法が，いまだに発見されなかったからに他ならず，それに疑いをさしはさむ余地はない[89]．

「点の位置自体を直接表現する」ことこそ，まさにライプニッツが自身の新幾何学を「位置解析」(analysis situs) と呼ぶ理由に他ならない．加えて式 (3.32) によって定義される線（円）の定義自体が，ライプニッツによればユークリッドのそれよりも優れている．なぜならユークリッドは『原論』第 1 巻で円を定義する際に，直線と平面を必要とした[90]．しかしライプニッツの場合には「どんなものであれ確固とした線 (rigida linea) が採用され，その線の中に二つの点が取られ，それらが不動のときに，線自体あるいは少なくともその線のある点が動かされさえすればうまくいく」のである[91]．無論ライプニッツとて上の記述を見るならば，ユークリッドが前提しなかったこと，すなわち空間内の点の連続的移動や軸になる直線の回りの回転といった，新たな想定を必要としている．実際，この草稿「幾何学的記号法」の後半は，そのような運動を公理と

---

(89)　*Ibid.*, p. 148. 邦訳，320f 頁．
(90)　ユークリッド『原論』第 1 巻定義 15 では「円とはただ一つの**線**に囲まれた**平面図形**で，その内部にある唯一の点から交点へと引かれたあらゆる線分が互いに等しいものである」（強調は引用者）と定義されている．[Euclid 1990], p. 162. 邦訳 [ユークリッド 1971], 1 頁．
(91)　[Leibniz CG], p. 208. 邦訳，349 頁．

3.1　代数学，確率論，位置解析研究　　*119*

して導入する試行錯誤が繰り返されている[92]. 我々の目から見れば, ライプニッツがユークリッド『原論』で巧妙に避けられていた問題にあえて首を突っ込んでしまったという感も否めない. ユークリッドが暗黙の前提にしていたことや, 実際の構成において回避していたことを顕在化させることが当初からの目標であったとはいえ, そのために, 例えば運動の連続性や, そもそもどのような運動を導入すれば十分であるかという, 新たな問題を背負い込んでしまったのである. 無論そうした問題が, この草稿の中ですべて解決されるわけではない. 新幾何学の構想と着眼は非常に独創的であったものの, 一つの理論的体系に作り上げられるまでには, まだ多くの困難が残ったままである.

ホイヘンスとの交信

1679 年 8 月の段階で, ライプニッツの新幾何学の骨子はまとまりつつあった. ライプニッツはそれを彼の数学上の師であるホイヘンスに知らせ, 批評を仰ぐことにする. この話題に関して, 両者の間で行われた書簡のやりとりは次の通りである (L はライプニッツを, H はホイヘンスを表す).

1) L→H：1679 年 9 月 19 日付
2) H→L：1679 年 11 月 22 日付
3) L→H：1679 年 11 月終わりから 12 月初め
4) H→L：1680 年 1 月 11 日付
5) L→H：1680 年 1 月 21 日付

ホイヘンスはライプニッツの新幾何学に対し, 理解を示すことは少なかったようである. やはり両者の抱いていた幾何学観の違いが影響したと考えられる. ライプニッツの目指していた新幾何学の特徴は, 記号を単に量のみならず位置にも適用し, それを用いた形式的計算によって図形の諸性質を導き, 作図までも取り扱うということである. ホイヘンスのような古典的幾何学に通じた人物が, 果たしてそうしたことを受け入れたであろうか. ホイヘンスにはライプニッツが提示することが, ユークリッド『原論』の内容に較べて初等的なレヴェルに留

---

[92] その試行錯誤に対する分析は [Hayashi 1998], pp. 58–61 参照. 直線軸に対する回転運動を公理として導入することに関して, ライプニッツはロベルヴァルの遺著『幾何学原論』の内容を手本としていたと考えられる. 1675 年 10 月 27 日にロベルヴァルは亡くなり,『幾何学原論』は未刊行のまま残される. しかし 1675 年 12 月 18 日付のオルデンバーグ宛書簡においてライプニッツはその書物 (の筆写) を手に入れたことを報告している ([Leibniz A], III-1, S. 328). ロベルヴァルの著作からの影響については [Hayashi 1998], pp. 62–68 参照.

まっており，十分な成果を伴っていないとしか映らなかったかもしれない．そこで上記の五つの書簡の内容から両者の視点の相違を確認することにしたい.

書簡1では，ライプニッツは草稿「幾何学的記号法」の後半部で提示していた「剛性の原理」，すなわち「確固たる線」にもとづく諸図形の定義（図 3.7 参照），そして二つの図形の交わり（切り口）によって新たな図形が得られることを合同の記号 γ を用いながら述べている．ホイヘンスに向かって最も強調したかったことは次のことであろう.

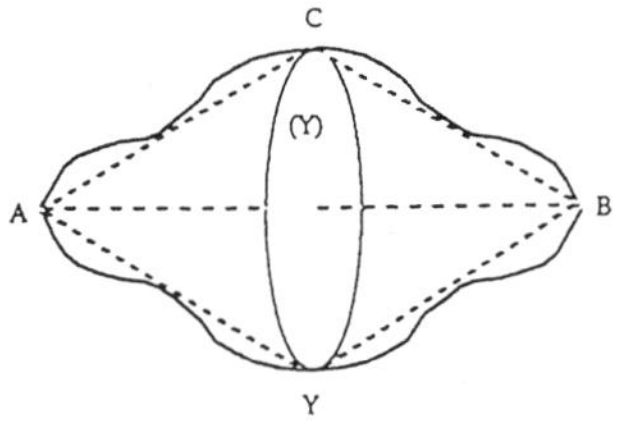

図 3.7 ホイヘンス宛書簡（1679年9月19日付）より

> 幾何学の中で「位置」の考察よりも重要なものは何もない，ということは不変なのです[93].

ところが，この位置の考察の意義，独自の記号の運用こそがホイヘンスには理解しづらかった．書簡2で，ホイヘンスはこの新幾何学に対する印象を「あなたのために率直に白状すると，あなたが私に示したことだけでは，あなたがそんな大きな期待をもって〔新しい記号法を〕築くことができるのか私にはわからないのです」と述べている．その理由は「あなたの位置の例は，我々にすでによく知られている事実にしか見えないし，一つの平面と一つの球面との交わりが一つの円周をなすという命題は，随分不明瞭に結論される」からである[94].そしてさらに，次のように当惑を隠さないのである.

> ちょうど求積や，接線の性質によって曲線を発見することや，方程式の無理量の解や，ディオファントスの問題や，幾何学的問題の非常に簡潔で，素晴らしい作図の場合のように，あらゆる異なる物々を還元しようとするあなたの記号法を，結局どんな手段によって適用することができるのかが，私にはわからない．そして私にとって最も奇妙なのは，その仕組み (machine) の発見と説明なのです．私はあなたに率直に言います，私の考えではそれはまさに美しい願望に過ぎませんし，あなたが進めていくことの中に現実味があることを，本当だと思うためには他の証明が必要なのです[95].

---

(93) [Leibniz CG], p. 260.
(94) [Leibniz A], III-2, S. 888f.
(95) *Ibid.*, S. 889.

これに対しライプニッツは書簡3で，四つの主張によって再度ホイヘンスの理解を求める[96]．

- 図形の定義が完全に計算によって表現されるならば，あらゆる性質は計算によって見いだすことができる．

- 球，平面，円，直線が計算によって完全に表現されるならば，他の位置 (lieu) または図形の定義も同様にできる．

- あらゆる位置や性質が計算によって表現され，見いだされるならば，あらゆる図形，平面，立体，そしてあらゆる位置関係 (situation) とその変化，すなわち運動も表現される．

- 結果的に図形をたどることなしに，その仕組み (machine) を表すことができ，想像力に負担を負わせることなしに，その仕組みを見いだすことができる．

実際にライプニッツが成し得たことに対して，やや過剰なアピールのようにも見えるが，彼の意図は明確である．しかしホイヘンスには具体的な成果が必要なのであった．書簡4では，「あなたの記号法の成果のために，私にはあなたが確信することに固執しているように見えます．しかし，あなた御自身が言うように，諸々の例の方が推論よりも多く係わっているのです．それこそ私があなたに私の不信を説得するのに最も簡単で，的確なものを要求する理由なのです」と繰り返し手厳しく返答している[97]．それに対しライプニッツは書簡5で再び反論を試みている．

> 私の記号法の試みを与えるため，私は位置を選びました．というのも，他の残りのものはすべてそれらの交わりによって決定されるからです．他のあらゆる位置の生成は私が与えたことよりももっと簡単なものに依存します．かくして私は真の基礎を導入したと信じます[98]．

古典的な幾何学の規範の枠組みを，ライプニッツ以上に深く理解していたホイヘンスにとって，ライプニッツの意図はあまり有望とは見えなかったかもしれ

---

(96)　*Ibid.*, S. 896.
(97)　*Ibid*, III-3, S. 48f.
(98)　*Ibid.*, S. 71.

ない．またライプニッツ自身も，先の 1679 年の草稿以上の大きな成果は作り得なかった．理想は高く掲げられていたとしても，数学的には大きく実を結ぶことはなかったのである．次項でも取り上げるが，古典的な幾何学（ユークリッド『原論』，アポロニオス等）の新しい解釈をもとに，より新しい幾何学の建設という動き（クラヴィウス，ロベルヴァル，パスカル，デザルグ等）は 16，17 世紀における一つの傾向であり，けっしてホイヘンスにとっても新奇なものではなかったろう．しかしながら，ライプニッツのこの位置解析は，特に記号による形式性に重点が置かれる．上記の書簡 2 からの引用にもあるように，ホイヘンスはけっしてライプニッツの記号法一般に理解を示さないのではない．実際に算術的求積や，接線法や，方程式の無理量の解などの新しい成果は評価しているのである[99]．しかしホイヘンスが理解を示すとすれば，デカルト流の「量」を代替している記号法までであろう．その対象とされる量の範囲が拡大されることはホイヘンスにも許容された．だが一方で空間内の「位置」に着目し，合同のような関係概念を軸に対象となる図形を定めるという方法は，まさに「どんな手段によって」正当化されるか見当がつかなかったかもしれない．もしライプニッツの新幾何学が理解されるとするならば，数学全般において，記号を用いた演算が含む内容の拡大，すなわち記号法の扱う対象に対する意識が変化する必要性があったのであろう．すなわち「量」という，数学が伝統的に扱ってきた事柄からいったん離れ，問題の設定が変わることで初めて可能になったのではないだろうか．またライプニッツが顕在化させた問題である連続性の問題も，数学全体の中で（形而上学的な観点も含めて）様々な角度から検討されるべきものであったといえよう．ライプニッツの着眼は，オイラーを経て 19 世紀の数学者（例えばグラスマン）に捉え直されることになる[100]．ライプニッツの発想が数学的な理論として体系化されるのに，まだ多くの時間と他の人々の労力を必要としたのである．

---

(99) カルダーノの公式をめぐって，虚量から実量が得られることをライプニッツがホイヘンスに示したときも，ホイヘンスが即座には理解を示さなかったことが想起される．2.3.1 項注 (110) 参照．

(100) 1834 年にホイヘンス，ライプニッツ，ロビタル等の書簡が公刊され，位置解析に関するライプニッツのホイヘンス宛書簡（上述の書簡 1）が明らかにされた．1846 年ライプツィヒのヤブロノウスキー (Jablonowski) 協会はライプニッツの生誕 200 周年を記念して懸賞論文を応募した．このとき受賞したのはグラスマンの論文「ライプニッツによって考案された幾何学的記号法に結びつけられた幾何学的解析」(Geometrische Analyse geknüpft an die von Leibniz erfundene Geometrische Characteristik) であった．ライプニッツの位置解析とグラスマンの理論との比較については，[Echeverría 1979]，または [Otte 1989] 参照．

3.1 代数学，確率論，位置解析研究　　*123*

1680 年代以降の取り組み

　ライプニッツの幾何学に関する思索は，無限小解析において大きな成果を得た 1680 年代以降も継続していた．ただし後者の成果が『学術紀要』誌という発表の場を得て，次々に公表されていったのに対し，前者は相変わらず草稿のまま留まっていた[101]．前段の 1679 年草稿の内容と比べて，数学的に大きな発展は見られないようである[102]．しかしいくつかの論点ではハノーファー期の前半の草稿で表明した発想をさらに展開している．重要な点を代表的な草稿から抽出しておこう．

　1693 年頃の執筆と推定される草稿「位置解析について」(De analysi situs) では[103]，1679 年草稿で全体を構築する基本概念だった「合同」に取って代わって，相似性についての考察が前面に押し出される．ライプニッツによれば，「相似性あるいは形の考察は数学 (mathesis) よりも広い範囲に及んでいて，形而上学によっても問われるものだが，しかし数学においてやはり多く利用され，そして代数的計算自体にも役立つ」のである[104]．特に位置解析において，その相似性は重要性を帯びる．

> 相似性はあらゆるものの中で，位置においてまたは幾何学の図形のうちに最も多く見られる．したがって真の幾何学的解析は単に相等性や，実際は相等性に還元される比例性のみならず，相似性をも考察し，そして相等性と相似性とに結びつけられたことで生まれた合同性も扱わなければならない[105]．

---

(101)　エチェヴェリアによれば，1680 年代から最晩年に至るまで，現在までに公刊済，未公刊のままのもの，あわせて 170 以上の草稿が残されているという．[Leibniz CG], pp. 42f.

(102)　エチェヴェリアによって公刊された一次資料にも，1680 年代以降の草稿が 5 編所収されている (Ibid., XIV–XVIII)．それらを見る限り，1679 年 8 月草稿で構想された記号法や手法に大きな変化はない．

(103)　この草稿は直接執筆年代を推定させる材料を含んでいないため，史家によって様々な推定がなされている．我々は，一応エチェヴェリアの推定にしたがうことにする (Ibid., p. 42)．[ライプニッツ 1999], 55 頁も参照．

(104)　[Leibniz GM], V, S. 179. 邦訳 [ライプニッツ 1999], 49 頁.

(105)　Ibid. 邦訳，同頁．ジュスティは同じ箇所を引用しながら，「相似性と合同性，そして結局はこうした変換によって影響されない図形の性質，以上が探求の第一の対象なのである．**合同の解析**として位置解析は合同よりも図形の相等性がより一般的な性質であるという尺度において，無限小解析よりも特殊なものである」と述べている（強調は引用者，[Giusti 1992b], pp. 217f.）．しかし本文中の引用に対する分析として，やや的外れなように見える．ライプニッツは 1679 年草稿において，確かに合同を軸とした構成を試みた．ここではライプニッツが，より「弱い」条件である相似性を軸とした幾何学を再構築しようとしているとみるべきである．ライプニッツは位置解析を単に「合同の解析」とは考えずに，（実際の成功不成功は別として）他の一般的可能性を模索したと理解した方が自然であろう．

124　　第 3 章　ハノーファー時代における研究の展開

ライプニッツは幾何学者たちが相似性の考察をあまり行ってこなかったのは，相似性に対する「一般概念」を持たなかったことに由来すると考える[106]．1679年の草稿でも定義づけられていたように，相似とは「個々に観察されたとき区別することができない」ことをいう[107]．ライプニッツはユークリッド『原論』が第6巻になってようやく相似を扱うことを批判し，「もし我々の〔一般〕概念にしたがうならば『原論』第1巻で直ちに〔相似に関する諸定理を〕示すことができただろうに」と述べている[108]．ここで具体例として挙げられるのは「等角三角形は相似である」ことの証明である．ただし証明に際しては一つの公理が導入される．すなわち「決定要因 (determinantia)（すなわち十分条件）によって区別することができないものは，全く区別することができないこと」である[109]．この草稿自体は1679年の草稿「幾何学的記号法」と比べて，特に多くの事柄が再証明されていったわけではない．1679年のその草稿での仕組み同様，ユークリッドの構造を作り替えようとすると，別な公理の導入が避けられないことが我々の印象に残る．結果的にユークリッド『原論』の巧妙さが浮き彫りにされることになってしまう．ライプニッツの位置解析は合同を軸に構成したときも，ホイヘンスには十分な理解は得られなかった．相似に力点を置いたとしても，数学的理論としてより形を成したとは想像しにくいのである[110]．

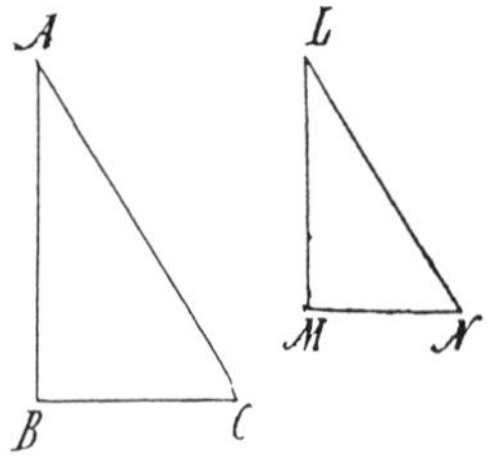

図 3.8 草稿「位置解析について」より

他方，ライプニッツの『原論』改革の取り組みはなおも続く．特に第1巻を再編することは彼にとって断ち切ることができない問題であったと考えられる．1696年以降の執筆と推定される草稿「ユークリッドの基礎について」(In Euclidis ΠΡΩTA) では[111]，『原論』第1巻の定義・公準・公理をライプニッツ

---

(106) [Leibniz GM], V, S. 179ff. 邦訳，49, 51 頁．
(107) *Ibid.*, pp. 180. 邦訳，50 頁．
(108) *Ibid.*, pp. 181. 邦訳，52 頁．
(109) 上記の公理を用いて証明は次のように行われる．すなわち角 A, B, C がそれぞれ角 L, M, N に等しいとする（図 3.8 参照）．このとき「底辺 BC が与えられ，また角 B, C が（したがって角 A も）与えられるとき，三角形 ABC は与えられる．同様に MN が与えられ，また角 M, N が（したがって角 L も）与えられるとき，三角形 LMN が与えられる．しかしこれらの十分条件によって個々に三角形を区別することができない．よって公理により三角形 ABC と LMN は相似になる」．*Ibid.* 邦訳，同頁．
(110) [Alcantéra 1993], p. 422.
(111) 1695 年に刊行されたデーヴィド・グレゴリーの著作『球面反射光学・屈折光学』(*Catopricae et dioptricae sphaericae elementa*) に言及していることから（[Leibniz GM], V, S. 193. 邦訳

3.1 代数学，確率論，位置解析研究　　*125*

は批判的に再検討している．ライプニッツが提示している定義・公準・公理の個数，用語法によれば，ここで彼が参照しているのはクラヴィウス編集による『ユークリッド原論 XV 巻』（*Euclidis Elementorum Libri* XV）（1574 年初版刊行，1589 年第 2 版刊行）であると考えられる[112]．我々はその中から「点」，「線」，「直線」，「平面角」，「円」，「平行線」を検討の対象にしよう．ライプニッツが幾何学的対象の定義を重視したことはすでに確認済みだが，以上の六つの事柄に対してライプニッツがどのように捉えていたかをあらためて見るために一覧にする．

表 3.1，表 3.2 はライプニッツが参照したクラヴィウス版『原論』における各定義とライプニッツによる注釈または再定義の比較である[113]．2) で「線」を定義する際に「切り口」(sectio) というものをライプニッツは提示している．これはこの草稿で初めて現れた発想ではなく，1679 年の草稿「幾何学的記号法」においても[114]，またその後の草稿の中でも提示されていたものである[115]．特に「共通部分」というものがあまり判明ではないが，ライプニッツによれば次の通りである．ライプニッツによれば図 3.9 において，大きさ AB（矩形によって表される）は部分 AD，BC を持つ．これらは共通部分を持たないが，AD にも BC にも属する共通な「線」CD を持っている．この CD を「切り口」と称し，同時に「線」を一般的に定義する手段として用いようというのである．また「線」の定義に関しては運動による定義も示唆されている．ただしその場合には空間内における点の連続的変化を仮定する必要があるため，「〔定義の中に〕時間が用いられるべきである」とライプニッツは述べている[116]．

[ライプニッツ 1999], 262 頁）1696 年以降の執筆であることは確実である．より限定的に 1712 年頃と推定する向きもある ([Müller und Krönert 1969], S. 234)．邦訳，同頁，注 37，296 頁，注 18 参照．

(112)　[ライプニッツ 1999], 245 頁，注 2 参照．クラヴィウスによる『原論』は 1589 年の第 2 版で内容が改訂され，以降も何度か再版を重ねた．ライプニッツが参照したのは 1607 年版のようである ([Leibniz A], VI-4A, S. 705)．1607 年版と内容的な相違がないと考えられるので，我々がクラヴィウス版に言及するときは 1591 年刊行のものに依拠する．

(113)　表 3.1 において，1) は [Leibniz GM], V, S. 183. 邦訳，245 頁．以下 2) *Ibid.*, S. 183f. 邦訳，245ff 頁．3) *Ibid.*, S. 185. 邦訳，249f 頁．4) *Ibid.*, S. 190ff. 邦訳，257–260 頁．また表 3.2 についても同様に 5) *Ibid.*, S.194ff. 邦訳，265f 頁．6) *Ibid.*, S. 201–204. 邦訳，275–282 頁．また『原論』の諸定義は [Clavius 1589], pp. 1f, 4, 7, 11.

(114)　[Leibniz CG], p. 226. 邦訳 [ライプニッツ 1988], 357 頁．

(115)　1682 年執筆と推定される無題の草稿 ([Leibniz CG], p. 306)，1698 年執筆の草稿「真の幾何学的解析」(Analysis geometrica propria) において ([Leibniz GM], V, S. 174. 邦訳 [ライプニッツ 1999], 170 頁）同種の定義を見いだすことができる．

(116)　[Leibniz GM], V, S. 183. 邦訳，246 頁．クラヴィウスも線を点が「一つの場所から他の場所へ動かされること」によって定義可能であるとしている ([Clavius 1589], p. 2)．しかし時間

表 3.1 草稿「ユークリッドの基礎について」における諸定義

	幾何学的対象	『原論』における定義	ライプニッツによる注釈, 再定義
1)	「点」	点とは部分のないものである	「位置を持つ」とつけ加えられるべきである
2)	「線」	線とは幅のない長さである	線とはその切り口が大きさがないような大きさである
			大きさ (magnitudo) とは位置を持つ連続体である
			大きさの切り口 (sectio) とは, 何であれ共通部分を持たないような大きさの二つの部分に共通なものである
3)	「直線」	直線とは等しく点を間に置いたものである	直線とは任意の部分が全体に相似である
			直線とは 2 点に対して, 唯一の位置を持つあらゆる点の場所である
			直線とは両側が同じ状態である平面の切り口である
4)	「平面角」	平面角とは平面において互いに接し, そして一つの方向に横たわらない二つの線の相互の傾きである	「接する」(tangens) とは交差する (obtingere) ことを意味する
			角には量が与えられている (直線による角)
			接触角は直線角の間で何ら仲介する量を持たない

　特に接触角については, そもそもそれを量として捉え得るかという問題がある. ライプニッツは図 3.10 において, 接触角は大きさが 0 の角と FCD のような直線角の大きさで比較される量を持たないと断定する. なぜなら角が消える

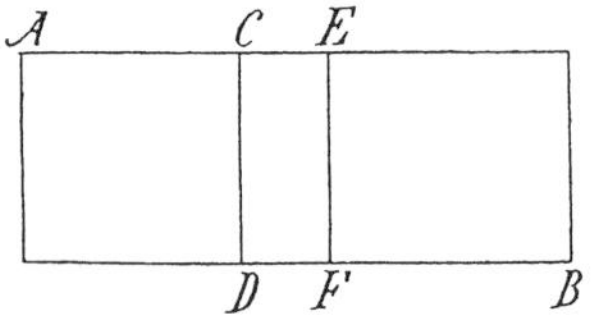

図 3.9 草稿「ユークリッドの基礎について」より

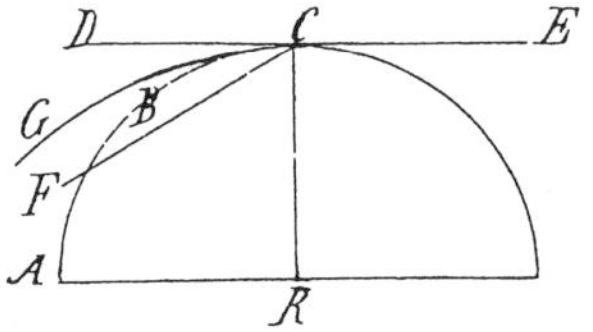

図 3.10 草稿「ユークリッドの基礎について」より

という観点は, ライプニッツ独自のものである.

3.1　代数学, 確率論, 位置解析研究　　*127*

表 3.2 草稿「ユークリッドの基礎について」における諸定義

	幾何学的対象	『原論』における定義	ライプニッツによる注釈，再定義
5)	「円」	円とは円周と呼ばれる 1 本の線に囲まれた平面図形で，その図形の内側に置かれた 1 点から円周へ向けて落ちるあらゆる直線は互いに等しいものである	円周の定義同様，中心の定義を円の定義に挿入できたはずである
			円とは平面において中心を不動にして，元の場所へ戻るまで直線を動かしたときに描かれる図形である
		上記の 1 点は円の中心と呼ばれる	円とは 2 点を不動にして任意の大きさが動かされるときに任意の動点が描く図形である
6)	「平行線」	平行線とは同一平面上にあって，両側に無限に延長されたものが互いにどちらの側でも交わらない線である	平行線とは相互にどこでも同じ状態である直線である
			平行線とは等距離直線，あるいは一方から他方へと引かれた最短距離が至るところ等しいものである
			平行線とは同じ直線に対して同じ角をなすような同一平面上の 2 直線である
			平行線とは同じ直線に対し垂直なものである

まで FC を DC まで動かすとき，「その移動は連続的であるので，大きさ 0 の角と直線角 FCD の間のあらゆる中間的角を通過することが明らか」だからである[117]．ライプニッツは過去の諸研究をふまえながら，一つの結論と歴史的総括を記している．

　　接触角は大きさ 0 の角と，ある直線角の間の中間的量ではないということが必然である．またしたがって明らかに違う種に属するものであり，直線角に対して，特に 0 と指示可能なものとの間とに配置される (utque inter nullum et assignabilem collocatur) 無限小と考えられるようなものでもない．だからこの問題に関して，私はクラヴィウスに反対し，ペル

---

(117) [Leibniz GM], V, S. 191. 邦訳，259 頁.

128　第 3 章　ハノーファー時代における研究の展開

ティエに賛成する．ユークリッドが接触角は任意の直線角よりも小さいと述べたとき，彼はやや不正確に語ったのであり，より小さいということによって，始点が前の空間の内部に落ちるものと理解してのことであった．しかしだからといって，接触角にも直線角に相応するように完全な量を彼が認めたと考えるべきではない．実際これがアルキメデスとユークリッドとの和解点であるが，傑出した人物フランソワ・ヴィエトは彼らが互いに対立していたとみなした．またクラヴィウスは，ある端から他の端に途中すべてを通って移行するものは，相等であるものを通過しなければならないという肯定されるはずの公理を，否定するという大きな過ちを犯した．それゆえトーマス・ホッブズに幾何学を愚弄する機会を与えてしまったのである[118]．

無限小に関する了解も示されており，この草稿の執筆がニーウェンテイトとの無限小の基礎づけについての論争（1695年）以降のものであることを考えると一層興味深い．中世以来論争され，ライプニッツ自身も初期の頃から取り組んできた接触角の問題は平面幾何の問題としても，無限小解析の範疇としても彼の視野からはもはや離れてしまっている．無限小解析の中でも大いに機能する「連続律」を通じて，接触角の問題は解消してしまうことになるからである．図3.11のEDが円に対して作る接触角は，「直線を湾曲 (curvatura) が無限小で無限大の半径によって描かれた円であると考えるときには，無限になる」と指摘していることを見ても明らかである[119]．ライプニッツの中では，すでに接合円，曲率半径という別の数学的問題に置き代わっていることを我々は以下で確認するだろう[120]．

　円については1679年の草稿で導入されたことと同じ内容が繰り返されている．すなわち「直線が常に同一平面上にあるように動かすことができること」を仮定した上で，2不動点 A, D を結んだ軸 AD の回りの連続的回転運動により，図3.12のように円が生成される．ライプニッツはこれを式

$$\text{Y.A.D.} \backsim \text{E.A.D.}$$

---

(118) *Ibid.* 邦訳，259f 頁．16 世紀後半から 17 世紀前半にかけて行われた接触角をめぐる論争について，ペルティエ，ヴィエト，クラヴィウス，ホッブズ，さらにはウォリス等々といったその論争に係わった人々の個々の見解については邦訳，同頁，注 29–32，[Maierù 1984]，[Maierù 1990]，または [Jesseph 1999a], pp. 159–173 参照．

(119) [Leibniz GM], V, S. 192. 邦訳，261 頁．

(120) 3.2.3 項参照．

3.1　代数学，確率論，位置解析研究　　*129*

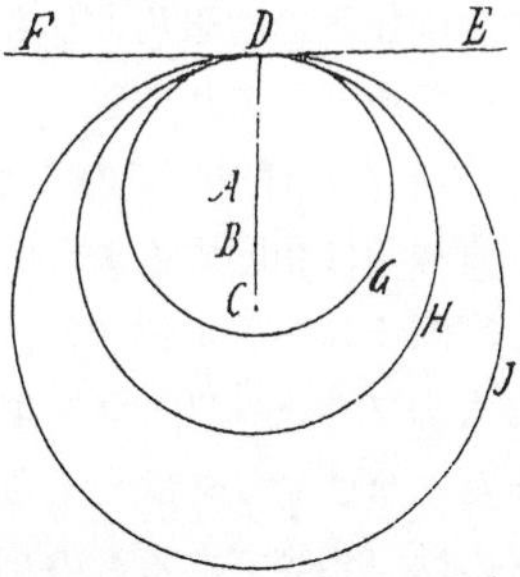

図 3.11 草稿「ユークリッドの基礎について」より

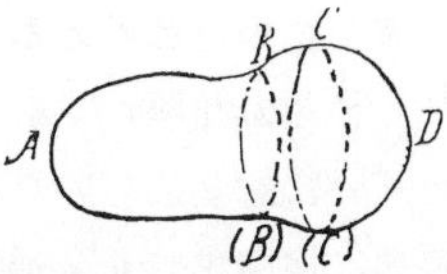

図 3.12 草稿「ユークリッドの基礎について」より

ならば $\bar{Y}$ は円周となるとしている[121].

　最後に平行線の問題であるが，これは一般にユークリッド『原論』の第5公準問題として知られる．ライプニッツはクラヴィウス版では公理13として「2直線に他の1直線が交わり，同じ側の内角を2直角より小さくするならば，前者の2直線は無限に延長されると2直角より小さい角のある側において互いに交わる」と設定されているとした上で[122]，「しかし古代人達はすでに〔この公理に対しては〕証明が必要とされていて，公理の間に入れたままにすることはふさわしくないと認めていた」と述べている[123]．ライプニッツ自身が表3.2にあるように，いくつかの平行線の定義を提示しながら，最終的に証明すべき事柄は「相互に交わらない直線はある同じ直線によって等角をなすように切り取られる」であることを主張する．そしてまさにこれがクラヴィウス版『原論』公理13に帰着することを指摘している．ライプニッツはプロクロス，クラヴィウスの証明を紹介し，自己の証明も予告はしているが実際には記していない[124]．以上のようにライプニッツは，この草稿「ユークリッドの基礎について」で本来のユークリッド『原論』改革のために位置解析の中で得た成果も盛り込みながら，平行線問題のような積年の課題にも取り組もうとしたのである．

　我々はパリ時代からハノーファー期に至るまでのライプニッツの幾何学研究を考察してきた．彼の位置解析に対して，どのような評価を与えるべきであろ

---

(121)　[Leibniz GM], V, S. 195. 邦訳，265f 頁.
(122)　[Clavius 1589], p. 16.
(123)　[Leibniz GM], V, S. 201. 邦訳，276 頁.
(124)　*Ibid.*, S. 204. 邦訳，281 頁. またクラヴィウス版の証明については邦訳，281f 頁，注☆6 参照.

130　　第3章　ハノーファー時代における研究の展開

うか．全体として彼の新幾何学構想は，無限小解析が同時代において収めた「成功」には至らなかったといえるだろう．無論「成功」とは一つの学問的パラダイムを形成することを意味する．本項の冒頭でも述べたように，パリ時代以前の法学研究から引き出された証明論，ひいては一般的なユークリッド『原論』の内容の見直し，さらにはヴィエト，デカルトに代表される代数解析の難点を克服することがライプニッツの幾何学研究の根本を成していた．実際ライプニッツが考案した位置解析は，独自の記号法の開発，運用，適用範囲の拡大によって，図形の定義と作図を同時に表現することができた．またその成果をもとに『原論』を批判し，運動の導入や付随した連続性の問題も提起した．これはライプニッツの数学一般において，最重要な特徴として銘記すべきものである．いわばこの位置解析はそうしたライプニッツの数学上の発想が凝縮した形で詰まっているかのようである．ただし，こうした改革も所詮は『原論』が築いてきた古典的，伝統的パラダイムの枠内での「体制内改革」であったという評価もある[125]．そうした評価は，ライプニッツの発想の持つ潜在的可能性と限界を冷静に見積もれば首肯できるものである．したがって，もしライプニッツの位置解析を 20 世紀における位相幾何学の先駆的存在とみなすならば，やはりそれは過大評価であろう．やはり 19 世紀以降の進展を支える，いくつかの契機を我々は見逃すべきでない．まずユークリッド『原論』の持っている構造（定義 → 公理・公準 → 定理），すなわち演繹的体系そのものに対する反省が必要であろう．さらには空間概念等，幾何学を支える基本概念に幅広い再検討が及ばなくてはならないだろう．そして実質的に新たな問題解決の道が開かれることが実感される必要があろう[126]．

　ただし以上の考察からライプニッツの位置解析を，彼の数学の中で大きなウエイトを持っていないと判断するならば誤りである．なぜならこの位置解析は，より大きな視野の中では違った意味合いを持っているからである．それは本書全体の主題とも関連する．すなわち，普遍数学構想に対する考察である．我々はライプニッツの位置解析を，数学内の分析だけで終わらせるべきでないだろう．むしろ広い文脈の中で捉える必要がある．ライプニッツの数学を限定された視野で分析するならば，無限小解析の成果は何よりも優先されるだろう．そ

---

(125)　[Couturat 1901], pp. 427–430, または [Giusti 1992b], pp. 229f.
(126)　平行線問題の解決として，非ユークリッド幾何学が形成される過程は [近藤 1994] に詳しい．近藤は形成の 1 原因を数学に内的なものではなく，カントによる形而上学的な空間概念の省察と，さらにそれに対する経験論的な反省の過程に求めている．

3.1　代数学，確率論，位置解析研究　　*131*

れを 17 世紀後半における数学界での，一つの成功例として論じることはたやすい．しかし数学的な進展と相応しながらも，ライプニッツ自身の思索の中にまた別の流れがある．彼が位置解析という新幾何学構想に取り組んだことが，普遍数学の構想を明確化するのにどのような役割を果たしているのか．それを考えることが，我々にとって重要である．実際，4.1.1 項で見るように，普遍数学概念に対して変化が生じ，それを題材にして草稿が多く書かれるようになるのが，現在公刊されている 1 次資料を見る限りでは 1679 年以降のことだからである．2.2.2 項ですでに分析した通り，無限小解析に関しても記号法，その他基本的事項はその 1679 年の時点で出来上がっていたが，普遍数学概念の内容に直接反映されるには，今しばらく深められなければならない部分があったのである（例えば無限小の問題）．そうした問題は第 4 章の検討課題として，次節では彼の最も著名な数学的貢献である，無限小解析の発展の様相を分析することにしたい．

3.2 無限小解析の発展と応用

1675 年 10 月以降の草稿に記された，接線法・逆接線法を通じたライプニッツの無限小解析は，1676 年中には記号法の定着，計算方法の公式化を果たしていった（2.2.2 項参照）．しかしそうした成果は全く公表されることはなかった．ライプニッツの数学が公に姿を現すのは 1682 年以降である[127]．最初に発表されたのはパリ時代前半に得られた算術的求積に関する成果（$\frac{\pi}{4}$ 公式）であり，すでに第 2 章でその詳細を草稿・書簡を通じて検討した．そこで我々は微分算の基礎を史上初めて明らかにした論文（1684 年）の内容から考察を始める．さらにライプニッツが晩年にかけて示していった諸成果，すなわち

- 積分記号 $\int$ の導入と超越量（1686 年）.

- 懸垂線の構成（1691 年）.

- 包絡線の構成（1694 年）.

---

[127] ライプニッツは 1681 年中にライプツィヒ大学教授オットー・メンケより新しい学術雑誌の創刊の相談を持ちかけられた．雑誌『学術紀要』誌は翌年に創刊される．ライプニッツは常連執筆者となり，以降その雑誌を中心的舞台として成果の発表，論争を展開していく．[Aiton 1985], p. 115. 邦訳，170 頁.

132　第 3 章　ハノーファー時代における研究の展開

- 有理量の積分（1702 年，1703 年）．

- 積の微分公式（「ライプニッツの公式」）と操作記号としての d（1710 年）．

以上の話題についてライプニッツの解法を追究したい．またその一方で無限小
解析を自然学（運動学）へ応用した例として，以下を取り上げる．

- 等時曲線（1689 年，1694 年）．

特に 1684 年論文の発表以降，ベルヌーイ兄弟，ロピタル，ヴァリニョン等との
交流を通じてライプニッツの数学的発想は急速に広まっていく．彼らとどのように
問題が共有されていったかにも，適宜目を向
けていきたい．

3.2.1 「極大・極小に関する新方法」

1684 年「分数量も無理量をも妨げない，
極大と極小，さらには接線に関する新方法，
そしてそれらのための特別な計算法」(Nova
methodus pro Maximis et Minimis, itemque
tangentibus, quae nec fractas nec irra-
tionales quantitates moratur, et singalare
pro illis calculi genus) が『学術紀要』誌に
発表される（以下では「極大・極小に関する
新方法」と略する）．この論文こそ，数学史
上初めて，微分計算の基本公式と応用を公に
したことで特筆されるべきものである．実
際図 3.13 において，$\mathrm{AX} = x$，$\mathrm{VX} = v$，
$\mathrm{WX} = w$，$\mathrm{YX} = y$，$\mathrm{ZX} = z$ とする．こ
のとき以下のような基本計算公式が打ち立て
られる[128]．

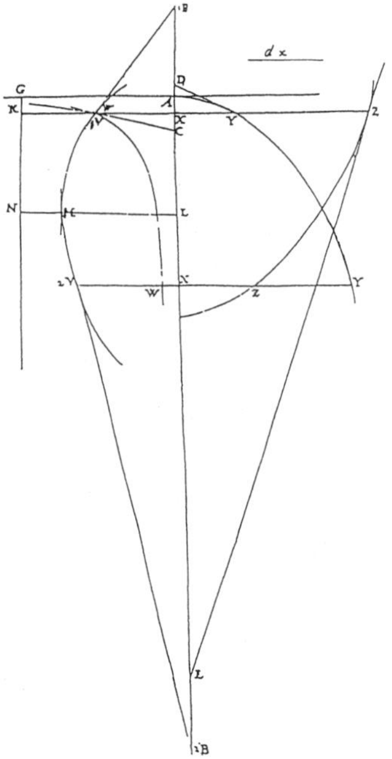

図 **3.13** 「極大・極小に関する新方
法」より

- a（定数）$\Rightarrow da = 0$．

---

(128) [Leibniz GM], V, S. 220, 222. 邦訳 [ライプニッツ 1997]，296f 頁，299f 頁．本文中の
以下の計算公式の表現は便宜のため（意図的に）『学術紀要』誌上において用いられたもの，現代
風に置き換えたものを混在させている．現代風と誌上の記号との対応は邦訳，297 頁，注 10 参照.
また列挙した最後の公式は [Hess 1986] では $d(\sqrt[b]{x^a})$ と括弧を用いて表されている．

3.2 無限小解析の発展と応用　　*133*

- $d\overline{ax} = adx.$

- $y = v \Rightarrow dy = dv.$

- $v = z - y + w + x \Rightarrow dv = d\overline{z - y + w + x} = dz - dy + dw + dx.$

- $d\overline{xv} = xdv + vdx.$

- $\dfrac{v}{y} = \dfrac{\pm vdy \mp ydv}{yy}.$

- $dx^a = ax^{a-1}dx.$

- $d\dfrac{1}{x^a} = -\dfrac{adx}{x^{a+1}}.$

- $d, \sqrt[b]{x^a} = \dfrac{a}{b}dx\sqrt[b]{x^{a-b}}.$

- $d\dfrac{1}{\sqrt[b]{x^a}} = \dfrac{-adx}{b\sqrt[b]{x^{a+b}}}.$

いずれも 1676 年秋までには記号法も含めてすべて実質的に確立していたものである．商の計算公式において複号が用いられているのは v, y に対して正の量のみが考えられているためである．さらに，上記の公式では記号 d は計算の操作自体を表す記号，いわば「作用素」としての役割を果たしていることが明瞭に見てとれる．

　一方，こうした微分計算の公式化は本来極大（または極小）を求めるためのものである．図 3.13 で $dv > 0$ の場合（接線 $_1\mathrm{V}_1\mathrm{B}$ が引かれる），$dv < 0$ の場合（接線 $_2\mathrm{V}_2\mathrm{B}$ が引かれる）の中間 M（すなわち $dv = 0$ のとき）において極大になることが主張されている[129]．同時に $dv > 0$ かつ「微分の微分」(differentia differentiae) $ddv > 0$ ならば曲線は凸部を軸に向け，逆に $ddv < 0$ ならば凹部を向けることも指摘されている[130]．以上のように微分算の基礎が述べられたときライプニッツは次のように宣言する．

　　私が微分算と呼ぶ，この計算のいわばアルゴリズム (Algorithmus) として知られた事柄から，他のあらゆる微分方程式 (aequatio differentialis)

---

(129)　[Leibniz GM], V, S. 221. 邦訳，298 頁．
(130)　*Ibid.* 邦訳，同頁．ライプニッツはさらに凹凸の入れ替わる点を「逆屈曲点」(punctum flexus contrarii) と呼んでいる．

134　　第 3 章　ハノーファー時代における研究の展開

が通常の計算によって見いだされ，また極大，極小さらには接線が得られる．分数量，無理量または他の根号 (vinculum) は取り除く必要がなく，これまでに発表した方法によって，〔計算が〕行われてしかるべきである[131]．

この「極大・極小に関する新方法」で提示されるライプニッツの計算法は題名の通り，特定の量の形態に左右されない．17 世紀中に多くの数学者たちによって発展してきた接線法では扱いきれなかった問題にも適用できるのである[132]．そうした一般性を他の数学者の方法は持ち得なかった．このことがライプニッツにとっては何より誇るべきことであったはずである．

論文「極大・極小に関する新方法」の後半はいくつかの具体例が掲げられ，ライプニッツ流の微分算の効用が述べられている．ここでは屈折の法則の例を見よう．図 3.14 で，2 点 C，E，さらには同一平面上に直線 SS が与えられているとする．今 CF と EF を結び，

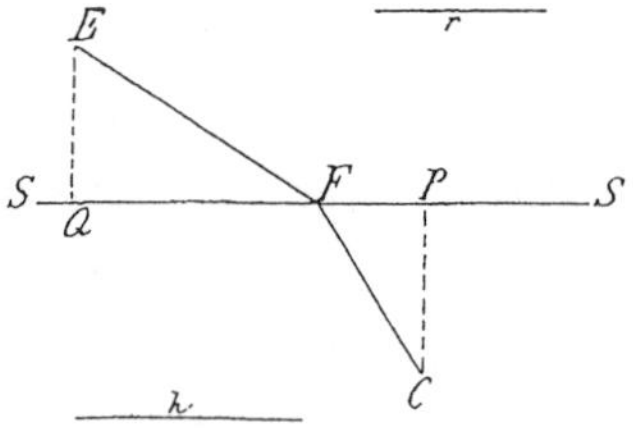

$$CF \times h + EF \times r$$

図 **3.14**　「極大・極小に関する新方法」より

を最小にする点 F を求める（ただし h, r は与えられた定数）[133]．SS に対する C からの垂線の足を P，同様に E からの垂線の足を Q とする．$QF = x$, $CF = f$, $EF = g$, $CP = c$, $EQ = e$, $PQ = p$ とすると，

$$FP = p - x, f = \sqrt{c^2 + p^2 - 2px + x^2} = \sqrt{l},$$

$$g = \sqrt{e^2 + x^2} = \sqrt{m}.$$

よって

$$\omega = h\sqrt{l} + r\sqrt{m} \tag{3.33}$$

---

(131)　*Ibid.*, S. 222f. 邦訳，300 頁．

(132)　17 世紀において，接線法に貢献のあった代表的数学者として，フェルマー，デカルト，スリューズ，フッデらの名を挙げることができる．彼らの方法論については [原 1975] 参照．

(133)　SS を媒質の分離帯 (separatrix) であるとするならば，h は C の側の（例えば水のような）媒質の密度を，r は E の側の（例えば空気のような）媒質の密度を表すとライプニッツは例示している．*Ibid.*, S. 224f. 邦訳，303f 頁．

3.2　無限小解析の発展と応用　　*135*

とするとき $d\omega = 0$ より求める点が得られる．先の計算公式を利用して式 (3.33) の両辺の微分量を取ると（ライプニッツの表記通り記すと），

$$d\omega = 0 = +hdl : 2\sqrt{l} + rdm : 2\sqrt{m} \qquad (3.34)$$

となる[134]．さらに式 (3.34) において dl, dm を代入し，点 F における屈折が同一であることから $f = g$ として

$$h : r = x : p - x = \mathrm{QF} : \mathrm{FP}$$

となる[135]．すなわち「入射角と屈折角の正弦 FP と QF」は「媒質の密度 r と h の逆比になる」．17 世紀において盛んであった光学の基本法則も，ライプニッツによれば「この計算の熟練者 (peritus) は，今後 3 行もあれば示してしまうだろう」ということになる[136]．式 (3.33) から (3.34) への形式的な移行が特徴であり，屈折光学の特殊性は入り込む余地がない[137]．ライプニッツの微分算はこのように，単に接線法における一般性を獲得しただけではない．例示された屈折法則のように様々な問題を微分量を用いた方程式（微分方程式）に表現し，極大・極小を求めることに帰着してしまうことで，彼の提示するアルゴリズムに乗せてしまうことができるのである．そうした意味でライプニッツの微分算の応用範囲は広く，また彼の記号法は形式的計算の運用に適していたといえよう．

---

(134) 我々の記号法では

$$右辺 = \frac{hdl}{2\sqrt{l}} + \frac{rdm}{2\sqrt{m}}$$

である．

(135) 式 (3.34) に $dl = -2(p - x)dx$, $dm = 2xdx$ を代入すると，

$$\frac{-2h(p-x)dx}{2\sqrt{l}} + \frac{2rxdx}{2\sqrt{m}} = 0.$$

したがって，

$$\frac{h(p-x)}{f} = \frac{rx}{g}.$$

$f = g$ より

$$\therefore \frac{h}{r} = \frac{x}{p-x} = \frac{\mathrm{QF}}{\mathrm{FP}}.$$

Ibid., S. 225. 邦訳，304f 頁．

(136) *Ibid.* 邦訳，305 頁．

(137) [Leibniz NC], p. 115.

3.2.2 ライプニッツ流無限小解析の成果

積分記号 ∫ の導入と超越量

論文「極大・極小に関する新方法」に続いて『学術紀要』誌に 1686 年に発表された論文「深奥な幾何学，ならびに不可分量と無限の解析について」(De geometria recondita et analysi indivisibilium atque infinitorum) では，初めて公刊論文中に「求和」を意味する記号 ∫ が導入された[138]．2.2.2 項で見たように，すでに 1675 年 10 月の草稿上で現れていたものが，ようやく公にされたことになる．この論文はイングランドの数学者クレイグの 1685 年に刊行された著作『直線と曲線に囲まれた図形の求積を決定する方法』(*Methodus figurorum lineis rectis et curvis comprehensarum quadraturus determinandi*) の内容を受けて書かれたものである．ライプニッツはクレイグがバロウの定理，すなわち「軸上に取られ，かつ軸に対してあてはめられた，縦線と曲線の法線との間隔の和は究極の縦線 (ordinata ultima) の正方形の半分に等しくされる」を十分に導き得なかったことに言及し，記号 ∫ の導入によってその定理が容易に得られることを示したのである[139]．

図 3.15 において点 P の軸に対する縦線を x (=PB)，横線を y とする．いま AP を点 P に対する接線，PC を同様に法線とする．ライプニッツはここで「私の方法により直ちに」

$$pdy = xdx \qquad (3.35)$$

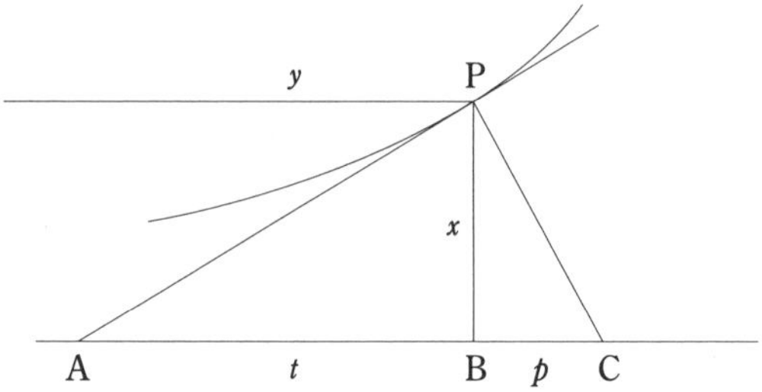

図 **3.15** 「バロウの定理」（1686 年論文より）

が得られるとしている[140]．また式 (3.35) で「微分方程式を求和方程式に変えれば」(aequatione differentiali versa in summatricum) として，次を示して

---

(138) ライプニッツは記号 ∫ を用いる計算を 'calculus summatorius' と称する．現在我々が用いる「積分算」(calculus integralis) という語を用いたのはベルヌーイ兄弟である．[ライプニッツ 1999]，12 頁，注☆ 3 参照．

(139) [Leibniz GM], V, S. 231. 邦訳 [ライプニッツ 1997]，325 頁．ライプニッツが言及している「バロウの定理」はバロウの著作『幾何学講義』第 11 講義の問題 1 に現れる．[Barrow 1670], p. 85.

(140) *Ibid.* 邦訳，326 頁．接線影 AB $= t$, 法線影 BC $= p$ とすると特性三角形の利用により，

3.2 無限小解析の発展と応用　　*137*

いる.

$$\int pdy = \int xdx. \tag{3.36}$$

一方，微分算の公式により $d\left(\frac{1}{2}xx\right) = xdx$ から式 (3.36) に代入して

$$\int pdy = \frac{1}{2}xx \tag{3.37}$$

が示される．このとき式 (3.37) を得るのは「通常の計算におけるベキと根のように，私たちには求和と微分，つまり $\int$ と d とは逆であるから」である[141]．1675 年 10 月 29 日付の草稿で初めて記号が導入された際にも述べられていた演算としての $\int$ と d との逆関係がついに公的に宣言されるに至ったのである．

　こうした求和計算は，微分算同様，形式的に運用される[142]．それゆえ従来（例えばデカルトにおいて）排除されていた，「超越的な関係」(relationes transcendentes) を表現することが可能になる．ライプニッツは具体例としてサイクロイド曲線を取り上げる．図 3.16 のように半径 1 の 4 分円を考え，弧 $\widehat{AB} = a$，正矢 (sinus versus)$AH = x$，$BC = dx$，$BD = da$ とする．ここでも特性三角形の利用により，

$$da : dx = 1 : \sqrt{2x - xx}.$$

したがって，次の式が得られる．

$$a = \int \overline{dx : \sqrt{2x - xx}} \left(= \int \frac{dx}{\sqrt{2x - x^2}} \right).$$

またサイクロイド曲線の縦線 x と横線 y との関係は，図 3.17 より $OA = PB = x$，$AQ = y$ とするとサイクロイド曲線の性質より $SR = AB = OP = \widehat{PQ}$，さらに

$$\frac{dx}{dy} = \frac{x}{t} = \frac{p}{x}$$

が導けるからである．

(141)　*Ibid.* 邦訳，同頁．

(142)　この点がニュートンの流率法との一つの大きなコントラストであると言えよう．ニュートンが流率法を確立したとされる 1666 年 10 月論文第 II 部では，12 個の問題が解かれる．それらはほとんどすべて，与えられた曲線と面積との関係を見いだすことである ([Newton MP],I, pp. 416–448). また [ライプニッツ 1997]，129ff 頁の原亨吉による解説参照．

138　　第 3 章　ハノーファー時代における研究の展開

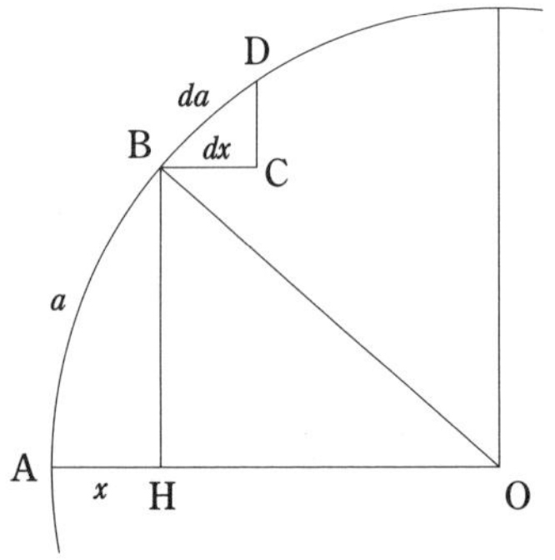

図 **3.16** サイクロイド曲線の解析
的表示

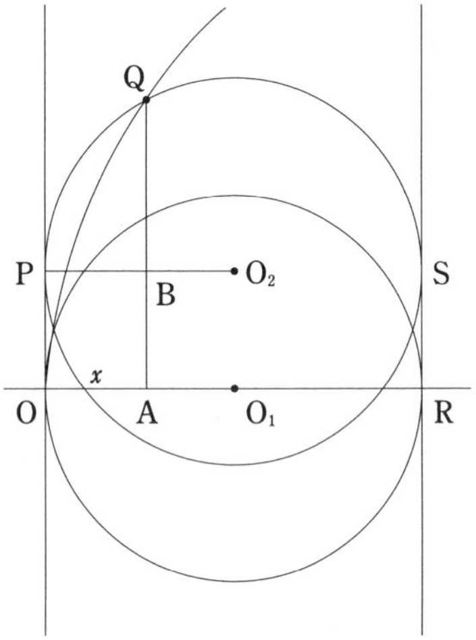

図 **3.17** サイクロイド曲線の解析的
表示

$$BQ = \sqrt{1 - (BO_2)^2} = \sqrt{1 - (1-x)^2} = \sqrt{2x - x^2}$$

から次の解析的表現が得られるのである[143].

$$y = AQ = BQ + AB = \sqrt{2x - x^2} + \int \frac{dx}{\sqrt{2x - x^2}}. \qquad (3.38)$$

ライプニッツはこの式 (3.38) によって,「縦線 y と接線 x との間の関係が完全
に表現され,そこからあらゆるサイクロイドの性質を証明することができる」
と述べている[144].

---

(143) [Leibniz GM], V, S. 231. 邦訳, 326 頁. 図 3.16, 3.17 は同邦訳, 327 頁を参考にした.
(144) *Ibid.* 邦訳, 同頁. ホイヘンスはライプニッツに宛てた 1692 年 1 月 1 日付書簡で次のよ
うに述べている.「私は,あなたのサイクロイドの方程式について考えるとき,どのような手だて
で,あなたが言うように,サイクロイドに関して見いだされるあらゆる事柄がそこに帰着するのか
が,いまだによくわからないのです.というのも,その線や底辺で囲まれた部分を見いだすためだ
けの場合に,その〔サイクロイドに係わる〕量を求めることのために利用するのとほぼ同じ方便を
用いる必要はないからです.またもし半サイクロイドの重心を見いださなければならないのならば,
あなたの計算はパスカル氏やウォリス氏の深い洞察なしで,あなたをそこに導いてくれるのでしょ
うか? あなたの期待は少し性急すぎます.発見のためには,およそ〔パスカルやウォリスと〕同
じ道をたどらなければならないと私は信じています」(*Ibid.*, II, S. 115). 3 次方程式における虚
量の扱い,位置解析における図形の記号的表現,これらの場合と並んで,またしても(!)ホイヘ
ンスはライプニッツの主張に理解を示さない.ただしライプニッツも,数学的に成果を提示するこ
となく,安易に一般性への断言が目立つのは確かである.

3.2 無限小解析の発展と応用 *139*

他方，前半部分でライプニッツは「超越的量の源泉を明らかにすること」(for-tum aperire Transcendentium Quantitatium) を試みている[145]．ある特定の幾何学的問題で生じる曲線の方程式は，一定の次数を持たずに不定次数を持つ．いま我々が分析したサイクロイドに加えて，螺線，円積線が代表例である．しかしこれらの曲線はデカルトによれば，「幾何学的」と呼ばれるカテゴリーから除かれている．ライプニッツはこのことに関して次のように述べる．

> サイクロイドや同様な曲線について明らかなように，それらを正確に連続的な運動によって描くことができるので，機械学的ではなく，まさしく幾何学的であると考えるべきである．〔…〕ゆえにデカルトの幾何学がそれらを排除したとき，〔その誤りは〕立体あるいは線的な軌跡をあまり幾何学的でないとして拒んでいた，古代人たちの誤りよりも小さくはないのである[146]．

運動を一つの「幾何学的な」構成手段として捉えている点が，まさに「抽象的運動論」（1670 年）以来の発想である[147]．しかし今，ライプニッツはコーナートスや不可分量といったものを理念的に用いていた段階から，数学的に具体的な表現を与えるに至ったのである．そのために必要な記号法や計算のアルゴリズムはすでに用意されている．だからこそ「カヴァリエリの不可分量の幾何学は」，コノン，アルキメデスといった古代人たちの手法に対し「再生しつつある学問の幼少期に過ぎなかった」(scientiae renascentis non nisi infantia fuit) とライプニッツは自信を持って語るのである[148]．3.1.3 項の位置解析に関する分析でも確認したが，ライプニッツの記号的解析の真骨頂は図形的な描像に束縛されないことであった．その上で記号の形式的運用に任せて問題解決の範囲の拡大を目指す．この 1686 年論文でも同様の発想が表明される．

> まだ私は真の代数的な計算を用いていなかったが，それを適用すると，すぐに私の算術的求積やその他多くのことを見いだした．しかしなぜかこのような仕事における代数的計算には満足できなかった．そして解析において行いたかった多くのことを，代数の真の補足を超越量に対して見いだすまでは，すなわち微分あるいは求和または求積と，そして誤って

---

(145) *Ibid.*, V, S. 228. 邦訳，322 頁．
(146) *Ibid.*, S. 229. 邦訳，322f 頁．
(147) 1.3.2 項注 (90), (93) に対応する引用参照．
(148) [Leibniz GM], V, S. 231f. 邦訳，327 頁．

140　　第 3 章　ハノーファー時代における研究の展開

いなければ十分適切であるとは思うが,「不可分量と無限の解析」と私が呼んでいるような,無際限に小さい量の計算を見いだすまでは,私はなおも図形の不明瞭さによって示すことを強いられるのである.それがひとたび明らかにされると,この類のことの中で,以前は驚きであったようなことが何であれ,今や遊びか冗談のように思われる.したがって〔その私の解析は〕単に素晴らしい簡略化だけではなく,少し前に述べたように極めて一般的な方法を導くことができる.それによって求積線であれ,その他の代数的な曲線であれ,超越的な曲線であれ,求められているものが可能な限り定められるのである[149].

こうして「極大・極小に関する新方法」と並んで,ライプニッツはこの1686年論文で自己の無限小解析の骨格を公に語ることができたのである.

諸曲線の構成と性質,計算技法

前記のように超越量の解析に対しても自己の方法論の適用を試みたライプニッツは,1680年代の終わり以降,次々と懸案となっていた問題を解決していく.また個々の超越曲線に対する考察と並行して,有理量の積分,操作記号としての d の演算等,計算技法自体も洗練を遂げていく.そしてこの時期になると論文「極大・極小に関する新方法」に触発されたヤーコプ・ベルヌーイ,ヨハン・ベルヌーイ,ロピタル,ヴァリニョンといった人々がライプニッツの数学を発展させ,成果を発表し始める.彼らは互いに書簡を通じて交流をはかっており,刺激を与え合っている.ライプニッツの個々の成果を検討しつつ,我々の考察は適宜それらの成果へも目を向けていくことにしよう.

ライプニッツは1691年,『学術紀要』誌に懸垂線に関する論文を発表する.すなわち「柔軟なものが自分自身の重さによって描く線について,また任意個

---

(149) *Ibid.*, S. 232f. 邦訳,328f 頁.この引用文中,カヴァリエリの用語(不可分量)の他,「無際限に小さい」(indefinite parvum)といった「抽象的運動論」当時の用語があえて用いられている点が興味深い.ライプニッツがこの論文を執筆しながら,パリ滞在以前からの自己の思想を想起していると考えても不自然ではないだろう.他方,「超越的」という語は,我々の手にすることができる1次資料上では1675年3月30日付のオルデンバーグ宛書簡の下書きにおいて,初めて数学的意味合いを伴って使用される([Leibniz A], III-1, S. 204).このオルデンバーグ宛書簡の内容については 2.1.1 項注 (24), (25) 参照.さらに,ライプニッツは1682年論文において公に初めて「超越的」という語を用いた(*Ibid.*, S. 120. 邦訳 [ライプニッツ 1997], 282 頁).一方,同論文の邦訳の解説において([ライプニッツ 1997], 289 頁),この語を数学史上最初に用いたのがライプニッツであるという指摘がある.しかしそれは正確ではない.バロウはケンブリッジでの数学講義(1664 年)中に「超越的な数」(numerus transcendentalis)という語を用いている([Barrow MW], pp. 54f). [Pycior 1997], p. 161 参照.

の比例中項および対数を見いだすための際立った利用について」(De linea, in quam flexile se pondere proprio curvat, eiusque usu insigni ad inveniendas quotcunque medias proportionales et logarithmos) である．その中でライプニッツは紐，または鎖を吊り下げるときに描く曲線（懸垂線）を考える．ガリレオ・ガリレイが『新科学論議』(Discorsi e dimonstrazioni matematiche, intorno à due nuove scienze attinenti alla mecanica ed i movimenti locali) (1638 年刊）においてパラボラと誤って判断したことを紹介しながら，懸垂線を「幾何学的」に構成する方法を提示する[150]．実際，図 3.18 において，まず定量 D，K を与える．$_3N_3\xi : OA = D : K$ となる $_3N_3\xi$ をとり，OA と $_3N_3\xi$ との間に比例中項，すなわち，

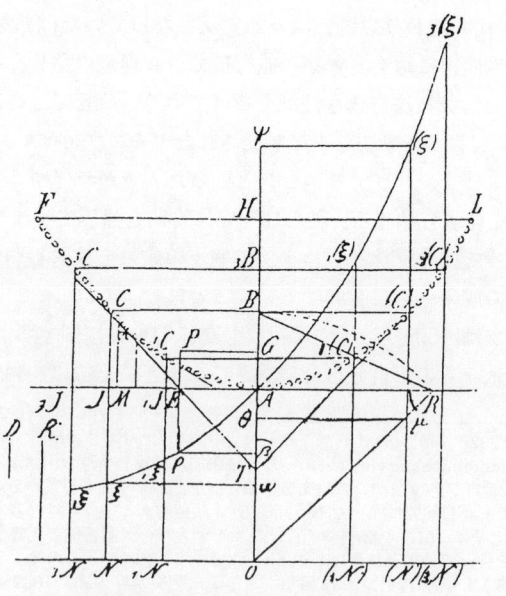

$$_3N_3\xi : {}_1N_1\xi = {}_1N_1\xi : OA$$

となる $_1N_1\xi$ をとる．同様に $_1N_1\xi$ と OA との間にまた比例中項をとる（以下次々と比例中項がとられていく）．結果として $_3N_1N$，$_1NO$，$O_1(N)$，$(N)_3(N)$

図 **3.18** 懸垂線の構成（1691 年）

───────────────────────────

(150) ガリレオ・ガリレイの主張は『新科学論議』第二日の中で行われる．[Galilei 1638], p. 161. 邦訳 [ガリレイ 1937], （上），205 頁．

142　　第 3 章　ハノーファー時代における研究の展開

と等間隔の幅をとるとき，$_3\text{N}_3\xi$，$_1\text{N}_1\xi$，OA，$_1(\text{N})_1(\xi)$，$_3(\text{N})_3(\xi)$ は等比数列をなす（指数関数的に変化する）[151]．今 ON ＝ O(N) として，

$$\text{NC} = (\text{N})(\text{C}) = \frac{\text{N}\xi + (\text{N})(\xi)}{2}$$

とすると，C あるいは (C) が懸垂線 (linea catenaria) 上の点となる．ライプニッツはこの論文では以上の構成をもとに，懸垂線にまつわる諸問題（接線を引く，弧の求長，面積，重心，回転体の体積，表面積等）の解を結論のみ示している[152]．

1694 年 7 月の論文「微分算の新しい適用と接線について与えられた条件から様々な線の作図をすることへの利用」(Nova calculi differentialis applicatio et usus ad multiplicam linearum constructionem ex data tangentium conditione) では，現在我々が「包絡線」と称する問題が取り上げられる．ライプニッツは「提示されたものに接する線（直線または曲線）が，位置において秩序正しく与えられているとき，その提示されているものを見いだすこと．あるいは同じことに帰着するが，位置に関して秩序正しく与えられた，無限に多くの線に接する線を見いだすこと」と問題を提示する[153]．我々の現代的記号で表現するならば，x を縦線，y を横線，b を変化する係数とするとき，二つの方程式

$$f(x, y, b) = 0, \tag{3.39}$$

$$f_b(x, y, b) = 0 \tag{3.40}$$

から b を消去することである[154]．具体例として，図 3.19 のような問題を考える．すなわち，P を円の中心，半径 PC に対して「秩序正しく円に接する」線 CC を求める．PC を半径とする円 CF を描き，円上の任意の点 F より直

---

(151) ライプニッツは我々とは縦線，横線が逆のため，構成された曲線を「対数曲線」(linea logarithmica) と呼んでいる．[Leibniz GM], V, S. 244f. 邦訳 [ライプニッツ 1997]，354 頁．

(152) *Ibid.*, S. 245ff. 邦訳，355–358 頁．

(153) *Ibid.*, S. 301. 邦訳 [ライプニッツ 1999]，59 頁．

(154) *Ibid.*, S. 302f. 邦訳，61ff 頁．ライプニッツは無論上記の式 (3.39), (3.40) のような記号表示はしない．代わりに次のように計算の手順を示している．

ア）与えられた条件から x, y の関係を表す（方程式 (1)），イ）方程式 (1) 中の b, c のような複数の変化する係数間の関係を表す（方程式 (2)），ウ）方程式 (1) からただ一つ b 以外の変化する係数を除く（方程式 (3)），エ）方程式 (3) を b について微分したものを求める（方程式 (4)），オ）方程式 (4) を使って方程式 (3) から「残っている変化する b を除いた」方程式を立てる（方程式 (5)）．

最後の方程式 (5) は「x, y 以外には（b 以外の）変化しない係数」が残っているだけで，これによって求める「線の交わりによって形成される曲線の方程式」が得られる．

3.2 無限小解析の発展と応用 *143*

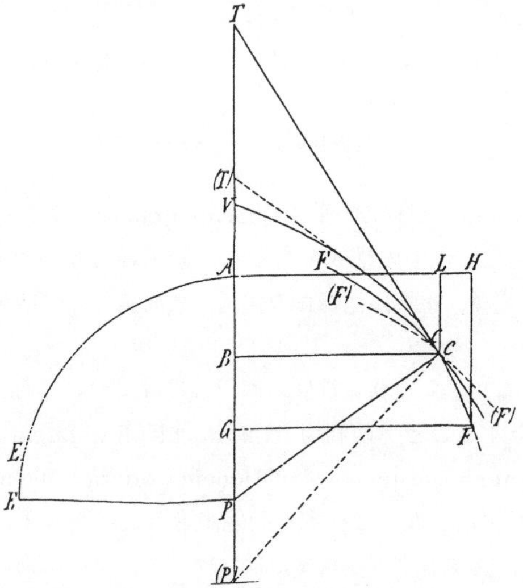

図 3.19 1694 年 7 月論文より

角 PAH の辺に二つの垂線 FG $(= y)$, FH $(= x)$ を引く. さらに AP $= b$, PC $= c$ とすると円の方程式は

$$xx + yy + bb = 2bx + cc \tag{3.41}$$

となる. このとき PE $=$ PC となる曲線 EE が与えられる. 例えばパラメーター a の放物線とすると $ab = cc$ であり, これを式 (3.41) に代入して c を消去する. すると,

$$xx + yy + bb = 2bx + ab \tag{3.42}$$

となるが, これが式 (3.39) に対応している. 定数 b は円の位置を定める「外在的」(extraneus) な量であり, 式 (3.42) を b で微分する.

$$2bdb = 2xdb + adb \tag{3.43}$$

が得られ, これが式 (3.40) に対応する. 式 (3.43) を (3.42) に代入して b を消去すると,

$$ax + \frac{aa}{4} = yy \tag{3.44}$$

144　第 3 章　ハノーファー時代における研究の展開

となり，つまり放物線の式が得られる[155]．ライプニッツは以上の結果は「微分可能なものが一つの場合には，フェルマーによって提示され，フッデによって推進された極大と極小に関する古い方法と実質的に一致する．しかしそれは単なる我々の方法の系に過ぎない」と指摘している[156]．ライプニッツは「極大・極小に関する新方法」で有理量，無理量を問わず，極大・極小を計算し，また接線を求めるための基本公式を公表した．ここではさらに曲線に対する接線群（包絡線）の問題を通じて，先人の成果が一特殊例と化してしまうような地点にまで射程を広げようとしていたといえよう[157]．

1702 年 5 月，続けて 1703 年 1 月に発表された有理式の積分に関する論文，すなわち「和と求積に関する無限の学問による解析の新しい例」，および「有理求積の解析続篇」(Continuatio analyseos quadraturarum rationalium) は，ライプニッツの到達点の一つを示すものである．ライプニッツは前者の中で自己の論文の意義を次のように説明する．

> 私は円の求積を有理求積へと還元することによって，すなわち円の求積から $\int dx : (1+xx)$ を考えることで，まさに私の算術的求積を見いだした．その際，同時に有理式の求和へと還元される，あらゆる求積がそれ自身最も簡単な求和の特定の項へと帰着されるということに気づいたのである．その理論を用いてなすべきことを，乗法による積を加法によって集められた (conflatus) 全体へと変換する新種の解法によって，すなわち，それらの根の連続的乗法によって任意の高次の〔次数の〕分母を持っている分数を，ただ単純な分母を持つ分数からなる集まりへと変換することで示そう[158]．

ライプニッツは算術的求積を通じて得た有理式の「求和」(＝ 積分) というパリ時代初期の例を，有理式の積分計算一般の理論へと拡張したと主張するのである．

まず $b, c, d, \cdots$ を定数として $x+b=l, \ x+c=m, \ x+d=n$ とするとき，次の有理式を以下のように分割する．

---

(155)　*Ibid.*, S. 304f. 邦訳，64f 頁．ライプニッツの方法に対する現代的立場からの解釈は邦訳，70f 頁の馬場郁の解説参照．

(156)　*Ibid.*, S. 305. 邦訳，65 頁．

(157)　[Engelsman 1984], pp. 29f.

(158)　[Leibniz GM], V, S. 351. 邦訳 [ライプニッツ 1999], 208 頁．$\int dx : (1+xx)$ とは無論，我々の記号表示で $\int \frac{dx}{(1+xx)}$ のことである．

3.2　無限小解析の発展と応用　　*145*

$$\frac{\frac{\alpha}{\pi} + \frac{\beta}{\pi}x + \frac{\gamma}{\pi}xx + \frac{\delta}{\pi}x^3}{x^3 + \frac{\xi}{\pi}x + \frac{\mu}{\pi}xx + \frac{\lambda}{\pi}} = \frac{\frac{\alpha}{\pi}}{lmn} + \frac{\frac{\beta x}{\pi}}{lmn} + \frac{\frac{\gamma xx}{\pi}}{lmn} + \frac{\frac{\delta x^3}{\pi}}{lmn}. \tag{3.45}$$

このとき式 (3.45) の右辺の各項はその第 1 項の形に還元される. 例えば,

$$\frac{x}{lmn} = \frac{1}{mn} - \frac{b}{lmn}, \tag{3.46}$$

$$\frac{x^2}{lmn} = \frac{1}{n} - \frac{b+c}{mn} + \frac{b^2}{lmn}, \tag{3.47}$$

$$\frac{x^3}{lmn} = 1 - \frac{b+c+d}{n} + \frac{b^2+c^2+bc}{mn} - \frac{b^3}{lmn}, \tag{3.48}$$

のようにである[159]. また一方で,

$$\frac{1}{lmn} = \frac{1}{(c-b)(d-b)l} + \frac{1}{(b-c)(d-c)m} + \frac{1}{(b-d)(c-d)n}$$

と分解できる. 加えて「分子に不定量である不定の整式を含んでいる分数を, 整式と分子が定量の分数へと分解する」[160]ことで一般の有理式が多項式と分母が 1 次式で分子が定数の分数の和として表現できることになるのである. 上記のような部分分数への分解は何を目的に行われるのだろうか. ライプニッツはパリ時代の初期に得た算術的求積の成果をもとに, 次のような問題設定をしている.

あらゆる有理的求積 (quadratura rationalis) は, 双曲線そして円の求積へと還元することができるかどうか. 我々のこの解析でそれは, あらゆ

---

[159] *Ibid.*, S. 351ff. 邦訳, 209ff 頁. 式 (3.46) は

$$\frac{x}{lmn} = \frac{(x+b)-b}{lmn} = \frac{1}{mn} - \frac{b}{lmn}$$

より得られる. 式 (3.47) は式 (3.46) の両辺に x をかけて

$$\frac{x^2}{lmn} = \frac{x}{mn} - \frac{bx}{lmn}.$$

$$\text{右辺} = \frac{(x+c)-c}{mn} - \frac{b(x+b)-b^2}{lmn}$$

より得られる. 式 (3.48) も同様である.

[160] 一例を示せば,

$$\frac{x^3}{lm} = x - (b+c) + \frac{b^2+c^2+bc}{m} - \frac{b^3}{lm}$$

である. *Ibid.*, S. 353f. 邦訳, 211f 頁.

る代数方程式，すなわち不定量に関して有理的な実整式が，実で単純な〔1次の〕因数へ，あるいは実で平面的な〔2次の〕因数へと還元することができるかどうか，という問題に帰着する[161]．

実際，ライプニッツの挙げる例によれば

$$\int \frac{dx}{x^4 - 1} = \int \frac{dx}{4(x-1)} - \int \frac{dx}{4(x+1)} - \int \frac{dx}{2(x^2+1)}. \tag{3.49}$$

この式 (3.49) の第1項と第2項は双曲線の求積に，第3項は円の求積に依存することがわかる．こうした例は直ちに一般化される．

> 縦線の値において分母が $x+e$ のような1次の実因数を持つ，あらゆる代数的，有理的な図形の求積は双曲線の求積に還元される．一方，$xx+fx+ag$ あるいは（第2項を除いて）$xx \pm ae$ のような平面的，すなわち2次の実因数（無論，実の解を持たないもの，そうでなければ絶対的な求積へと導かれる）を持つ場合には，双曲線の求積，円の求積あるいはその両方に依存する[162]．

かくして上記のより一般的問題が提示されることになるのである．

この部分分数の分解を手段とする有理式の積分の問題に内在する，他の側面にも目を向けておこう．それはいわゆる「代数学の基本定理」に関することである．17世紀の方程式論の成果の一つとして，n 次の実係数の代数方程式が n 個の解を持つことが提示されたことはよく知られている（ジラール，1629年）．ただし解として実量のみならず，虚量をも認知するかという問題は残った（2.3.1項参照）．ライプニッツは虚量を解として認めることに抵抗感はなかった．例えば，$\frac{1}{x^4+a^4}$ の分解について

$$x^4 + a^4$$
$$= \left(x + a\sqrt{\sqrt{-1}}\right)\left(x - a\sqrt{\sqrt{-1}}\right)\left(x + a\sqrt{-\sqrt{-1}}\right)\left(x - a\sqrt{-\sqrt{-1}}\right)$$

とする．しかし，「この四つの根からどのような二つの組み合わせを作ったとしても，その二つを互いにかけたものが実量を与え，しかも実で平方的な因数になるように我々はできない」と述べている[163]．結局，

---

(161)　*Ibid.*, S. 359. 邦訳，219頁．
(162)　*Ibid.* 邦訳，218f頁．
(163)　*Ibid.*, S. 359f. 邦訳，219頁．

$$\left(x + a\sqrt{\sqrt{-1}}\right)\left(x + a\sqrt{-\sqrt{-1}}\right) = x^2 + \sqrt{2}ax + a^2$$

となることを見逃しているのである[164]. ライプニッツは「したがって $\int dx :$ $(x^4 + a^4)$ は我々のこの解析を通じて円の求積にも双曲線の求積にも還元されず, むしろ新種のものを基礎づける」と結論づけてしまった[165]. これに対しては当然後世の数学者 (コーツが代表的) による修正を受けることになる[166].

ライプニッツは翌年 1 月に前年 5 月の論文の続編を発表する. 前論文では異なる 1 次式への部分分数分解を試みたが, ここでは分解の際に 1 次式の累乗を含んでいる場合を扱っている. 今 $h = x + a$, $l = x + b$, $\omega = l - h = b - a$, $\psi = a - b$ とするとき, ライプニッツはまず,

---

(164) 次の因数の積を考える.

$$\left(x + a\sqrt{\sqrt{-1}}\right)\left(x + a\sqrt{-\sqrt{-1}}\right) = x^2 + a\left(\sqrt{\sqrt{-1}} + \sqrt{-\sqrt{-1}}\right)x + a^2.$$

一方,

$$\sqrt{\sqrt{-1}} = \pm\frac{1}{\sqrt{2}} \pm \frac{1}{\sqrt{2}}\sqrt{-1} \text{ または } \sqrt{-\sqrt{-1}} = \pm\frac{1}{\sqrt{2}} \mp \frac{1}{\sqrt{2}}\sqrt{-1}$$

より複号の上側をとると

$$\therefore \left(x + a\sqrt{\sqrt{-1}}\right)\left(x + a\sqrt{-\sqrt{-1}}\right) = x^2 + \sqrt{2}ax + a^2$$

となり, ライプニッツの結論に反する.

(165) [Leibniz GM], V, S. 360. 邦訳, 219 頁. 同邦訳, 222ff 頁における解説で, 馬場郁は代数学の基本定理の表現形式を大きく三つ, 細かくは五つに分類した上で, 特に「次数 $n (n > 0)$ の実係数多項式は実係数の 1 次因数または 2 次因数の積に分解される」という内容にライプニッツが至っていないことを指摘している.

(166) [Gowing 1983], pp. 67f. または [ライプニッツ 1999], 224f 頁参照. また同じ時期にヨハン・ベルヌーイも同様の問題を考えていた. 1702 年 6 月から 8 月にかけて書簡を通じてライプニッツとヨハン・ベルヌーイは有理式の積分について論じ合っている. ヨハンは 1702 年 6 月 10 日付のライプニッツ宛書簡で, p, q を x と定数からなる有理量とし, 微分量 $\frac{p dx}{q}$ が与えられるときにその積分を求める, あるいは円または双曲線の求積に帰着させるという, ライプニッツ論文と同内容の問題を提示している ([Leibniz GM], III/2, S. 702). ヨハンの成果の公表はその後, 1702 年 8 月に「積分計算に関する問題の解, その計算との関連でいくつかの概要」(Solution d'un probleme concernant le calcul intégral, avec quelques abregés par raport à ce calcul) のタイトルでパリの科学アカデミーの『紀要』に発表された. その中でヨハンは, x の 1 次式の積に分解する際,

$$\int adx : (x + f) \tag{3.50}$$

の型の積分が「実であれ, 虚であれ, 対数の, あるいは双曲線の求積に」帰着すると主張している ([Bernoulli JHO], I, S. 395). 虚の対数とは式 (3.50) で f が虚量の場合をいう. これがまた別の機会にライプニッツとヨハン・ベルヌーイとの論争の話題になる ([Leibniz GM], III/2, S. 885–896).

$$\frac{1}{h^4 l} = \frac{1}{\omega h^4} - \frac{1}{\omega \omega h^3} + \frac{1}{\omega^3 h^2} - \frac{1}{\omega^4 h} + \frac{1}{\omega^4 l} \tag{3.51}$$

を示す[167]. これだけでは分子の係数について何も判断できないが，続けて（$\psi = -\omega$ を念頭に置き）l の累乗を考えることで，分子の係数と組み合わせの数との関連が明確になる．すなわち，次が成り立つ．

$$\frac{1}{h^4 l^3} = \frac{1}{\omega^3 h^4} - \frac{3}{\omega^4 h^3} + \frac{6}{\omega^5 hh} - \frac{10}{\omega^6 h} + \frac{1}{\psi^4 l^3} - \frac{4}{\psi^5 ll} + \frac{10}{\psi^6 l}.$$

よって，次の一般形が導かれる[168].

$$\frac{1}{h^t l^v} = \left\{ \begin{array}{l} \dfrac{1}{\omega^v h^t} - \dfrac{\frac{v}{1}}{\omega^{v+1} h^{t-1}} + \dfrac{\frac{v(v+1)}{1 \times 2}}{\omega^{v+2} h^{t-2}} - \dfrac{\frac{v(v+1)(v+2)}{1 \times 2 \times 3}}{\omega^{v+3} h^{t-3}} + \cdots \\[3mm] + \dfrac{1}{\psi^t l^v} - \dfrac{\frac{t}{1}}{\psi^{t+1} l^{v-1}} + \dfrac{\frac{t(t+1)}{1 \times 2}}{\psi^{t+2} l^{v-2}} - \dfrac{\frac{t(t+1)(t+2)}{1 \times 2 \times 3}}{\psi^{t+3} l^{v-3}} + \cdots. \end{array} \right. \tag{3.52}$$

式 (3.52) からは容易に，各項の一般形が（我々の記号で）

$$\frac{(-1)^k {}_{v+k-1}C_k}{\omega^{v+k} h^{t-k}} \text{ または } \frac{(-1)^s {}_{t+s-1}C_s}{\psi^{t+s} l^{v-s}}$$

となることがわかる．これら 1702 年 5 月論文，そして 1073 年 1 月論文を見るならば，パスカルに誘発されて数三角形の議論をしていたこと（1672 年ガロワ宛書簡，2.1.1 項参照）[169]，調和三角形の議論から円錐曲線下の算術的求積の成果を作り上げたこと（2.1.2 項『算術的求積について』），カルダーノの公式の一般的有効性のため虚量の認知が必然的に伴ったこと（2.3.1 項参照），そうしたライプニッツのパリ時代以降の主だった数学的考察の遍歴が，ここに見事に集約された感がある．部分的には結論を見誤ってしまったにせよ，以上の一般的な有理式に対する積分の成果は，ライプニッツの無限小解析が到達した地点の一つと考えてさしつかえないであろう．

---

(167) [Leibniz GM], V, S. 364. 式 (3.51) は

$$-\frac{1}{\omega^4 h} + \frac{1}{\omega^4 l} = -\frac{1}{\omega^3 hl}, \quad \frac{1}{\omega^3 h^2} - \frac{1}{\omega^3 hl} = \frac{1}{\omega^2 h^2 l},$$
$$-\frac{1}{\omega^2 h^3} + \frac{1}{\omega^2 h^2 l} = -\frac{1}{\omega h^3 l}, \quad \frac{1}{\omega h^4} - \frac{1}{\omega h^3 l} = \frac{1}{h^4 l}.$$

以上の計算から確認できる．

(168) *Ibid.*, S. 364.

(169) 原亨吉はライプニッツがパスカルに親しんでいたことから，式 (3.52) を得る過程において，数学的帰納法が意識されていた可能性を示唆している．[ライプニッツ 1999]，226f 頁．

3.2 無限小解析の発展と応用　　*149*

操作記号としての d

ライプニッツの最晩年（1710 年）の論文「ベキと微分の比較における代数計算，および無限小計算の注目すべき対応，さらに超越的同次法則について」は，積の高階微分に関するいわゆる「ライプニッツの公式」を与えている点が注目される[170]．ライプニッツはこの論文の中で，まず 2 項展開と積の微分計算との対応とを考え，次のように述べる．

> ベキと微分との間には，ここで明らかにするに値する秘された類似性が隠れている．まず最初に，2 項式（すなわち二つの項の和）のベキと矩形（すなわち二つの因子〔の積〕から作られたもの）の微分を比較してみよう．次にそこから（類似が常に成立するので）簡単に，任意の多項式によるベキと任意に多くの因子〔の積〕から作られたものの，微分との共通の規則を導出しよう[171]．

ライプニッツが考案した記号 d は，微分計算において「作用素」として機能していると解釈することができた[172]．dx, ddx, d^3x がそれぞれ 1 階，2 階，3 階の微分量を表したように，ライプニッツは記号 p^1x, p^2x, p^3x によって 1 次，2 次，3 次のベキを表す．このとき，

$$p^1(x + y) = x + y,$$
$$p^2(x + y) = 1xx + 2xy + 1yy,$$
$$p^3(x + y) = 1x^3 + 3xxy + 3xyy + 1y^3,$$

となるので，容易に一般的な 2 項展開が次のように得られる．

---

(170)　論文のタイトルの冒頭の語 'symbolismus' に対して [ライプニッツ 1999] は「対応」という訳語を充てており，本書もそれにならう．同書はサン・ヴァンサン『幾何学的著作』第 6 巻において，「螺線と放物線の対応」(Spiralis et parabolae symbolizatio) という題名で，螺線の求積が放物線の求積に帰着することを論じていることを根拠にしている．「記号法」という訳語の方が自然なようだが，論文の内容に照らしても「対応」とすることに無理はないと考えられる．[ライプニッツ 1999]，229 頁，注☆ 1 参照．
(171)　[Leibniz GM], V, S. 377f. [ライプニッツ 1999], 230 頁.
(172)　133 頁に記した 1684 年論文「極大・極小に関する新方法」中の計算諸公式を参照．

150　　第 3 章　ハノーファー時代における研究の展開

$$p^e(x+y) = 1x^e + \frac{e}{1}x^{e-1}y + \frac{e(e-1)}{1\times 2}x^{e-2}y^2 + \frac{e(e-1)(e-2)}{1\times 2\times 3}x^{e-3}y^3$$
$$+ \frac{e(e-1)(e-2)(e-3)}{1\times 2\times 3\times 4}x^{e-4}y^4 + \cdots$$
$$= 1p^exp^0y + \frac{e}{1}p^{e-1}xp^1y + \frac{e(e-1)}{1\times 2}p^{e-2}p^2y + \frac{e(e-1)(e-2)}{1\times 2\times 3}p^{e-3}xp^3y$$
$$+ \frac{e(e-1)(e-2)(e-3)}{1\times 2\times 3\times 4}p^{e-4}xp^4y + \cdots . \tag{3.53}$$

ただし $p^0x = 1$, $p^{-1}x = \frac{1}{x}$, $p^{-2}x = \frac{1}{xx}$ 等々である[173]. 他方, 微分計算については, 例えば $d^2(xy)$ を計算すると,

$$d(xy) = ydx + xdy.$$

すなわち

$$d^1(xy) = d^1xd^0y + d^0xd^1y.$$

以下

$$dd(xy) = yddx + 2dydx + xddy.$$
$$\therefore d^2(xy) = d^2xd^0y + 2d^1xd^1y + d^0xd^2y$$

のように $p^2(x+y)$ の結果との対応関係が成立するのである. したがってそれを敷衍して式 (3.53) に対応する一般的な積の微分公式,

$$d^e(xy) = 1d^exd^0y + \frac{e}{1}d^{e-1}xd^1y + \frac{e(e-1)}{1\times 2}d^{e-2}d^2y$$
$$+ \frac{e(e-1)(e-2)}{1\times 2\times 3}d^{e-3}xd^3y$$
$$+ \frac{e(e-1)(e-2)(e-3)}{1\times 2\times 3\times 4}d^{e-4}xd^4y + \cdots \tag{3.54}$$

が成立することをライプニッツは示している[174]. ベキ計算を記号 $p^e(x+y)$ で表し, 積の微分計算 $d^e(xy)$ とのアナロジーを見抜いた結果は, 我々の目か

---

(173) *Ibid.*, S. 378. 邦訳, 230f 頁.

(174) *Ibid.*, S. 379f. 邦訳, 231ff 頁.

ら見れば，そう不思議なことでないかもしれない．しかしこれは，17世紀前半に記号的代数計算の手法が本格化した段階と比較しても，驚くべき発想である．元来，ライプニッツにとって記号 d は，1675年10月の草稿で導入されたときから，「作用素」としての意味合いを持っていた．dx の形で単に無限小であれ，有限量であれ，量の代替物として用いられるだけでなかったのである．記号 d に演算操作自体も含めて，多義的な意味づけが施されたことは，明らかに記号法利用範囲の拡大である．しかもそれによってここで示されたような，操作 p と d の類似性が見いだされるに至って，ライプニッツの記号法はまた新たな数学上の可能性を一つ作り出したといえよう．

この内容は1710年に公刊論文として発表される前に，ヨハン・ベルヌーイとの交信の中で繰り返し話題にされていた．すなわち，1694年9月2日付書簡でヨハン・ベルヌーイがライプニッツに，次の式を提示したことに始まる．

$$\int n dz = nz - \frac{1}{1 \times 2} zz \frac{dn}{dz} + \frac{1}{1 \times 2 \times 3} z^3 \frac{ddn}{dz^2}$$
$$- \frac{1}{1 \times 2 \times 3 \times 4} z^4 \frac{dddn}{dz^3} + \cdots. \tag{3.55}$$

ここで n は不定量と定数からなる任意の量である[175]．翌年，ライプニッツは別々な書簡（1695年2月28日付，5月16日付，10月30日付）において，ベルヌーイの議論に反応する．実際，2月28日付書簡では，1710年論文で示したような記号 d の作用素としての機能に注目し，

$$d^0 x = x, \; d^{-1} x = \int x,$$

一般には

$$d^{-r} = \int^r x$$

と解釈できるとした[176]．また，5月16日付書簡では，2項展開と積の微分の対応関係も以下の式 (3.56) で $m = 1, 2, 3, 4$ の場合を例示しつつ示した（記号の過渡的状況を示すために初出の表記を用いる）[177]．

---

(175)　[Leibniz GM], III/1, S. 150. このヨハン・ベルヌーイの結果は1694年11月に公表された．[Bernoulli JHO], I, S. 126. 今日式 (3.55) は「ベルヌーイの級数」と呼ばれる．
(176)　[Leibniz GM], III/1, S. 167f.
(177)　*Ibid.*, S. 175.

152　　第3章　ハノーファー時代における研究の展開

$$\boxed{} \quad \overline{x+y} = x^m y^0 + \frac{m}{1} x^{m-1} y^1 + \frac{m.m-1}{1.2} x^{m-2} y^2 + \cdots,$$

$$d^m \overline{xy} = d^m x d^0 y + \frac{m}{1} d^{m-1} x d^1 y + \frac{m.m-1}{1.2} d^{m-2} d^2 y + \cdots . \quad (3.56)$$

さらに 10 月 30 日付書簡では，式 (3.56) で x の代わりに dz，また $n = -m$ と置きかえる．そして $d^{-n} = \int^n$ であることから，（n を整数として）次を示している[178].

$$\int^n \overline{dzy} = \int^{n-1} zd^0 y - \frac{n}{1} \int^n zd^1 y + \frac{n.n+1}{1.2} \int^{n+1} zd^2 y$$

$$- \frac{n.n+1.n+2}{1.2.3} \int^{n+2} zd^3 y + \cdots . \quad (3.57)$$

結果の公表そのものは 1710 年にまで遅れたが，ライプニッツの中ではそれよりも 15 年早く，定式化されていたことになる．したがってこの成果は晩年になって生まれたものではない．本項で見てきたように，同時期にライプニッツは無限小解析の個別問題への適用や，さらには次項で述べる無限小解析の基礎づけの論争に係わっている．一方で記号法の持つ形式的な機能が引き出す可能性を考察していたわけで，その意味で 3.1.1 項，数論の稿で分析した草稿「代数学の新しい進展」（1697 年頃執筆）との類似性を感じさせる[179].

イングランドの数学者テイラーは彼の著書『増分法』（*Methodum incrementorum*）（1715 年刊）において，現在我々がテイラー展開と称している式を提示した[180]．少なくともライプニッツ（およびヨハン・ベルヌーイ）は，1695 年の段階でそれと同等のものに達していたことを我々は銘記するべきである[181]．最晩年にかけてライプニッツはニュートン派との先取権論争に悩まされた．そんな折，テイラーの著書を手に入れたライプニッツはヨハン・ベルヌーイに宛てた書簡（1716 年 6 月 7 日付）で次のように語っている（このときライプニッツは死を 5 カ月後に控えていた）．

　　　私はテイラーの『増分法』と称するものを受け取りました．〔その著作の　　　内容は〕数への，というよりもむしろ一般量への微分算と積分算の応用

---

(178)　*Ibid.*, S. 221f.

(179)　3.1.1 項式 (3.23), (3.24) 参照.

(180)　[Taylor 1715], p. 21. 我々が参照するのは，初版（1715 年刊）の再版である 1717 年版である.

(181)　ライプニッツ，ヨハン・ベルヌーイの成果と，テイラーの著作中の成果との比較は [Feigenbaum 1985], pp. 80–90 参照.

です．〔…〕私は数列による微分計算を始め，そしてそれを数列の和へと有益に利用したのでした．また幾何学において微分と求和が求積を与え，諸々の線において比較不能な量のため多くのことが消えてしまうことに気づいた後，私は自然な方法によって (via naturali) 一般的な計算から特殊な幾何学的計算，すなわち無限小計算へと達したのです．彼ら〔ニュートン派〕は反対に進むのです．というのも彼らは真の発見の方法を持っていないからです．彼の著作のあらゆる箇所において，彼はニュートンを除いて誰も引用していないのです[182]．

ライプニッツは記号法の機能を十全に活かし，形式的にベキ計算を表現すること，さらには微分（または積分）計算とのアナロジーを見いだすことで，無限小解析に新たな視点を持ち込んだ．しかしそうした様相を備えた数学が，彼にとって上の引用にあるように「自然な方法」だったのであろうか．我々は，ライプニッツの無限小解析の特色が鮮明な，いくつかの成果に対して目を向けてきた．ここでさらに自然学から引き出された問題に対する応用についても関心の幅を広げることで，ライプニッツおよびその周辺の人々の数学的研究の特徴について理解を深めることにしたい．そうすることで彼らの数学の持っているプラスの側面，マイナスの側面を一層明確にすることができるだろう．

3.2.3 自然学への応用

本項では無限小解析の応用例として，以下の問題の解法を見よう．

- 等時曲線（linea isochrona），対心等時曲線（linea isochrona paracentrica）[183]．

これらの問題を解決する過程で，ライプニッツは曲率半径，2 階の微分量等々，数学的に興味ある話題を我々に提供する．またライプニッツのみならず，ライプニッツの周辺の人々，すなわちベルヌーイ兄弟，ロピタル，ヴァリニョン等も同じ問題に取り組んでおり，彼らの知的交流を窺うには好都合である．

---

(182) [Leibniz GM], III/2, S. 963.
(183) 'isochrona' という語はしばしば「等時」と訳されるが，実質的な内容に照らして「等速」とする方がふさわしいかもしれない．一方 'paracentrica' に対しては，'para-' の原義を尊重し「対心」とする．[ライプニッツ 1999] は「向背心」という訳語を充てているが，「対心」でも邦訳の訳者の意図は果たされると考えられるからである．[ライプニッツ 1999]，72 頁，注☆ 1，88 頁，注 1 参照．

154　　第 3 章　ハノーファー時代における研究の展開

等時曲線

ライプニッツは 1686 年 3 月,『学術紀要』誌上に論文「自然法則に関する,デカルトおよびその他の人々の顕著な誤謬についての簡潔な証明 $\cdots$」(Brevis demonstratio erronis memorabilis Cartesii et aliorum circa legem naturalem $\cdots$) を発表した.デカルト等が運動における保存則として運動量（質量と速度の積）が保存することを主張するのに対して[184],ライプニッツは批判を投げかけたのである.ライプニッツは自由落下を想定し,「力は（同一の比重 (gravitas specifica),あるいは硬度 (soliditas) を有する）物体と,速度を生み出す高さの合成比に比例する」と考えるべきであることを提唱する[185].それに対してデカルト主義者から反論が起こり,いわゆる「活力」(vis viva) 論争が始まったのである[186].ライプニッツはマルブランシュの周辺にいた人々（例えばカトラン神父）の議論を受けて[187],1689 年 4 月にやはり『学術紀要』誌に「加速されることなしに,重さによって落下する等時曲線について,およびカトラン神父との論争について」(De linea isochrona, in qua grave sine acceleratione descendit, et controversia cum Dn. Abbate de Conti) を発表する[188].我々はその論文に注目しよう.

ライプニッツがここで解決しようとする問題は「重みによって一様に下降する,あるいは等しい時間において水平線へと近づく,したがって特に加速なしに常に等しい速度で下方へと動く,等時曲線を見いだすこと」である[189].ライプニッツは図 3.20 における「平方–立方パラボロイド」曲

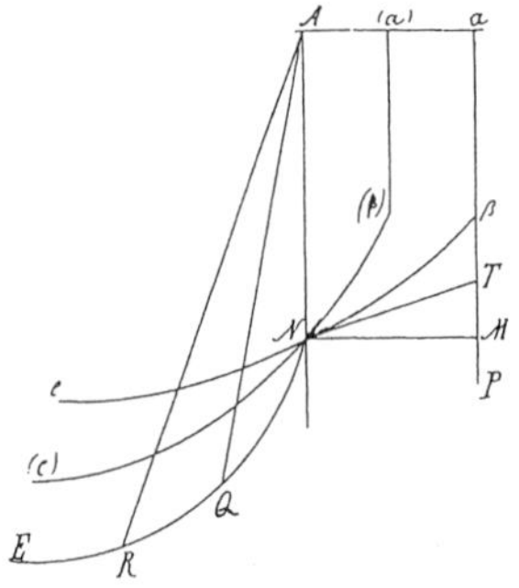

図 3.20 等時曲線（1689 年論文より）

---

(184) デカルトの主張は『哲学原理』第 2 部第 36 項において見ることができる.[Descartes AT], VII-1, pp. 61ff. 邦訳 [デカルト 1988],83f 頁.

(185) [Leibniz GM], VI, S. 119. 邦訳 [ライプニッツ 1999],389 頁.ライプニッツの「力」(vis) 概念については [Gueroult 1967], chapitre V, [Gale 1988] 参照.また同様にデカルトの力の概念については [Garber 1992], chapter 9 参照.

(186) ライプニッツとデカルト派との論争の経過,背景については [Iltis 1971], [Papineau 1977] 参照.

(187) カトラン神父はマルブランシュの下で,熱狂的なデカルト主義者として当時著名であった.ライプニッツとの論争以前にも,ホイヘンスと振動に関する激しい論争を行っていた.[Leibniz NC], pp. 155f(n. 7). またライプニッツの 1686 年論文から 1689 年論文までの活力論争の経緯については [Robinet 1955], chapitre IV 参照.

(188) ゲルハルトは原論文で 'cum Dn. Abbate D. C.' となっているところを 'De Catelan' ではなく 'De Conti' と考えたようである.[Leibniz NC], p. 156(n. 7).

(189) [Leibniz GM], V, S. 234.

線 βNe（曲線上の任意の点を N とするとき，$NM^2 \times aP = \beta M^3$ が成立）が求める曲線であると結論づける．ただし，ここで点 β における接線 βM は水平線 Aa に垂直であるとし，aP をパラメーターとするとき $a\beta = \frac{4}{9}aP$ が成立することが想定されている[190]．証明は次の通りである．直線 NT は曲線 βNe に N で接し βM に T で交わるとする．このとき

$$TM^2 : NM^2 = a\beta : \beta M \tag{3.58}$$

が成立する[191]．さらに

$$TM^2 : TN^2 = a\beta : a\beta + \beta M(= aM) \tag{3.59}$$

となる[192]．他方 N における接線方向の速度を v，自由落下（鉛直方向）の速度を v_0 とすると

$$TM : TN = v_0 : v \tag{3.60}$$

が成り立つ．今 $a\beta$ の自由落下による速度を v_1 とすると v_0 と v_1 との比は「等しいものの比である．$a\beta$ 対 aM と aM 対 $a\beta$ という合成された下 2 重比にな

---

(190) *Ibid.*, S. 235.

(191) *Ibid.* 式 (3.58) を得るにあたって，「この曲線の接線のよく知られた性質」が利用されたことをライプニッツは指摘している．それ以上の言及はないが，仮に我々が再構成するならば，まず

$$\frac{TM}{NM} = \frac{dx}{dy}$$

が成り立つ．他方曲線の方程式は $k = aP$（パラメーター）として

$$ky^2 = x^3$$

より，両辺微分量を取ると

$$2kydy = 3x^2dx,$$
$$\frac{dx}{dy} = \frac{2ky}{3x^2} = \frac{2}{3}\sqrt{\frac{k}{x}}.$$

一方

$$a\beta = \frac{4}{9}k \iff k = \frac{9}{4}a\beta.$$

これをすぐ上に代入して

$$\therefore \frac{TM}{NM} = \sqrt{\frac{a\beta}{x}} = \sqrt{\frac{a\beta}{\beta M}}.$$

(192) *Ibid.* 式 (3.59) は式 (3.58) の結果にユークリッド『原論』第 5 巻の比の性質（命題 7 の系，命題 18）を用いている．

る」，つまり $v_0 = v_1$ が示される[193]．

ゲルハルトは同時に執筆されたと考えられる「等時曲線の問題の解析」という草稿も公にしている[194]．ライプニッツの解析の技法を見るために我々はその内容を確認しておこう．今図 3.21 において $BR = RS$ とする．また BYEF が求める等時曲線であるとする．さらに $AX = x$，$XY = y$，$_1X_2X = {}_1Y_1D = dx$，$_1D_2Y = dy$ とする[195]．A から X までの時間 t は（ガリレオの法則により）$\sqrt{x}$ となる．このとき，微分計算の公式を利用すると次が得られる．

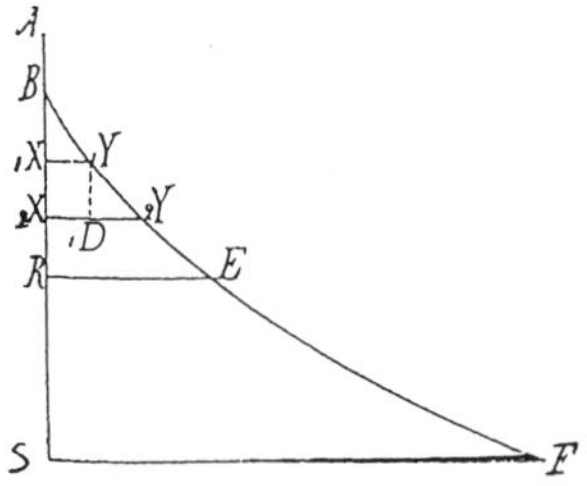

図 3.21 等時曲線（1689 年論文の解析）

$$d\sqrt{x} = \frac{1}{2}x^{-1:2}dx.$$

さらに（以下，簡略のため我々の記号表示を用いると）

$$dt : \frac{dx}{2\sqrt{x}} = \sqrt{dx^2 + dy^2} : dx(= {}_1Y_2Y : {}_1X_2X).$$

ここで降下する距離の要素 dx は降下に要する時間の要素 dt に比例する．よって比例定数として a（実際には 1 と取られる）を取ると

---

(193) *Ibid.*, S. 235f. 最後の結論は N において式 (3.59), (3.60) から

$$v_0^2 : v^2 = TM^2 : TN^2 = a\beta : aM.$$

一方で自由落下に関するガリレオの法則より（*Ibid.*, S. 236 に言及あり）

$$v^2 : v_1^2 = aM : a\beta.$$

これら二つの式より

$$\frac{v_0}{v_1} = \sqrt{\frac{v_0^2}{v^2}} \times \sqrt{\frac{v^2}{v_1^2}} = \sqrt{\frac{a\beta}{aM}} \times \sqrt{\frac{aM}{a\beta}} = 1.$$

$$\therefore v_0 = v_1.$$

(194) *Ibid.*, S. 241f. またブレは草稿上の図そのものを提示しながら同稿を分析している．[Blay 1992b], pp. 122–126.
(195) [Leibniz GM], V, S. 241 で指定された図で '$_1$B' となっているものを [Blay 1992b], p. 124 の図により '$_1$D' と訂正した．

3.2 無限小解析の発展と応用 *157*

$$dx = \frac{a\sqrt{dx^2 + dy^2}}{2\sqrt{x}}, \quad dy = \frac{dx\sqrt{4ax - a^2}}{a}$$

$$\therefore y = \int \frac{dx\sqrt{4ax - a^2}}{a}.$$

一方 $z = 4x - a$ とおくと $dx = \dfrac{dz}{4}$ より変量変換して

$$y = \int \frac{dz\sqrt{az}}{4a} = \frac{z\sqrt{az}}{6a}.$$

$$\therefore by^2 = z^3.$$

ただし $b = 36a$ とおいた. 以上から等時曲線が「平方–立方パラボロイド」曲線となることが示される[196].

　元の 1689 年論文に戻ると，ライプニッツは上記の証明に続いて「結論」と称して説明を加えている. 図 3.20 で異なるパラメーターに応じて求める曲線は Ne, N(e), NE のように変わるとしている. とりわけ，水平線 Aa に対して垂直に交わる AN を接線に持つ NE が最も早い下降を示すことを指摘している. 実はこの NE を求める問題，すなわち「水平線から等しい速度で下降する」に対して「与えられた 1 点から一様に遠ざかるような線を見いだす」ことが新たな問題として論文の末尾で提起されている[197]. すぐに反応は得られなかったようであるが，1694 年 6 月になってヤーコプ・ベルヌーイによって解が与えられ，ライプニッツも同年 8 月に自分自身の解を公表することになる. 等時曲線の一変種として我々は次にこの曲線に関しても考察を試みよう.

　1694 年 8 月に発表された論文「対心等時曲線に関する問題の独自の作図，その際接合の性質と微分算についてより一般的なある事柄が，さらには超越曲線の，一方で極めて幾何学的な，他方確かに機械学的であるが，極めて一般的な作図についての事柄が論じられる. ⋯」(Constructio propria problematis de curva isochrona paracentrica, ubi et generaliora quaedam de natura et calculo differenciali osculorum, et de constructione linearum transcendentium una maxime geometrica, altera mechanica quidem, sed generalissima. ⋯) で，ライプニッツは 1689 年論文で自ら提起した問題に対して，次のように解を示す. 図 3.22 で高さ H から物体が自由落下する. 固定された中心 A に対する

(196)　[Leibniz GM], V, S. 241.
(197)　*Ibid.*, S. 236f.

158　第 3 章　ハノーファー時代における研究の展開

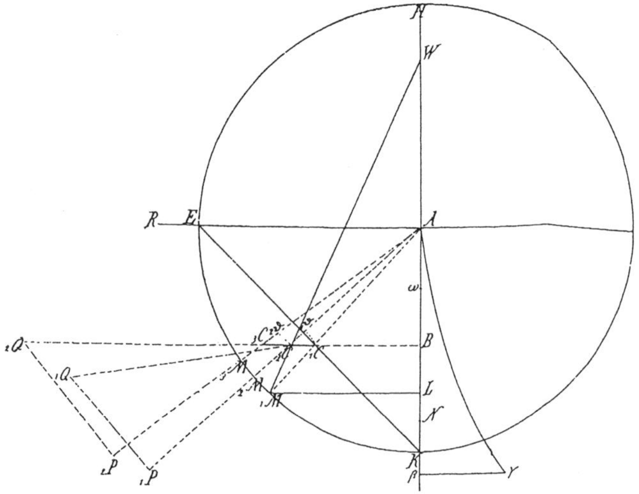

図 3.22 対心等時曲線（1694 年 8 月論文より）

「接近または後退が等速であり，まさに A からの距離の要素が時間の要素に比例している」曲線 $_1C_2C_3C$ が求めるものであるとライプニッツは主張する[198]．今 AC が時間 t を表し，$_1C$ から A_2C へと法線 $_1C_1\theta$ が引かれる．このとき $_2C_1\theta = dt$，点 $_1C$ における縦線方向の速度を v とすると $_1C_2C = dc = vdt$ となる．さらに HA $= a$，AB $= x$，$_1M_2M = dm$ とすると vv は $a + x$ に比例し，よって dc は $dt\sqrt{a+x}$ に比例する．同次法則により $x = 0$ のとき $dc = dt$ が成り立つことを考慮すると，

$$dc = \frac{dt\sqrt{aa + ax}}{a} \tag{3.61}$$

となる．また

$$dm : {}_1C_1\theta = a : t \iff {}_1C_1\theta = \frac{tdm}{a},$$
$$(_1C_2C)^2 = (_2C_1\theta)^2 + (_1C_1\theta)^2$$

から

$$dc^2 = dt^2 + \frac{t^2 dm^2}{a^2}.$$

---

[198] *Ibid.*, S. 314. 邦訳 [ライプニッツ 1999]，81 頁．

3.2 無限小解析の発展と応用 *159*

$$\therefore dt : t = dm : \sqrt{ax} \qquad (3.62)$$

が成り立つ[199]. ここで M から軸への垂線 ML を降ろし, AL $= z$ とすると,

$$a : t = z : x \iff ax = zt. \qquad (3.63)$$

式 (3.62), (3.63) によって

$$dt : \sqrt{at} = dm : \sqrt{az}. \qquad (3.64)$$

また, 円の接線の性質により,

$$dm : dz = a : \sqrt{a^2 - z^2}. \qquad (3.65)$$

式 (3.64), (3.65) より

$$dt : \sqrt{at} = a\,dz : \sqrt{a^3 z - az^3} \qquad (3.66)$$

が得られる. よって式 (3.66) を「求和することによって」(b を任意定数として)

$$2\sqrt{at} = aa \int \frac{dz}{\sqrt{a^3 z - az^3}} + b \qquad (3.67)$$

となる. したがって求積 $\int \frac{dz}{\sqrt{a^3 z - az^3}}$ の計算にこの問題は帰着するのである[200].

　先に紹介したように, ライプニッツのこの 1694 年 8 月論文は同年 6 月に『学術紀要』誌に掲載されたヤーコプ・ベルヌーイの論文を受ける形で著された. ヤーコプも式 (3.67) と同様なものに達している[201]. しかし, この求積計算を

---

[199]　式 (3.61) より,

$$dc^2 = dt^2 + \frac{x\,dt^2}{a} = dt^2 + \frac{t^2 dm^2}{a^2},$$
$$ax\,dt^2 = t^2 dm^2$$

から式 (3.62) が導かれる. *Ibid.*, S. 315. 邦訳 82 頁.

[200]　ライプニッツは上記の結果を「AN を AL と AK の比例中項とすると」(AN $= \sqrt{\mathrm{AL} \times \mathrm{AK}}$), 求める「縦線の AH に対する比が AH の平方の, AN と LM からなる矩形に対する比に等しいような図形の面積が求められなければならない」と言い換えている. すなわち求める縦線 $= y$ とすると,

$$y : a = a^2 : \mathrm{AN} \times \mathrm{LM} = a^2 : \sqrt{az}\sqrt{a^2 - z^2}$$

より求積 $\int \frac{a^3 dz}{\sqrt{a^3 z - az^3}}$ の計算に帰着するのである. *Ibid.*, S. 315. 邦訳 83 頁.

[201]　[Bernoulli JCO], I, p. 606.

ヤーコプが解決する方法は，ライプニッツによれば「第2階の超越的解法によって」(per solutionem transcendentalem secundi generis) いる．すなわち「縦線が $axx : \sqrt{a^4 - x^4}$ である図形の求積によってある曲線を作図し，さらにこの超越的求積曲線（それを彼は利用のために弾性曲線という）の大きさを利用している」のである[202]．ライプニッツの狙いは別なところにある．つまり「その求長によって求められているものを的確に示すような，代数的な線を」求めることである．当時の数学者たちにとって積分が代数的に表現されないときに，代数曲線の求積，または求長に還元することは一つの共通認識であった[203]．特に求長への還元を重視する，ライプニッツのこの発想は独自のものである．実は前年の1693年3月17日付のニュートンへの書簡の中で，すでに表明されていたものだった[204]．ライプニッツは，その書簡の冒頭で次のように述べる．

> 数学，ならびにあらゆる自然の事柄についての学問がどれだけあなたに負っているか，私が考えるところは機会が与えられれば公に述べてきました．あなたはあなたの級数によって幾何学を驚くほど拡大しました．さらに『プリンキピア』という著作を出版して，解析に受け入れられていなかったようなものも，あなたにはまた明白であることを示しました．私はといえば，微分と和を表す記号を利用することで，超越的と呼んでいる幾何学を，ある種の幾何学にしたがえることに努め，また少なからず前進してきたのでした．しかし，なおもあなたのその偉大なる手を煩わすことに私が何かしら大いなる期待を寄せるのは，例えば接線の与えられた性質から線を求める問題が，最善の形で求積へと還元されることであり，また（私が強く望んでいるのは）求積自体が，どの場合にも面積や体積のことよりも簡単な，曲線の求長へと還元されることなのです[205]．

ライプニッツは同様の質問をホイヘンスにも尋ねている（1691年9月21日付，1693年10月11日付書簡）[206]．

---

(202) [Leibniz GM], V, S. 314. 邦訳，81頁.
(203) [ライプニッツ 1999]，88f 頁の馬場郁による解説参照.
(204) このライプニッツの書簡とそれに対するニュートンからの返書（1693年10月26日付）とが両者が互いに直接やり取りをした唯一の交信である.
(205) [Newton NC], III, p. 257. 邦訳，[ライプニッツ 1997]，362f 頁.
(206) [Leibniz GM], II, pp. 118, 166. ホイヘンスはライプニッツの書簡に対して，「私もそれら二つの求積が行われないときに，ある曲線の求長に未知の類の大きさを還元することができるということを本当に望んでいます．しかしそれはほとんどの場合，非常に難しいのではないかと思います」と答えている（1691年11月16日付書簡，*Ibid.*, p. 112）．一方，ニュートンはライプニッ

さて式 (3.67) に対するライプニッツの解であるが，図 3.22 で LW$= \sqrt{2}a$ と
なるような点 W を HK 上にとり，MW $= \sqrt{\mathrm{LW}^2 + \mathrm{LM}^2}$ を引き

$$\mathrm{A}\beta : \mathrm{AN} = \mathrm{MW}^2 : \mathrm{WL}^2 = (\sqrt{3a^2 - z^2})^2 : (\sqrt{2a})^2$$

となるように Aβ をとる．よってこの Aβ に対して β から垂直に $\beta\gamma$ を

$$\beta\gamma : \mathrm{LM} = \mathrm{NA} \times \mathrm{AL} : \mathrm{EK}^2 = \sqrt{az}z : 2a^2$$

を満たすようにとると

$$\beta\gamma = \frac{z\sqrt{a^3 z - az^3}}{2a^2}.$$

以上のときに $3\mathrm{A}\gamma \times \mathrm{AH} - \frac{5}{2}\mathrm{AN} \times \mathrm{LM}$ が求める求積となる[207].

　他方，ライプニッツの 1694 年 8 月論文の批判を受けて，ヤーコプ・ベルヌー
イは同年 9 月に新たな論文を発表する．ヤーコプは式 (3.67) で得られた積分が，
代数方程式

$$xx + yy = a\sqrt{xx - yy} \tag{3.68}$$

ツへの返書で，この問題に対し「あなたが強く望んでいる求積を曲線の求長へと還元することを」
見いだした旨を答えている ([Newton NC], III, p. 285). ニュートンの議論に関する詳細な検討
は *Ibid.*, pp. 287f，または [ライプニッツ 1997]，375–378 頁参照.
(207) [Leibniz GM], V, S. 315f. 邦訳，83f 頁. 最後の部分を我々の記号法で確認すると次のよ
うになる.

$$\mathrm{A}\beta = \frac{(3a^2 - z^2)\sqrt{az}}{2a^2}, \ \beta\gamma = \frac{z\sqrt{a^3 z - az^3}}{2a^2},$$

$$d(\mathrm{A}\beta) = \frac{3a^2 - 5z^2}{4a\sqrt{az}}, d(\beta\gamma) = \frac{\sqrt{az}(3a^2 - 5z^2)}{4a^2\sqrt{a^2 - z^2}},$$

$$d(\mathrm{A}\beta)^2 + d(\beta\gamma)^2 = \frac{(3a^2 - 5z^2)^2}{16az(a^2 - z^2)},$$

$$\mathrm{A}\gamma = \int_0^z \sqrt{d(\mathrm{A}\beta)^2 + d(\beta\gamma)^2} dz = \frac{1}{4}\int_0^z \frac{(3a^2 - 5z^2)dz}{\sqrt{az}\sqrt{a^2 - z^2}},$$

$$\therefore 3\mathrm{A}\gamma \times \mathrm{AH} - \frac{5}{2}\mathrm{AN} \times \mathrm{LM} = \frac{3}{4}\int_0^z \frac{a(3a^2 - 5z^2)dz}{\sqrt{az}\sqrt{a^2 - z^2}} - \frac{5}{2}\sqrt{a^3 z - az^3}.$$

他方，

$$d(\sqrt{a^3 z - az^3}) = \frac{a(a^2 - 3z^2)}{2\sqrt{az}\sqrt{a^2 - z^2}}$$

より求める積分計算 $\int \dfrac{a^3 dz}{\sqrt{a^3 z - az^3}}$ が得られる.

の求長に帰着されることを提示する[208]．さらに同年 10 月には弟のヨハン・ベ
ルヌーイが『学術紀要』誌に「与えられた点に等しく接近する，曲線に対する代
数曲線の求長による簡単な作図」(Constructio facilis curvae accessus aequabilis
a puncto dato per rectificationem curvae algebraicae) を発表する．この論文で
は図 3.23 において，$AP = a$，$AB = x$ とすると 8 字型の曲線 AM の要素が

$$AM = \frac{\sqrt{2}a^2 dx}{\sqrt{a^4 - x^4}}$$

で与えられることが示される[209]．このレムニスケートの求長は，18 世紀後半
から 19 世紀にかけて楕円関数の理論へと発展する．ライプニッツがもくろん
だ求積問題の求長への変換は，ライプニッツには想像もつかなかった数学上の
展開を見せることになったのである[210]．

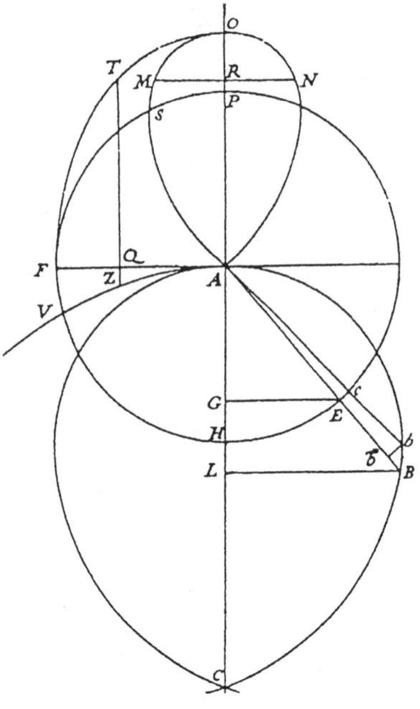

図 **3.23** ヨハン・ベルヌーイのレムニスケート曲線

---

(208)　[Bernoulli JCO], I, pp. 609f. ヤーコプ・ベルヌーイはこの曲線をレムニスケート，ある
いは「リボンの結び目」(un nœud de ruban) と呼んでいる．
(209)　[Bernoulli JHO], I, S. 120ff.
(210)　レムニスケートの求長に端を発した 18 世紀，19 世紀の数学上の発展については [高木 1933]，

3.2　無限小解析の発展と応用　　*163*

ところで，このライプニッツの 1694 年 8 月論文は，もう一つ重要な内容を含んでいる．それは（我々の用語で言う）曲率半径に関する計算である．実は上記の対心等時曲線同様，ヤーコプ・ベルヌーイの同年 6 月の別の論文の成果を受ける形でライプニッツは自己の考えを表明している．今，図 3.24 で横線 $AB = x$，縦線 $BC = y$，曲線の要素を dc，「曲線に対する垂線」（＝法線）を CP とする．CP 上に任意の点 G をとり，G から垂線 GF を降ろし，$GF = g$ さらには $AF = f$ とする．このとき

$$g + y : f - x = dx : dy \left(\iff g + y = (f - x)\frac{dx}{dy} \right) \tag{3.69}$$

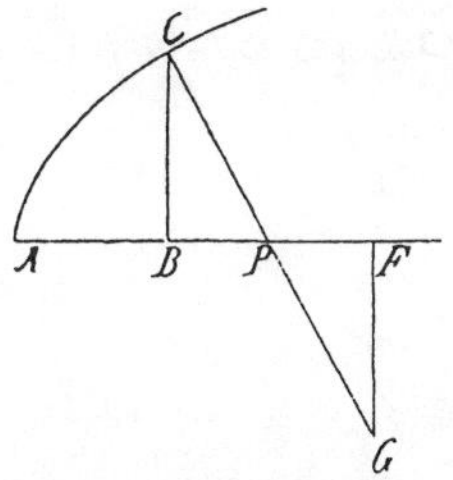

図 **3.24** 接合円の半径
（1694 年 8 月論文より）

が成り立つ（以下我々の表記法で表す）[211]．ライプニッツは曲線の湾曲の度合を表すための「接合円の半径」(radix circulorum osculantium)$CG(= q)$ を求めるのだが，ここで前月に発表したばかりの包絡線を見いだす方法に言及する．我々が式 (3.41)–(3.44) で見た過程を想起して，ライプニッツは「曲線の法線に対する位置方程式 (aequatio localis) を求めることによって，そしてその結びつけられた量 (geminatus) にしたがってそれを微分することによって」計算すると述べている[212]．その方法にしたがって式 (3.69) で微分量を取ると（ここで g, f は変化しないと考えて），

$$dy = (f - x)d\left(\frac{dx}{dy}\right) - dx\left(\frac{dx}{dy}\right) \tag{3.70}$$

を得る．ここで $dc^2 = dx^2 + dy^2$ とすると式 (3.70) から

$$\frac{\dfrac{dc^2}{dy}}{d\left(\dfrac{dx}{dy}\right)} = f - x \tag{3.71}$$

または [高瀬 1998] 参照.

(211) [Leibniz GM], V, S. 310. 邦訳，73f 頁.

(212) *Ibid.* 邦訳，同頁．ここで「結びつけられた量」とは 1694 年 7 月論文によれば，曲線に対して「外在的」(extreneus) なもので，「曲線の位置を決定する」ものである（*Ibid.*, S. 301f. 邦訳 [ライプニッツ 1999]，60 頁）．邦訳は本文で引用した箇所に対し 'aequatio localis' を「局所方程式」と訳しているが，誤りであろう（仏訳は 'l'équation particulière' としている（[Leibniz NC], p. 289)). また邦訳は 'geminatus' という語に対して「二重の」と訳しているがこれも適切でない.

164　　第 3 章　ハノーファー時代における研究の展開

が得られ，これがこの論文の前半部の一つの結論である[213]．また

$$dy : dc = (f - x) : q,$$

$$dx : dc = (g + y) : q$$

より両式とも両辺微分して

$$q = \frac{-dx}{d\left(\dfrac{dy}{dc}\right)} = \frac{dy}{d\left(\dfrac{dx}{dc}\right)} \tag{3.72}$$

を得る．これがもう一方の結論である[214]．上記のライプニッツの方法は，接合円の中心（＝曲率中心）を考え，変量 x, y, c が微小な変化をしたときに f, g, q は変化しないことを前提に求められている．いわば法線全体の交点から曲線ができあがるという，包絡線の発想を用いていた．その際，式 (3.71) にしても式 (3.72) にしても，2 階の微分量が現れてしかるべきところである．しかしライプニッツは次のように述べる．

---

[213] [Leibniz GM], V, S. 310. 邦訳，74 頁．式 (3.71) は，まず式 (3.70) の両辺を dy で割る．このとき $\dfrac{dx}{dy} = r$ とおくと，

$$1 = (f - x)\frac{dr}{dy} - r^2, \quad f - x = \frac{1 + r^2}{dr}dy.$$

一方，

$$dc^2 = dx^2 + dy^2 = \left\{ \left(\frac{dx}{dy}\right)^2 + 1 \right\} dy^2 = (1 + r^2)dy^2$$

より，

$$\frac{\dfrac{dc^2}{dy}}{d\left(\dfrac{dx}{dy}\right)} = \frac{(1 + r^2)\,dy}{dr} = f - x$$

となる．

[214] *Ibid.* 邦訳，同頁．式 (3.72) の片方の等号のみ確認すると，

$$qdy = (f - x)dc, \quad q\frac{dy}{dc} = f - x.$$

両辺微分量を取って，

$$qd\left(\frac{dy}{dc}\right) = -dx$$

より得られる．

3.2 無限小解析の発展と応用　　*165*

それ〔微分の微分〕は利用するのをさし控える．というのも $dy : dx$ は通常の量によって表わされるからである．しかもまた接合円の半径ばかりか中心に対しても，定められた諸要素の相等性を必要としないような，より一般的な定理を形成することができる[215]．

ヤーコプ・ベルヌーイが得たように[216]，陽に 2 階の微分量を使わずに，通常の量，すなわち有限量との比によって存在論的に保証される 1 階の微分量のみをライプニッツは使用する．ここにライプニッツの明確な意志が感じられないだろうか．

　実はこの論文が発表されたのとほぼ同時期に，ニーウェンテイトによる無限小解析批判が始まっていた．その際 2 階の微分量 ddx に対する存在論的疑念が表明される．ライプニッツは翌年（1695 年），反論を『学術紀要』誌に発表するが，2 階の微分量を一般的に意味づけすることに必ずしも成功していない（3.3節参照）．ライプニッツ自身の中で 2 階の微分量を回避したいという欲求が起こっていたと推測することも可能である[217]．

　このライプニッツの 1694 年 8 月論文は，無限小解析の 17 世紀的要素（幾何学的直観性の保持 → 積分の求長への還元，1 階の微分量のみの使用）と 18 世紀以降の進展への関連（楕円関数の理論への発展の可能性，関数概念一般による形式的整備（導関数）への過渡的状況）との両面をあわせ持つ．ただ接合円の半径（＝曲率半径）の結果は無限小に対する原理的問題点をクリアし（有限量との比で保証される 1 階の微分量によって定式化），その上「これらは図の介在なしに見いだすことができる」(possunt haec indagari sine mediatione figurae)[218]という点でライプニッツ自身の理想的成果の一つと考えてさしつかえないであろう．

　ライプニッツは 17 世紀の思潮の中で，記号法の開発と利用を最大限に活か

---

(215)　*Ibid.*, S. 309. 邦訳，73 頁．

(216)　ヤーコプ・ベルヌーイはその 1694 年 6 月論文「弾性切片の湾曲．⋯」(Curvatura laminae elasticae. ⋯) において，曲線の微小な要素を s，接合円の半径を z として，ライプニッツの式 (3.72) と内容的に同じ次の式を与えている ([Bernoulli JCO], I, p. 578).

$$z = \frac{dxds}{ddy} = \frac{dyds}{ddx}, \quad z = \frac{ds^3}{dyddx} = \frac{ds^3}{dxddy}.$$

ライプニッツとヤーコプの成果の比較は [Bos 1974], pp. 36–42 または [ライプニッツ 1999], 89ff 頁が試みている．

(217)　最速降下線の問題においても，ライプニッツは意図的に 2 階の微分量を避ける解法を考えている．1696 年 6 月 16 日付，ヨハン・ベルヌーイ宛書簡参照．[Leibniz GM], III/1, S. 290–294. 邦訳 [ライプニッツ 1999], 100–107 頁．

(218)　[Leibniz GM], V, S. 310. 邦訳，73 頁．

してきた一人である．またその記号表現が，数学を「無限の学問」にするための決定的役割を果たしたことは否定できない[219]．その一方で，ライプニッツは記号を用いた数学が陥る傾向に無自覚でなかった[220]．だからこそ無限小解析の基礎づけの問題を十分に説得力あるものにしようと，彼なりの努力を払っていた．にもかかわらず，形式的な記号の運用で数学的な結果そのものは量産されようとしていた．もはやそうした段階になれば，問題解決に必要な範囲内での正当化が果たされていれば十分であり，むしろ基礎づけの問題が後退しているのは，一種の学問的洗練の証しともいえる．

　だがライプニッツ流の無限小解析学が，基礎づけの問題を置き去りにしたまま，問題解決にのみ走ったと考えるのは正当ではない．またライプニッツの後を受け継いだ人々が，数学上の厳密性に無自覚に数学研究を行ったとも見るべきでない．それは 17 世紀後半から 18 世紀初頭における，無限小解析の発展に対する過剰に単純化された評価である．刊行された論文，著作において表面上，基礎に対する議論が見えにくくなったとしても，議論は相変わらず続けられていたのである[221]．また後世に同じ無限小量をめぐる議論が再燃したのは，ライプニッツや，ライプニッツの周辺の人々の議論が素朴すぎて基礎づけが不十分であったからではない．また別な数学上の必要性が生まれたからである．グラビナーによれば，現代の解析学にとって「厳密化された」起源とされるコーシーの発想は，19 世紀以前の無限小に関する論争を背景にしていることがわかる[222]．我々は本項において，ライプニッツの数学思想の根幹を成す部分，すなわち無限小解析の発展の過程を分析した．そこで次節では，無限小解析の基礎に対する考察を試みたい．ライプニッツは，様々な論争の原因となった「無限小量」をどのように捉えていたのか．特に 1695 年前後のニーウェンテイトとの論争を中心に分析しよう．

---

(219) [Burbage et Chouchan 1993], p. 68.
(220) ライプニッツは，後期の著作『人間知性新論』で次のように述べている．「真の善に適用が行われないのは，大半は感覚が働かない題材や機会において，我々の思考の大部分がはっきりしない (sourd) ということに起因します（私はそれらをラテン語で cogitationes caecae〔盲目的な思考〕と呼んでいます）．すなわち，表象 (perception) と感覚を欠いており，ちょうど代数の計算をする人々が，問題となっている幾何学的な図形を時々しか考慮しないような場合に生じる，記号のむき出しの使用に問題はあるのです」（[Leibniz A], VI-6, S. 185f. 邦訳 [ライプニッツ 1993]，215頁）．これはその「盲目的思考」に対する否定的ニュアンスを伴った言明と受け取るべきであろう．
(221) [林 2001a] 参照．
(222) [Grabiner 1981], chapter 2 参照．

3.2　無限小解析の発展と応用　*167*

3.3 無限小概念とそれをめぐる論争

3.3.1 無限小解析の形成と無限小概念

ライプニッツが 1672 年にパリに赴いてからの数学上の発展については，すでに第 2 章や本章の前項までで確認した通りである．しかし技法上の進展とは別に，概念的な問題に対する考察はまだ十分でないまま残している．それは無限小解析の根底に横たわる，「無限小」自体に関する考察である．ギリシア以来，数学の伝統の中で巧妙に避けられてきた対象を，ライプニッツの同時代人たちは独自の流儀で取り入れてきた．こうした流れの中で，ライプニッツの無限小に関する扱いを本節では総括しておきたい[223]．

1694–96 年に公刊されたニーウェンテイトの三つの著作は，ライプニッツ流の無限小解析に対して一定の疑義を投げかけた．ライプニッツはそれに対抗するために，無限小概念自体の反省に迫られることになった．パリ滞在以前，数学研究を本格的に取り組む前に，運動学研究を通してすでに獲得していたいくつかの要点は，その論争の中でも活かされる．無論，記号法の開発を初めとする数学研究の成果によって熟成された発想もあろう．我々はライプニッツの数学的論考の中で，無限小に関する代表的言明を拾い上げ，彼の発想を確認したい．と同時に自然学への応用の場面での無限小概念もあわせて考察する．

算術的求積における無限小

パリ滞在期初期の成果である，算術的求積に関する著作（2.1.2 項における文献『算術的求積について』）の中での無限小概念を見ておこう．ライプニッツはこの著作の命題 6 において図 3.25 において図形 $_1D_1B_4B_4D_3D_1D$ の面積と階段状の面積（矩形 $_1D_2B + {_2}D_3B + {_3}D_4B$ または $_1N_2B + {_2}N_3B + {_3}N_4B$）とが等しいことを示す．その際，アルキメデス流の間接証明が用いられるが，証明の結論部分で常套句である「〔それぞれの差が〕指示可能な任意の誤差よりも小さくなる」(minor quavis errore assignabili) が現れる[224]．1.3.2 項で見たように，ライプニッツはカヴァリエリの不可分量の概念をある意味では誤解し，無限小量の導入へ積極的な姿勢を見せていた．ここでもアルキメデス流の「厳密

---

(223) 本項の内容は，一度 [林 2000] で論じた．ここでは本書全体の文脈に沿って，改訂増補した．
(224) [Leibniz QA], S. 31.

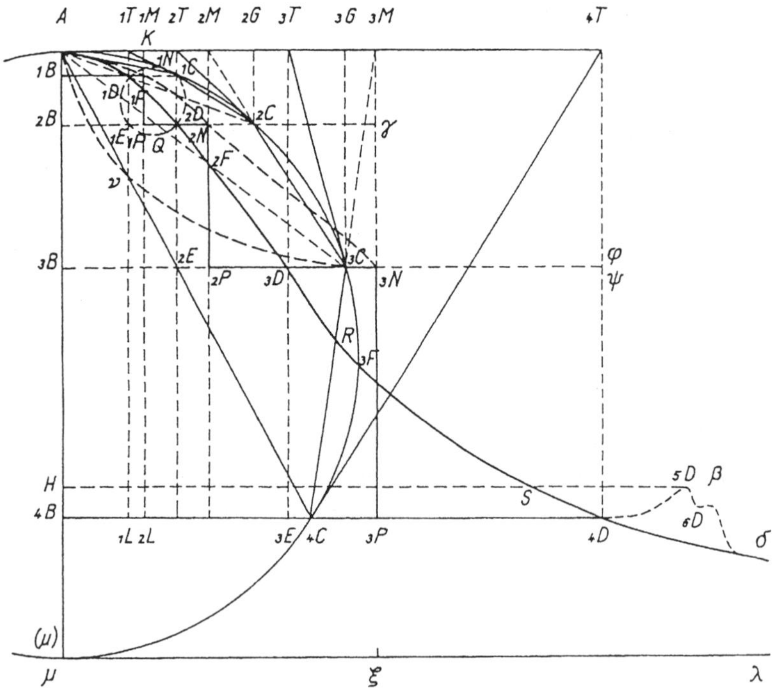

図 3.25 『算術的求積について』命題 6

な証明」の体裁を取りつつも，続けて次のように述べる．

> それゆえ階段状の領域を通じて，あるいは諸々の縦線の和を通じて現れ
> る不可分量の方法を，厳密に証明されたかのように，利用することがで
> きるだろう[225].

本来，不可分量はその一つ一つが数学的対象として存在しているのではない．総
体として比を考えることができるようなものである．別な捉え方をするならば，
不可分量はそう考えることによってのみ，厳密性の枠の中に収まるものである
はずである．だがライプニッツは証明の中で，古典的なスタイルを踏襲するか
のようにしながらも，実質的な内容において一歩踏み出している．実際，2.1.3
項で見た双曲線下の求積を試みた部分（命題 46）では，実質的に図 2.15 の中
の区間，例えば θS，λT，DN，FM が「無限小である」(infinite parva)，さら

---

[225] *Ibid.*

3.3 無限小概念とそれをめぐる論争　　*169*

にはその無限小である辺を持つような矩形 $\beta T \lambda$, $\phi S \theta$ 等をやはり「無限小の
矩形 (rectangula infinite parva) である」と特定している[226]．内接図形の横幅
を明瞭に「無限小」と特定している点は，決定的に古典的ギリシア数学の流儀
と違っている．この著作でライプニッツはカヴァリエリの名に何度も言及する．
また自己の方法を「不可分量の方法」としている．しかし明らかに以下の点で
相違がある．すなわち，

1) 不可分量を無限小と同一視している．
2) そうした量を回避することなく用いても，証明の厳密性は保たれると考え
   ている．

パリ滞在以前の運動論の中で見せた無限小に対する積極的導入の姿勢は，こう
して数学研究の中で独自の発想となっていくことになる．

　他方，ライプニッツは自分自身のアイデアが同時代の数学者たちの基準に照
らして，一般的でないと受け取られることを見越していたふしもある．「無限
小」なるものの実在性に対する批判を予想して，同じ著作の命題 23 の注にお
いて，以下のような重要な表明を行っている．

> ここでいつも我々が無限と無限小について言っていることは，すべて新
> 奇なものであるかのように，ある人々には不明瞭なものと見られるだろ
> う．しかし各々の場合における正しい考察 (mediocris meditatio) によっ
> て，簡単にそれを知覚 (percipio) する人はその便利さを認めている．ま
> た事物の本性の中にそのような量があるかどうかは問題ではなく，実際
> それを語ったり，知るのに，また部分的に見いだしたり，証明する際の
> 節約を示そうとするときには，作り物 (fictio) が導入されれば十分であ
> る．そうでなければ内接図形，あるいは外接図形を用いて，矛盾へと導
> き，そして任意の指示可能なものよりも小さい誤差を示すことが必要で
> ある[227]．

極めて重要な点は，ライプニッツが無限小（あるいは無限）の導入を，その存在
論的な根拠よりも数学上の一つの利便として，「作り物」の導入とみなしている
ことである．さらに続けて次のようにも述べる．

---

(226) *Ibid.*, S. 105.
(227) *Ibid.*, S. 69.

170 第 3 章 ハノーファー時代における研究の展開

あらゆる曲線図形は量 (magnitudo) において無限小である，無限に多くの辺を持つ多角形に他ならないのである[228].

これは既に我々が「抽象的運動論」（1671 年刊）の中に見た発想と共通する（1.3.2 項参照）（ただしこの算術的求積に関する著作では，特性三角形の斜辺を図形の外側の接線にとっていて，曲線そのものと同一視されていない）．以上の 2 個所の引用には，今後ライプニッツが無限小について語る際の一貫した，基本的発想が含まれている．すなわち，

- 無限小は自然の事物の中にはないが，数学上必要な 'fictio' である．

- 「曲線図形 = 無限辺多角形」とみなし得る．

しかしながらそうした言葉の上で表明するだけでは，まだライプニッツの独自性が十分発揮されたとはいえない．やはり彼の数学を特徴づけるのは，記号法とそれを用いた計算のアルゴリズム化である．我々は記号 dx と結びついた場面の一例として，微分算に関する初の公刊論文「極大・極小に関する新方法」において，ライプニッツの無限小概念がどのように明確化されたか（あるいはされなかったか）を次に見ることにしたい[229].

「極大・極小に関する新方法」における無限小

「極大・極小に関する新方法」はライプニッツが満を持して発表したものだけに，記号 dx などと結びついて，無限小に対する何らかの確定的な意味づけを求めたくなる．だが必ずしもすべてが明確化されていないという印象を受ける．実際，図 3.13 で軸を AX とし，諸曲線を VV，WW，YY，ZZ とし，軸から切り取られた AX を x とする．その中で例えば縦線 VX を v，VV に対する接線との交点を B とする．このときライプニッツは「今，任意に想定されたものとして，ある線分を dx と呼び，そして dx に対して，ちょうど v が XB に対するようになっている線分が dv または v の微分 (differentia) と呼ばれるとせよ」と述べる．すなわち

$$dv : dx = v : \text{XB} \tag{3.73}$$

---

(228) *Ibid.*

(229) 1684 年の公刊論文以前の接線法・逆接線法研究の中での無限小概念については，[林 1999b]，202–207 頁，または [林 2000]，181 頁参照．

3.3 無限小概念とそれをめぐる論争　　*171*

が成立するような dv を設定するのである[230]. この場合は図 3.13 に示されるように dx は明らかに有限量であり，dv も有限量を指し示している．したがって語 'differentia' は無限小のニュアンスを持つ「微分」という語では訳すことができないとも考えられる[231]. つまり，記号 dx は有限量にも，無限小にも用いられる．この論文「極大・極小に関する新方法」において，個々の記号の用法を追跡することで，ライプニッツの無限小概念が何かに収束していく様子を期待することはできない．しかし一方で 3.2.1 項で見たような微分算の四則，ベキ乗根を含んだ計算の公式化の際に，次のようにライプニッツが述べている点は注目に値する．

〔公式の証明は〕dx, dy, dv, dw, dz が x, y, v, w, z の（各々その順番で）瞬間的な微分，または増加分，あるいは減少分に比例すると見なすことができるという，今まで十分には注意が払われなかったこの一点を考察するならば容易であろう[232].

「今まで十分には注意が払われなかったこの一点」(hoc unum hactenus non satis expensum) という言葉にはかなりの強調が含まれているように考えられないだろうか．果たして「この一点」とは何であろうか．それは「比例」に対する意識であると考えられる．この引用のすぐ後で，ライプニッツは接線について次のように述べているからである．

接線を見いだすことは，無限小の距離を持つ曲線上の 2 点を結んだ直線を引くことである．あるいは，我々にとって曲線と同等である，無限に多くの角を持つ多角形の辺を引くことである．〔…〕他方，その無限小をいつも dv のように，ある既知の微分によってか，あるいはそれ自身に対する関係 (relatio)，すなわちある既知の接線によって表すことができる[233].

このように「抽象的運動論」や算術的求積の著作の中で主張されていた「曲線＝無限辺多角形」という発想に再び言及しつつも，既知の差分（有限量）dv と

---

(230) [Leibniz GM], V, S. 220. 邦訳 [ライプニッツ 1997], 296 頁.
(231) [ライプニッツ 1997], 297 頁, 注 2. 訳者達はあえて「差分」という語を採用している. 結局「微分」という語に多義性を負わせるか，別な語を使い分けるかのどちらかであろう. 本書では「微分」という訳語を統一的に用いる.
(232) [Leibniz GM], V, S. 223. 邦訳, 300 頁.
(233) *Ibid.* 邦訳, 301 頁.

172　　第 3 章　ハノーファー時代における研究の展開

の「関係」によって，初めて無限小が把握されることが積極的に主張されているのである．以降ライプニッツが無限小を捉える上で，基本となる視点である．ライプニッツにとって，記号は図形の中に含まれた特定の量の代替物である必要はない．むしろ図形による制約から離れるための有効な手段であった．これは無限小解析において適用されるだけでない，一般的な記号法に対する理念である[(234)]．有限量による指示可能性さえ保障されれば，あとは計算上の運用に任せればよいということになる．これがライプニッツ流の記号的「形式主義」である．したがってこの論文「極大・極小に関する新方法」中における dx 等の記号に対する量的把握に不統一が見受けられるとしても，それはもはや重要なことではない．「有限量との関係（＝比例）において無限小を捉える」という視点は，次項で述べるようにおよそ 10 年後に起きるニーウェンテイトとの論争においても，ライプニッツの主張を理解する上での鍵となるものである[(235)]．

3.3.2　ニーウェンテイトとの論争

ニーウェンテイトはオランダにおいて，カルヴィニズムの立場を信奉していた神学者である．若き日にデカルトの教説にふれ，影響を受けたが，次第に経験主義，実証主義へと傾いていった[(236)]．そうした思想的背景を持った彼が，1694–96 年の間に 3 作の無限小解析に関する著作を公にしている．すなわち，『無限小量へ応用された，解析の原理に関する考察』(*Considerationes circa analyseos ad quantitates infinitè parvas applicatae principia*)（以下では『考察』と称する）（1694 年刊），『無限解析，または多角形の本性から導かれた曲線の性質』(*Analysis infinitorum seu curvilineorum proprietates ex polygonorum natura deductae*)（同様に『無限解析』と称する）（1695 年刊），『微分算の原理に関する第 2 考察，そして非常に高名なる G. W. ライプニッツ氏への返答』(*Considerationes secundae circa calculi differentialis principia, et responsio ad Virum Nobilissimum G. G. Leibnitium*)（同様に以下では『第 2 考察』と称する）（1696 年刊）である[(237)]．以上の 3 作においてニーウェンテイトは，より

---

(234)　3.1.3 項注 (89)，3.2.3 項注 (218) 参照.

(235)　[Leibniz GM], V, S. 327.

(236)　[Vermeulen 1986], p. 178. ニーウェンテイトは，経験から孤立した演繹的思考を伴った合理主義に否定的だった．なぜならそれは無神論にとって好都合と考えたからである．自らの宗教的思想と実証主義との調和を目指していたことから，フェルミューレンはニーウェンテイトを「神学的実証主義者」(theological positivist) と呼んでいる.

(237)　ニーウェンテイトは 1690 年頃までに『無限解析』をおおよそ書き終えていた．その後，ライプニッツへの批判を優先したニーウェンテイトは『無限解析』の出版に先立ち，『考察』を 1694

3.3　無限小概念とそれをめぐる論争　　*173*

直接的にはライプニッツ流の無限小解析に対する批判を展開した．しかし，ライプニッツのみならず，17世紀の多くの数学者達（バロウ，ウォリス，ニュートン，ベルヌーイ等）の成果に独自の立場からの見解を表明し，特に『無限解析』において，無限小解析の諸問題に対してより「厳密な」（と称する）体系化を試みた点で注目に値するのである[238]．

このニーウェンテイトとライプニッツ派の人々（ロピタル，ベルヌーイ兄弟，ヴァリニョン等）との論争は，ライプニッツの伝記的な記述には必ず「注釈」として現れるものである．しかし，ニーウェンテイトの著作は，単に伝記の脚注に留めておく以上の内容を持つと考えられる[239]．そこで最も早い時期から公刊を目的に記され，体系だった著作である『無限解析』の内容を中心にニーウェンテイトの主張を分析する．彼の数学的議論の特徴をより詳細に論じたい．

ニーウェンテイトの3著作とライプニッツ的無限小解析批判

『無限解析』に先立って出版された『考察』の中でニーウェンテイトは，冒頭で同時代の無限小解析の原理について次のように述べる．

> あらゆる量は，数において無限に多くの部分へと分割可能であるとする（あらゆる与えられたもの，あるいはあらゆる指示可能なものよりも大きいとき，「無限」という言葉で呼ぶことができるだろう）[240]．

あえて「無限」という語を用いているが，むしろニーウェンテイトの真意は別なところにある．分割可能性を仮定した上で，「無限小量」の使用を避けようとする意図があるのである．実際，第1部の§IIIで，「無限に小さく，同時に受け入れられた (accepta) 量は0に等しい」と述べているのを見てもわかる[241]．

年に出版した．[Vermij 1989], p. 75 参照．

(238) ライプニッツは無限小解析の基礎づけに関して，ニーウェンテイトから批判を受けるのとほぼ同時期（1694年以降）に，クリューヴァー (Clüver) からも疑義を提示されていた（[Mancosu and Vailati 1990], p. 328）．ライプニッツは後年，ヨハン・ベルヌーイに宛てた書簡の中で（1700年12月31日付），自分たちの無限小解析に対する「敵対者たち」として，ニーウェンテイト，ロル（1700年以降ヴァリニョンと論争），クリューヴァーの名を挙げている．ライプニッツは「古代人たちの流儀で形作られた証明へと帰着させることで，彼らの口をふさぐことは有意義なことです」と述べている（[Leibniz GM], III/2, S. 644）．またヴァリニョン宛の書簡（1702年2月2日付）では，ニーウェンテイト，クリューヴァー等との論争を，幾何学の原理に対抗しようとする懐疑論者たちとの論争に対比させている (Ibid., IV, S. 94)．

(239) [Vermij 1989], p. 69.

(240) [Nieuwentijt 1694], p. 4.

(241) 『考察』第1部§Iでは「ある量に対し，定められた量があらゆる指示可能な量よりも大きい比を持つならば，これは0に等しいであろう」と述べる．そして§IIでは，「無限小で，かつ受

ニーウェンテイトは，17 世紀に発展した一連の無限小解析の根本に潜む難点に
注意を寄せていた．彼によれば，少なくとも「無限小」というものは，仮に受
け入れるとしても「0 に等しい」量としてである．バロウ，ニュートン，ライプ
ニッツ，彼らはいずれも表現や記号は異なるにしても，「承認されたものによっ
て証明するというよりも，〔その無限小を〕むしろ使ってしまっているのであり，
特に諸原理の確実性を伝えたかったというよりも，むしろその方法の雄弁さを
伝えたかったと考えられる」と，数学としての「厳密性」に欠けていることを
批判することになる[242]．このニーウェンテイトの分析は的外れなものではな
い．彼は従来のユークリッド『原論』第 5 巻で展開されていた，幾何学的量の
理論の枠組を維持するために，無限小を「量」として 0 以外のものとして承認
しないという立場を打ち出すのである．

『考察』§IV ではバロウ『幾何学講義』講義 X で扱われていた接線決定の問
題が取り上げられる．この場でニーウェンテイトは次のように自己の結論を述
べる．

> 著名なるバロウ氏の接線の方法で，曲線においてあてはめられた〔量〕に
> 対する接線影が定められるとき，等しいものの比は 0 であるか，少なく
> とも正当には表されない[243]．

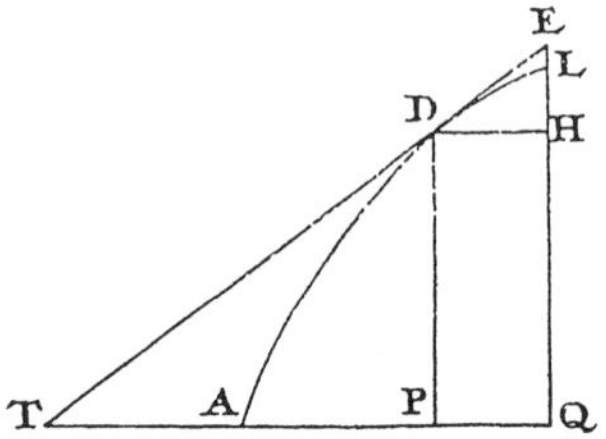

バロウ『幾何学講義』と同じ図 3.26 に対して，
$TQ = t$, $QL \propto QE = y$, $EH \propto LH = a$,
$DH = e$ とするとき（$\propto$ は近似的に等しいこと
を示す），

$$t : y = e : a$$

が成立するとされている．ニーウェンテイトは
この e なり a なりが「無限に小さく」，したがっ

図 **3.26** ニーウェンテイト『考
察』より

て §III から共に 0 に等しいことになるとしている．その結果「t の y に対する

け入れられた量に対して定められた量は，あらゆる指示可能な量よりも大きい比を持つ」ことを示
している．これらのことから無限小 ＝ 0 という結論になるのである．この結論はいうまでもなく，
ユークリッド『原論』第 5 巻の比の理論にねざしている．[Nieuwentijt 1694], pp. 6f.

(242) *Ibid.*, p. 5. 同時代の数学者の中で，ウォリスも無限小量を 0 に等しいと考える立場を取っ
ていた．1696 年暮れから足掛け 4 年にわたって行われたライプニッツとの書簡のやり取りの中で，
無限小の意味をめぐって両者は論争をしている．ウォリスの無限小概念については [Jesseph 1998],
pp. 22–28 参照．

(243) [Nieuwentijt 1694], pp. 7f.

3.3 無限小概念とそれをめぐる論争　　*175*

比は，二つの0によって指し示された e と a によって表されるだろう．それゆえ，0である．あるいは等式の内には，少なくとも正当には表されない」ことになることを主張している[244]．このバロウの接線問題は『無限解析』でも取り上げられ，しかも一層体系的に構築された中で，解き直されることとなる．

『無限解析』は本格的に数学研究に取り組んできたのではないニーウェンテイトらしく，序文中にこの著作がいわば，「初心者によって初心者たちに書かれた (Tyroni scriptum tyronibus)」と述べられるところから始まる[245]．しかしながら，この著作では無限小量を回避するための設定がより綿密に成される．単なる素朴な数学書とはいえない，純幾何学的内容となっている．『無限解析』第1章「曲線の接線について」で，『考察』で取り上げたバロウの問題が再び取り上げられる．しかし，この書では問題の解が与えられる前段階として，量に関する3個の定義，2個の公理，そして53個の補題が置かれている．中でも二つの公理はニーウェンテイトの立場を明確に表している．

- どんなに小さな与えられた量にも，その大きさにおいて等しくすることができないような，何であれ定めることができないもの，すなわちそうした数を乗ずることができないものは量ではなく，私の幾何学的事柄の中では0である（公理1）．

- 任意に与えられた量は，その任意に与えられたものよりも小さな，互いに等しいか，または等しくない部分へと分割可能である（公理2）[246]．

これらの公理の延長上に補題6, 7, 10が議論される．

- もし量が，任意に与えられたものよりも大きな数によって割られるならば，いつでもその量の部分は任意に与えられるものよりも小さくなるであろう．
  例．任意に与えられたものよりも大きな数は m と呼ばれるとせよ（また〔この書の〕続きにおいても，もし他のことを指摘しない限り，それは維持されるだろう）．同様に他の与えられた量を b と c とせよ．b と c の部分 $\frac{b}{m}$ と $\frac{c}{m}$ は任意に与えられたものよりも小さくなるであろう．その結果の理由は先行することから明らかである（補題6）．

---

(244) *Ibid.*, p. 8.
(245) [Nieuwentijt 1695], praefatio p. i.
(246) [Nieuwentijt 1695], p. 2.

- 任意に与えられたものよりも小さい任意の量の部分 $\frac{b}{m}$ は，また他のあらゆる与えられた量よりも小さくなるだろう（補題7）．

- もし任意に与えられたものよりも小さな部分 $\frac{b}{m}$ が，それ自身とかけられる，あるいは別な任意に与えられたものよりも小さな $\frac{c}{m}$ をかけられるならば，積 $\frac{bb}{mm}$，または $\frac{bc}{mm}$ は0に等しいか量ではないだろう（補題10）[247]．

以上の議論に特徴的なことはギリシア的伝統に極めて忠実であろうとしているということである．すなわち「無限小量」の導入を避けるために，アルキメデス流の間接証明の中で現れる「任意に与えられたものよりも小さい（または大きい）(qualibet data minor (major))」というフレーズが繰り返し使用される．その上で有限量 b, c を「任意に与えられたものよりも大きい」m で割った $\frac{b}{m}$ や $\frac{c}{m}$ を用いれば，「無限小量」が排除されて，数学として受け入れられている「厳密性」が遵守されるとニーウェンテイトは主張する．すなわちユークリッド『原論』やアルキメデスの方法の枠組が維持できるというのである．ではこうした準備の下で先程のバロウ『幾何学講義』講義 X の接線問題はどのように処理されるのだろうか．

図 3.27 において曲線 AD に対して，AP $= x$, EP $= y$, TE $= s$, TP $= t$, QP $= \frac{b}{m}$ とする．このとき三角形 TPE と三角形 DHE の相似により

$$t : y = \frac{b}{m} : \frac{by}{tm}(= \mathrm{EH}).$$

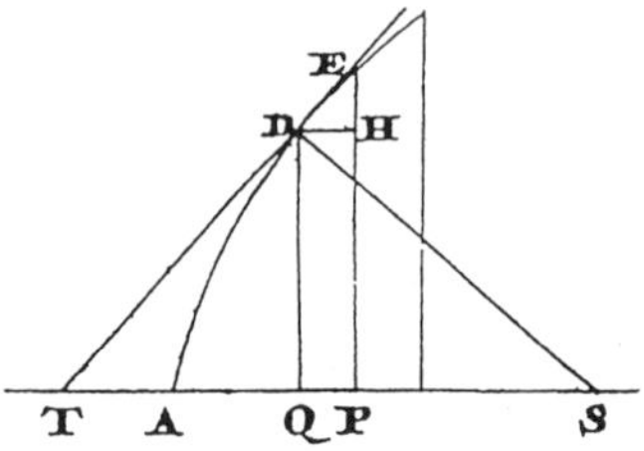

一方で，

$$t : s = \frac{b}{m} : \frac{bs}{tm}(= \mathrm{DE}).$$

図 **3.27** 『無限解析』第 1 章より

---

(247) *Ibid.*, pp. 3f. 補題 6, 10 にはそれぞれ次のような証明が付されている．
補題 6 の証明：もし〔結論を〕否定するならば，$\frac{b}{m}$ よりも小さい指し示された量 k があるとせよ．mk は b よりも小さくなるであろう，そして m は $\frac{b}{k}$ よりも小さくなるだろう．すると任意に与えられたものよりも大きな数 m は，与えられた数よりも，あるいは商よりも小さくなるであろう，それは〔仮定に〕反している．
補題 10 の証明：この積に必要なだけ，もし同意が得られるならば，与えられたあらゆるものよりも大きな数 m をかけるとせよ．すると $\frac{bb}{mm}$ あるいは $\frac{bc}{mm}$ が現われ，その一つ一つが任意に与えられた量よりも小さくなる（補題 7）．したがって与えられたどんなに小さい量にも等しくすることができない．そこで公理 1 により $\frac{bb}{mm}$ あるいは $\frac{bc}{mm}$ は 0 に等しくなる．

さらに EH，DE は補題 7 から無限小 (infinitesimas) となる．今，曲線の方程式を $2rx - xx = yy$（すなわち円）とするとき，$\mathrm{AQ} = x - \frac{b}{m}$，$\mathrm{DQ} = y - \frac{by}{tm}$ より方程式において，次のように置き換える．

$$x \to x - \frac{b}{m}, \; y \to y - \frac{by}{tm}.$$

すると，

$$2rx - \frac{2rb}{m} - xx + \frac{2xb}{m} - \frac{bb}{mm} = yy - \frac{2byy}{tm} + \frac{bbyy}{ttmm}$$

となり，補題 10 より $\frac{bb}{mm}$，$\frac{bbyy}{ttmm}$ は 0 に等しくなる．したがって

$$-\frac{2rb}{m} + \frac{2xb}{m} = -\frac{2byy}{tm}$$

より，整理して t を求めると次のようになる．

$$t = \frac{yy}{r - x}.$$

こうして接線影 t が決定される[248]．その上で，ニーウェンテイトは，$\frac{b}{m}$ を曲線上のあらゆる点において「任意に想定する」，つまり b を任意の有限量として取り得ることを注意している[249]．ニーウェンテイトは問題解決のための方法論として新しいものを提示したのではない．根本において伝統的な慣習（あくまでも「無限小」なるものの使用を避けること）を重んじたかった．そのために，量に関する様々な前提を設定したのである．これは（発展性のあるなしは別として），ライプニッツの同時代に起こり得た発想であろう．

　また『無限解析』第 8 章ではライプニッツ流の無限小解析が積極的に取り上げられる．図 3.28 で，$\mathrm{AQ} = x$，$\mathrm{DQ} = y$，$\mathrm{TQ} = t$，$\mathrm{QP} = e$，$\mathrm{PR} = o$，$\mathrm{RS} = \pi$，$\mathrm{EH} = a$，$\mathrm{CK} = \mu$，$\mathrm{IL} = \xi$ とする．ここであえてニーウェンテイトはライプニッツ流の記号を用いて，

$$e = o = \pi = dx, \quad a = \mu = \xi = dy, \quad \mathrm{DE} = \mathrm{EC} = \mathrm{CI} = dc$$

と表す．このとき特性三角形の発想により，

---

[248] *Ibid.*, pp. 21f.
[249] *Ibid.*, p. 25.

178　　第 3 章　ハノーファー時代における研究の展開

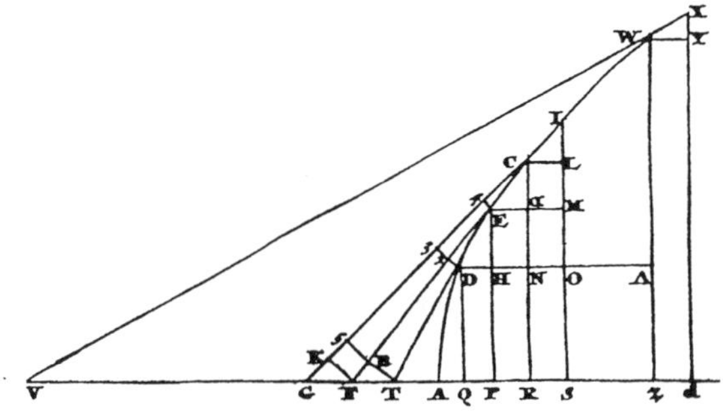

図 3.28 『無限解析』第 8 章より

$$t : y = e : a = o : \mu = \pi : \xi = dx : dy$$

が成立することにはあえて異議をさしはさまない．ライプニッツ流の 1 階の微分量をニーウェンテイトは「あらゆる与えられた量よりも小さな量」としてまだ許すことができる．しかしながらこうした dx, dy, dc はすべて「一定で等しい」ものであり，「もし数において有限であるならば，等しいものは差がないのだから，〔これらの量の間に〕さらに「入り込む余地があるような差はないのである」[250]．したがって次のようにニーウェンテイトは断定する．

> もし私が間違っていないのならば，無限小計算の残りのあらゆる種類を導くことができるこの原理によって少なくとも，1 階を超える 2 階の，3 階の，その他の微分量の連なり (continuatio) を証明することができない[251]．

まさにニーウェンテイトは，ライプニッツ流の無限小解析において微妙な問題であった[252]，高次微分量を存在論的見地から否定せざるを得なかったのである[253]．

　さらにもう一点，『無限解析』ではライプニッツが後に反応する微分計算の問題がある．上記第 8 章では，ベキに不定量がある場合の微分量，つまり y^x の微分計算が取り上げられる．今 $y^x = z$ とする．バロウ流に x の代わりに $x + e$,

---

(250) [Nieuwentijt 1695], pp. 282f.
(251) *Ibid.*, p. 283.
(252) 3.2.3 項で見たように，曲率半径の定式化においてライプニッツは 2 階の微分量を用いることを回避していたことを想起すべきである．
(253) [Krämer 1993], S. 122.

3.3 無限小概念とそれをめぐる論争　　*179*

y の代わりに $y+a$, z の代わりに $z+u$ と置くと,

$$(y+a)^{x+e} = z+u \tag{3.74}$$

となるが, 式 (3.74) で左辺を 2 項展開し, 先述の第 1 章の補題 10 によって a と e の 2 次以上の項はすべて 0 とみなすと,

$$y^{x+e} + xy^{x+e-1}a = z+u.$$

ここで $z = y^x$ を代入して

$$y^{x+e} + xy^{x+e-1}a - y^x = u$$

となる. ニーウェンテイトは e と a の場所に, またあえてライプニッツ流の記号を用いて, それぞれ dx, dy で置き換え,

$$y^{x+dx} + xy^{x+dx-1}dy - y^x = u(= dz) \tag{3.75}$$

から求める微分量が得られるとする[254]. ニーウェンテイトはこれ以上の何も言及していないが, ライプニッツは後述のようにここに批判を感知して反論を試みることになる.

　以上のように, ニーウェンテイトの著作に盛り込まれた同時代の無限小解析に対する批判は, 我々に数学史の発展を考察する上での一つの問題関心を呼び起こす. すなわち,「数学における厳密性とは何か」ということである. 彼の投げかけた問いは, 伝統的な規範として機能していたユークリッド, アルキメデス等のギリシア数学の枠組をいかに守るかということである[255]. ニーウェンテイトは (ライプニッツを代表とする) 彼の同時代人たちの数学は, 守るべき厳密性の基準を踏み越えた, 無限小の導入によって成り立っている. すなわち, ユークリッド『原論』の比例論の枠に収まらないと判断していた. したがって彼らが発展させた無限小解析を旧来の枠の中に押し込めることで, 数学にとって不可欠な「厳密性」が維持されると考えたのである. またそのための理論構成を特に『無限解析』で工夫したのだった.

---

(254)　[Nieuwentijt 1695], pp. 280f.

(255)　原亨吉はバロウの『幾何学講義』を指して「無限小幾何学の集大成」であり「今や変貌可能なまでに成熟に達した. しかしこの変貌を実現したのはバロウではなく, こうして『幾何学講義』は無限小幾何学の白鳥の歌ともなったのである」と述べている ([原 1975], 260 頁). しかし, 後世への影響力という点で劣るとはいえ,「白鳥の歌」という言葉はそのままニーウェンテイトの著作にも向けられてしかるべきである.

一方で，ライプニッツもまた違った視点から自分自身をギリシア数学の伝統の担い手と考えていた．互いに「伝統を守る」意識には変わりはなく，「厳密性」はギリシア数学の内容をいかに遵守しているかに対する解釈の違いでしかない．結局，数学における「厳密性」なるものが，万人に共通に了解されるものではないことを，この事例は我々に教えてくれる．無限小を数学的対象として承認し，さらなる問題解決の可能性に期待を寄せるか，それとも旧来の慣れ親しんだ枠組を保持するかのどちらかである．ライプニッツ流の無限小解析は，すでに旧来の幾何学が取り扱えなかった未解決問題に対し多くの成果を残していた．したがって新たな理論的な整合性を求めて，より説得力のある議論を考案する必要があったのである．そこで次にライプニッツの反論を分析し，ニーウェンテイトの議論とのコントラストを明確にしなければならない．

ライプニッツの反論

　1694 年 8 月にニーウェンテイトの著作『考察』が出版され，翌年 4 月には『無限解析』が続いた．人を通じてこれらを入手したライプニッツは，すぐさま 1695 年 7 月に『学術紀要』誌に反論を展開する．すなわち論文「ベルナルド・ニーウェンテイト師によって考慮された微分法，あるいは無限小の方法に対するいくつかの困難に対する返答」(Responsio ad nonullas difficultates a DN. Bernardo Nieuwentijt circa methodum differentialem seu infinitesimalem motas) を発表した．ライプニッツが受け取ったニーウェンテイトの批判は，次の 3 点に要約される[256]．

1) 無限小は 0 ではないのか．
2) 微分法は指数部分が不定量である場合の曲線の方程式に適用されない．
3) 1 階の微分が実行されるとしても，2 階，3 階，… の微分は微分法の原理と結びつかない．

第 1 の問題に対して，ライプニッツは彼の第一原理（同一律）以外，可能な限り証明を遂行すべきであると主張したことを認める．しかしながらこの場面において，「過剰な注意深さによって発見の方法に障害 (obex)」をきたすことを諫めている[257]．数学上の発見を重視する立場を明確にした上で，ライプニッ

---

(256) [Leibniz GM], V, S. 321.

(257) *Ibid.*, S. 322.

ツは我々の目から見て画期的と考えられる言明をする.

> 私は等しいということを，その差が完全に 0 であるということのみなら
> ず，その差が比べられないくらい小さい (incomparabiliter parva) こと
> と定める．そしてたとえそれが完全に 0 であると言わなくとも，ただそ
> の差と比較可能な量がないと言えばよい．〔…〕私はユークリッド〔『原
> 論』〕第 5 巻定義 5 を考えるとき，ある有限な数がかけられて，別な数
> を越すことができるような，そうした同次量のみが比較可能であるとい
> うこと，そしてそのような量さえも違わないものは等しいと私は定める
> のである[258].

以上の発想はアルキメデスが，彼の証明法である帰謬法中に用いていた「差が
任意に与えられたものよりも小さい」という表現と同じであるという．「比較不
可能」という対象はニーウェンテイトによれば，『原論』で認容される量のカテ
ゴリーにはない．したがって無限小の導入に関して，両者の立場は相容れない．
一方でライプニッツは別の学問的基準を提示する．すなわち「理解可能である
ことと，発見すべきことに対して有益であれば十分であり，厳密な方法によっ
て（外見において）他の大きなことが見いだされるとともに，この方法によって
いつも少なからず正確に前進することが必要である」[259]と再び「発見」を重視
する立場を強調する．こうした発言によれば，ライプニッツ自身が旧来の「厳
密性」の枠を踏み越えていることに意識的であったとも窺えよう（後述のよう
に，それは高次微分量に対する説明で顕著になる）．

次に第 2 の問題についてである．式 (3.75) の続きをライプニッツは続行す
る．もし「他の比べられないくらい大きなものに対して，加えられた dx, dy,
dz の代わりに，0 と書くことによって」

$$y^{x+0} + xy^{x+0-1}0 - y^x = 0$$

となり，いわば同一律ともいうべき，次の自明な結果

$$y^x - y^x = 0$$

が得られるだけになってしまう[260]．そこでライプニッツは同一律に帰着して
しまうことを避けるために，別の計算法（我々の用語で「対数微分」）を提唱す

---

(258) *Ibid.*
(259) *Ibid.*
(260) *Ibid.*, S. 324.

182　　第 3 章　ハノーファー時代における研究の展開

る．すなわち $x^v = y$ に対して，両辺対数を取って，

$$v \log x = \log y \tag{3.76}$$

とする．$\log x = \int dx : x \left(= \int \frac{dx}{x}\right)$ より，式 (3.76) は

$$v \int dx : x = \int dy : y. \tag{3.77}$$

式 (3.77) の両辺の微分量を取って，

$$vdx : x + dv \log x = dy : y. \tag{3.78}$$

ここで v が「x と y の両方，あるいは単独にでも与えられなければならないので」

$$dv = mdx + ndy \tag{3.79}$$

と置いて，式 (3.78) に代入して

$$dy : dx = \overline{\frac{v}{x} + m \log x} : \overline{\frac{1}{y} - n \log x} \tag{3.80}$$

が得られる．そして「双曲線の求積，あるいは対数が仮定されることから，このような曲線の接線を引く方法が得られる」として第 2 の問題点に対する解決を与えている[261].

さらに，このライプニッツとニーウェンテイトの論争における最大の論点である，3 番目の問題についてどのように考えるだろうか．先に述べたようにニー

---

[261] 実際，式 (3.78) において式 (3.79) を代入すると，

$$vdx : x + \log x \times mdx = dy : y - \log x \times ndy$$

となる．以下整理すると本文中の式 (3.80) が得られるが，ライプニッツは誤って

$$dy : dx = \overline{\frac{v}{x} + m \log y} : y$$

としている．*Ibid.*, S. 324f. ライプニッツ同様，ヨハン・ベルヌーイもニーウェンテイトによる批判に答えるために，1697 年『学術紀要』誌上に論文「指数，あるいは不定ベキ計算の諸原理」(Principia calculi exponentialium, seu percurrentium) を発表する．その中でベルヌーイはニーウェンテイト，ライプニッツ両者の主張にふれた上で後者を擁護するために，曲線 $y = x^x$ の各点ごとの作図とその曲線の接線影の性質に対して解析的表現を与えている．[Bernoulli JHO], I, S. 179–187.

ウェンテイトは仮に1階の微分量を認めたとしても，それらはすべて等しいものであり，新たな差として2階以上の微分量は導かれないはずだと主張していた．ライプニッツはこの批判に対して次のように主張する．

> 諸項が一様に増加しなければそのたびごとに，それらの増加分はさらに差を持たなければならない．それらはとにかく微分の微分なのである．著名なる作者〔ニーウェンテイト〕は dx は量であると承認している．今や二つの量による第3の比はまた量となるのである[(262)]．

ここには二つの主張が盛り込まれている．一つはニーウェンテイトが『無限解析』第8章で論じたように（図3.28参照），dx が一定だったとしても dy が一定とは言えないということである．ライプニッツは，この論考の結論部で，直接『無限解析』第8章の当該箇所に言及する．すなわち，「至る所で曲線がその方向の傾き (inclinatio) を変えるとき（一般的には曲線ではなく，直線であろう），角はたとえ感覚されず，比べられないくらい小さな区別 (discremen) であったとしても連続的に変えられる」と述べている[(263)]．これは正当な反論である[(264)]．また一方で「第3の比」については次のように述べる．

> x は幾何数列，そして y は算術数列であるとせよ，定数 dy に対する dx は，定数 a に対する x のように，すなわち $dx = xdy : a$ となるであろう．ゆえに $ddx = dxdy : a$．したがって $dy : a$ を先の方程式から取り除くと $xddx = dxdx$，つまり dx に対する x が ddx に対する dx の比になるのは明らかである[(265)]．

---

(262) *Ibid.*, S. 325.
(263) *Ibid.*, S. 326.
(264) ボスは，無限小導入のような基礎的問題への関心を通じて，「関数」，「微分商」，「導関数」という概念が導かれることになったと，彼の論文の中で主張している．確かに本文中の引用にあるように，「方向の傾き」の変化を考えている点で $\frac{dy}{dx}$ の変化を対象にしていると受け取ることも可能である．したがってライプニッツの発想に対する解釈として，ボスの主張には一定の説得力がある．しかしあくまでも直線の傾く「角」が「連続的に変化する」と述べていることを，変量 x と y との対応による「関数」概念に結びつけることはできない．変量の独立性，従属性に至るまでには，なお越えなければならないハードルがあるように考えられる．[Bos 1974], p. 54 参照．
(265) [Leibniz GM], V, S. 325. 我々の記号法によって表すと

$$dx : dy = x : a \iff dx = \frac{xdy}{a}.$$

ここで両辺 x についての微分量を取ると

$$ddx = \frac{dxdy}{a}.$$

ボスはこの説明は「繰り返し数学史家を悩ませてきた」と述べている[266]．ライプニッツは x や y に特殊な例を用いており，けっして ddx が第 3 比例項，すなわち

$$x : dx = dx : ddx \tag{3.81}$$

という比例関係によって一般的に理解可能になったのではない[267]．しかしライプニッツは式 (3.81) による ddx の理解によほど自信があったと考えられる．実際，1695 年 8 月に『学術紀要』誌上に発表された 7 月号論文の補論においても，「第 3 微分を用いた同じ方法によって，そして他の任意のことが指示可能な量を通じて説明される」として論文「極大・極小に関する新方法」の参照を求めている[268]．やや性急な一般化であったかもしれないが，結局ライプニッツには「極大・極小に関する新方法」の中で提示した 1 階の微分量を有限量との比例という「関係」によって捉える，すなわち指示可能性に訴えるということがもっとも説得力を持つと考えたのであろう．彼はそれを高階の微分量に対してもアナロジーとして用いたのである．この点をふまえるならば，我々はライプニッツの表現にボスの述べるように「悩まされる」ことはない．

また我々ならば，式 (3.81) に至る比例にもとづく変形に違和感はないかもしれない．しかしライプニッツがここで提示していることは，ユークリッド『原論』の枠組，すなわち，比に関する次の前提事項をはっきり逸脱している．

1) 比例関係は同次量について成立するものである．
2) 比と分数はけっして同一視されない．

第 1 のものによれば，有限量，非有限量が混在した比例関係自体を想定することが古典的な基準に反している．また第 2 の基準については，『原論』では比は

一方で，$\frac{dy}{a} = \frac{dx}{x}$ より上式に代入すると，

$$\therefore ddx = \frac{dxdx}{x} \iff x : dx = dx : ddx$$

を導くことができる．

(266) [Bos 1974], p. 24
(267) [Leibniz NC], pp. 332f(n. 49).
(268) [Leibniz GM], V, S. 327. またライプニッツはホイヘンスに宛てた最後の書簡（1695 年 6 月 21 日付，ホイヘンスは 1695 年 7 月死去）の中でも，1695 年 7 月論文と同じ x が幾何数列となる例を提示した上で，「項 x と dx が何らかの〔0 ではない〕ものであると言うことができるように，第 3 比例項 ddx は 0 ではないのです」と述べている．[Leibniz GM], II, S. 207. 加えて同年 6 月 14 日付ロピタル宛書簡でも同じ例を用いた説明が現れる．*Ibid.*, II, S. 288.

「関係」であり，けっして数ではあり得ない[269].

　ライプニッツの議論は，従来の規範として機能していた比例論の約束事に忠実であろうとするならば，認容されるものではなかったろう[270]．その点でニーウェンテイトの批判は的をついている．したがって，ライプニッツとしては数学の外側に根拠を求めて，正当化するしかない．彼の形而上学的な原理，「連続律」の援用である[271]．この場面では，パスカルの特性三角形以来の発想でもある「有限量間の比が，無限小間においても成立する」という形で提示される．ライプニッツの研究歴の中では，初期の運動論において表面化した原理であるが，ニュートンと異なり，運動と直接結びつく表現となっていない点は注意を要するだろう．

　我々は以上のライプニッツの主張を一層正確に理解するために，少し時を経た 1702 年中のヴァリニョン宛の書簡にも注目したい．パリの王立科学アカデミーでは，1700–01 年頃にかけてロルとヴァリニョンの間で無限小をめぐる論争が繰り広げられていた[272]．ライプニッツはこの論争に直接係わることはなかったが，ヴァリニョンに対し書簡で自己の見解を表明している．特に 1702 年の書簡では上記の連続律の内容が鮮明に記されていて興味深い．

　まず，1702 年 2 月 2 日付書簡では，先の 1695 年のニーウェンテイトへの反論で表明されたように「無限小の効力 (l'effect des infiniment petits) を厳密にする」のは量が「比べられない」という発想であるとする．すなわち，

> 望むだけ十分小さな量を常に取ることができるのと同様に，その誤差に
> 対して十分小さな，比べられないくらい小さな量を取ることができると
> きには，我々の計算によって指示することができるようなどんな誤差よ
> りも小さくなるという結果になります．〔…〕疑いなくそれによって我々
> が利用する無限小計算の厳密な証明は構成されるのです[273]．

そして仮に無限小の線なるものを認めることができないとしても，それは「推

---

(269)　上記のように比と分数とを同一視する発想は，このニーウェンテイトへの反論が公表された，1695 年のほぼ同時期に執筆されたと考えられる草稿「普遍数学」にも明確に現れている．4.1.1 項注 (57) 参照．
(270)　クレーマーはこうして導入された無限小を「非アルキメデス量」と呼んでいる（[Krämer 1993], S. 126）．しかしライプニッツ自身はパンソン宛書簡（1701 年 8 月 29 日付）で述べているように，「アルキメデスの流儀とは，我々の方法の中でより直接的で，より発見の方法に適っている表現において異なっているだけである」と認識している．[Leibniz GM], IV, S. 96.
(271)　[Bos 1974], pp. 55f, [Horváth 1982], p. 156, [Krämer 1993], S. 132.
(272)　[Mancosu 1996], pp. 165–170.
(273)　[Leibniz GM], IV, S. 92.

186　　第 3 章　ハノーファー時代における研究の展開

論を簡略にする理想的概念 (notion ideale) として，とにかく役立つ」のである．ちょうど虚量（例えば $\sqrt{-2}$）が 3 次方程式の解の公式の中で実量の解を表現するのに必要であったようにである[274]．さらに算術的求積の著作の中で表明されていた「無限小 ='fictio'」という発想は，この書簡でも再び述べられる[275]．ライプニッツは無限小の存在論的な議論には，当初から係わる姿勢を持たなかった．発見の方法にとって，無限小は必要な理想的概念であり，「うまく基礎づけられた作り物として」(comme des fictions bien fondées) と考えるしかないのである（1702 年 6 月 20 日付のヴァリニョン宛書簡）[276]．こうした議論を正当化するために，ライプニッツは同じように新しく導入された虚量や，拡大解釈された比例論のアナロジーに訴えようとするのである．

　だが，通念となっている数学的規範を守るべきであるという批判は免れられない．そこでライプニッツは彼の形而上学的な原理への依拠を再び表明するしかない．したがって，また 1702 年 2 月 2 日付書簡に戻ると，運動学における連続律，すなわち静止 = 無限小の運動というアイデアの表明に続き，一般的な連続律を次のように提示する．

> 有限に関する法則は，たとえ質料が終わりなく小分割されて，実際になくなってしまったとしても，あたかもアトム（すなわち自然の指示可能な元素）があるかのように無限の中でもうまくいくのです．反対に無限に関する法則は，有限の中でもうまくいくのです，たとえ必要でないとしても形而上学的な無限小があるようにです[277]．

先に見た 1 階の微分量が，さらには高階の微分量が有限量の比によって指示可能になることは，こうして初めて正当化されるのである．

　ヴァリニョンとの書簡のやり取りに加えて，同時期の連続律に関する表明として，1701 年以降に書かれたと推定される無題の草稿（"Cum prodisset …" の書き出しで始まる）も見逃せない．ライプニッツはその中で次のように述べている．

> 私が見るところ，数学的な無限小計算以外に，以前『文芸共和国通信』誌で明らかにした例による方法が，自然学においてまた利用されている．

---

(274)　*Ibid.*
(275)　*Ibid.*, S. 93.
(276)　*Ibid.*, S. 110.
(277)　*Ibid.*, S. 93f.

3.3　無限小概念とそれをめぐる論争　　*187*

私はその両方とも「連続律」によって理解する．すなわち，それが適用されると著名な哲学者デカルトやマルブランシュの運動の法則が，自らに反駁するというはめになることを私は示したのである．ここで私は次の公準を想定する．『任意の移行 (transitio) が連続的にある項で終わると提示されたときに，究極の項も含まれるような，共通の推論を構成することができる』[278]．

ライプニッツの無限小概念は，無限小解析が進展したその上で，なおかつ初期の運動学研究との関連を保っている．その際「連続律」が根本原理として鍵を握っていた．では逆に，数学研究の成果を踏まえた 1680 年代以降，再び取り組まれた運動学研究において，無限小概念はどのように適用されたのか．代表的な論考を通してそれを見ることにしよう．

3.3.3 自然学の応用と無限小概念

1687 年 7 月にニュートンの著書『自然哲学の数学的諸原理』(*Philosophiae naturalis principia mathematica*)（以下では『プリンキピア』と称する）が刊行された．ライプニッツは同じ頃，ブランシュヴァイク＝リューネブルク家の歴史編纂の仕事のため，1687 年 10 月以降ハノーファーを離れ，ヨーロッパを調査旅行中であった[279]．ニュートンの理論に対抗するために，ライプニッツは旅先にもかかわらず独自の天体運動論を著し，『学術紀要』誌 1689 年 2 月号に発表した．それが「天体運動の原因についての試論」(Tentamen de motuum coelestium causis) である（以下では「試論」と略する）[280]．

ライプニッツはこの論考において，惑星運動の原因を「固有のエーテル」，すなわち惑星を動かす流体に求めている．そして「試論」第 4 項において調和回転

---

(278) [Gerhardt 1846], S. 40. なお『文芸共和国通信』(*Nouvelles de la république des lettres*) 誌上の論文については以下の注 (288) 参照．またこの草稿 "Cum prodisset ···" においても操作自体を表す「作用素」としての記号 *d* が登場する．ゲルハルトのテキストでは $(d)_x$，さらに 2 次微分量には $(dd)_x$ のように記されて，量を表す dx, ddx との区別がより明瞭である (*Ibid.*, S. 50). ボスはこの草稿の内容の重要性を強調している．[Bos 1974], pp. 56f.

(279) [Aiton 1985], pp. 138f. 邦訳，201f 頁．

(280) 同論文第 20 項で，ライプニッツは『学術紀要』誌の 1688 年 6 月に掲載された『プリンキピア』の書評に言及しつつも，「試論」の執筆にあたってその著作そのものは読んでいないことを示唆している（[Leibniz GM], VI, S. 157. [ライプニッツ 1999], 412 頁）．ライプニッツ自身の言葉によれば，彼は 1689 年ローマ滞在時に初めて『プリンキピア』にふれたとしている．しかし近年のベルトローニ＝メリによる草稿研究によって，実際には『プリンキピア』を 1688 年中に読み，その影響下において「試論」を著したことが明らかになっている．[Bertoloni Meli 1993], pp. 96-104.

188　第 3 章　ハノーファー時代における研究の展開

（回転速度が中心への距離に逆比例して増大）する動体があるならば，「回転の中心から動体に引かれた動径によって切り取られる面積は，費やされた時間に比例するだろうし，その逆も成り立つ」ことを証明している[281]．図 3.29 で「要素的円弧」(arcus Circulares Elementares)$_1T_2M$, $_2T_3M$ は動径 $\odot_2M$, $\odot_3M$ に対して「比較不可能なほど小さい」とする．このとき弧と正弦との差（例えば $_1T_2M$ と $_1D_2M$）も「差を作った量 (differentes) 自身と比較不可能である」．したがって「（我々の無限解析によって）その差は 0 と見なされ，弧とその弧の正弦とは一致するものと見なされる」とする．この部分が，直接無限小に係わる部分である[282]．

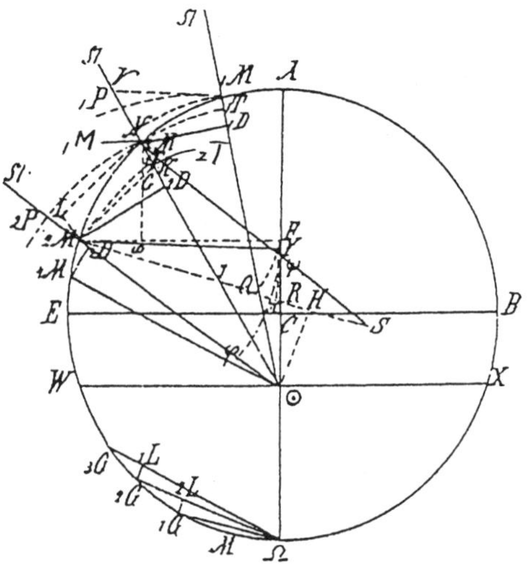

図 **3.29** 「試論」における無限小

　次の第 5 項は上記の「比較不可能なほど小さい量」に，一般論として言及する．ライプニッツは「もし誰かが無限小の適用を望まないのであるならば」と断わった上で，次のように述べる．

---

(281)　[Leibniz GM], VI, S. 150. 邦訳，401 頁.
(282)　*Ibid.* 邦訳，401f 頁. 先の命題の証明は以下のように行われる.

$$_1D_2M : {}_2D_3M = \odot_2M : \odot_1M, \quad \odot_1M \times {}_1D_2M = \odot_2M \times {}_2D_3M$$

よって三角形 $_1M_2M\odot$ と $_2M_3M\odot$ とは面積が等しくなる. 一方, これらの三角形は面積 $A\odot MA$ の要素であり, 仮定された時間の要素も等しいことから, この第 4 項の主張は成立する.

3.3　無限小概念とそれをめぐる論争　　*189*

その〔無限小の使用を望まない〕人は比較不可能で，何ら重大な誤差を
生み出さず，むしろ与えられたものよりも小さい量を生み出すと十分に
判断できるような，そんな小さな量を仮定することができる．ちょうど
天球に対して地球が点と見なされ，または地球の直径が無限小の線と見
なされるように，もし角の辺がそれら自身と比較不可能なほど小さい底
辺を持つならば，囲んでいる角は直角とは比較不可能なほど小さくなる
だろう．そして辺の差はその差を生み出すものと比較不可能であろうと
いうことも証明される．〔…〕一般の三角形は，接線を，そして極大・極
小を，さらには線の曲率 (curvedo) を解明することに最大の効用がある，
指示不可能な三角形に相似なものとして利用される．また幾何学を自然
へと適用するほとんどすべての場合にも利用される．というのも，もし
与えられた時間において動体が仕上げた，共通の線によって運動が表わ
されるならば，インペトゥスあるいは速度は無限小の線で表わされるだ
ろう．また重さの誘発 (solicitatio)，または中心的コーナートス (conatus
centrifugus) のような，速度の要素自体は，無限に無限小な線によって表
わされるからである．かくして比較不可能な量という我々の方法と無限
解析のために，これらの補題の場を認めることで，私は新しい理論の諸
原理を導いたのである(283)．

　以上の引用は，前項までに我々が見てきたライプニッツの無限小解析における
無限小の利用が要約されているものといえよう．実は，ニーウェンテイトへの
反論を述べた 1695 年論文中でも，ライプニッツはまさにこの部分への参照を
求めている(284)．第 1 章以来繰り返し述べているように，無限小の導入はもと
もと運動論において検討された．数学上の問題，自然学上の問題，表面上対象
が異なるように見えても，ライプニッツにとって両者は分離されるものではな
い．無限小解析の研究が進展したことで，むしろその無限小を媒体とした統一
された視点（解析の基本原理）が一層明確化したのである．

　次に 1695 年 4 月に『学術紀要』誌に発表された論文「物体の力と相互作用
に関する驚くべき自然法則を発見し，またその原因へと遡るための力学提要」
(Specimen dynamicum pro admirandis naturae legibus circa corporum vires

---

(283)　*Ibid.*, S. 151. 邦訳，402f 頁.
(284)　[Leibniz GM], V, S. 322. また 1695 年 6 月 24 日付のロピタル宛書簡でも同様に，この
1689 年の「試論」への言及を見ることができる．*Ibid.*, II, S. 288.

190　　第 3 章　ハノーファー時代における研究の展開

et mutuas actiones detegandis et ad suas causa revocandis)（以下「力学提要」
と略する）に言及したい[285]．この論文では第 2 部において連続律の表明を見
ることができる．

> 変化から飛躍を排除するこの連続律には，静止が運動の特殊な場合であ
> ること，すなわち消滅あるいは極小の運動と見ることができることと，相
> 等性が消滅する不等性の場合とみなすことができるということが対応し
> ている．〔…〕もし我々が静止や相等性のための特殊な法則を表明するこ
> とを望むならば，静止を最新の運動 (motus novissimus)，あるいは相等
> 性を究極の不等性とみなす仮説に一致しないようなものを，我々が指定
> しないよう注意しなければならない[286]．

ライプニッツは上記の原理を「秩序の一般的原理」と呼んで，『文芸共和国通
信』1687 年 7 月号で初めて公にしたことを述べ，その参照を求めている．この
場では，連続律はより抽象的，普遍的な形で次のように表現される．

> もし与えられたものにおいて，ある場合が連続的に別の場合に近づき，つ
> いにはもう一方へと解消する (evanescere) ならば，探求されることの中
> で，ある場合の結果もまた連続的に他方の結果に近づき，そしてついに
> は互いに終息し (desinere) なければならない[287]．

ここでライプニッツが言及している 1687 年の論文とは「マルブランシュ師の
返答に対する反駁として役立てるため，神の知恵の考察による自然法則の説明
に有用な，一般的原理に関するライプニッツ氏の書簡」(Lettre de M. L. sur
un principe general utile à loix de la nature par la consideration de la sagesse
divine, pour servir de replique à la reponse du R. P. D. Malebranche) という
タイトルで発表されたものである．ライプニッツはこの中で，抽象的な形での連

---

(285) 『学術紀要』誌に発表されたのは同論文の第 1 部のみで，第 2 部はゲルハルトが手稿中から
発見したものである．また，‘dynamica’（力学）という語はライプニッツが 1689 年以降使用し始
めた造語である．ライプニッツはローマ滞在中の 1689 年に，自然学に関する論考の執筆に取り組
む．同年 6 月には「運動学」(Phoranomus)，夏にかけて「力能と物体的本性の諸法則に関する力
学」(Dynamica de potentia et legibus naturae corporeae) を著した．後者の表題として用い
られたのが最初である．[ライプニッツ 1999]，491 頁注 3 参照．結局，前者も後者も未完のまま
出版されなかった．両論考のライプニッツ自然学における位置づけは [Duchesneau 1998b] 参照.
(286) [Leibniz GM], VI, S. 249. 邦訳 [ライプニッツ 1999]，518f 頁．一方で静止を運動の特
殊な例とみなす発想は 1702 年 2 月 2 日付のヴァリニョン宛書簡においても表明されることにな
るのだった．1.3.2 項注 (102) 参照.
(287) *Ibid.*, S. 250. 邦訳，519 頁.

3.3 無限小概念とそれをめぐる論争 *191*

続律の表明に先立ち，この原理は「無限を起源に持ち，幾何学においては絶対に必要なものとなっているが，自然学においても有効である」と述べている[288]．

こうして 1689 年の自然学の論考の中で表明され，また 1702 年に，ヴァリニョンの書簡で数学的文脈において提示されていた連続律は，ある種の形而上学的なテーゼの系であったことがわかる．ライプニッツはこの「力学提要」では，それを運動学の場面に即して語り直しているのである[289]．

以上のように，ライプニッツの無限小は初期の運動学において導入され，その後，パリ滞在期以降の数学研究の進展に伴って，自然学，数学の論議の中で「発見の技法」に不可欠なものとして利用された．その際，一貫した原理（連続律）が場面に即して，表現を変えながら断続的に顔を出す．特に数学的文脈では，記号法がもたらした計算の形式化・拡大解釈に対する古典的規範からの批判をかわすために，この連続律が援用される[290]．以上の無限小に関する思考の過程は，ライプニッツの数学全体の中で，一つの典型的な姿が現れたものである．すなわち，数学研究以前に得られている原理と数学研究による新しい発想の融合である．新幾何学（位置解析）構想，蓋然性の論理学などと同様に，数学研究の外側で抽出された事柄が，数学研究自体を促進させる動機となるだけでなく，その内容を正当化する手段として用いられるのである．我々は前章，そして本章とライプニッツの数学が発展する跡を追究してきた．数学研究において得た成果は，ライプニッツの学問的出発点である普遍数学構想にも影響を及ぼしていると考えられる．我々は両者がどのように関連づけられるかを考察する地点にたどり着いたのである．

---

(288) [Leibniz GP], III, S. 52. 邦訳 [ライプニッツ 1990b]，36 頁．
(289) 1678 年に執筆された運動学に関する草稿「物体の衝突について」(De corporum concursu) 中には，連続律の六つの異なる表現が記されている．[Leibniz CC], pp. 95ff.
(290) ブレーガーは，ライプニッツの連続律はアリストテレス流のものに三つの修正，すなわち 1) 自然学における連続性から数学への移行，2) 数学における超越性の導入，3) 無限小の導入を加えることによって特徴づけられるとする ([Breger 1992], p. 76.)．ただし我々が見たように，最重要なことは 1) であり，2) や 3) は 1) に支えられて正当化が主張されたのである．

第4章
統合的学問の基礎としての普遍数学

4.1 ライプニッツの数学的貢献と普遍数学

4.1.1 発展を遂げる普遍数学概念

我々は本書冒頭の 1.1.1 項で，ライプニッツの学問的経歴の当初において，すでに「普遍学」(scientia universalis，または scientia generalis) への志向が備わったことを見た．彼に対して影響を与えたのは，より直接はヴァイゲルであり，スホーテンであった．今一度振り返るならば，旧来の学問的枠組を再編し，新たな「知の体系」を作るための基礎となる学問，それが「普遍学」であった．加えて普遍学はその小部分として普遍数学概念を含んでいた[(1)]．したがってそれに沿うことで数学を一つのモデルにしながら，普遍学自体の構成に利用するのである．普遍学の仕組みを再度図式化すると次のようになる．

普遍学の諸分野の構成．

→ 諸学問の再編，統合のための共通部分の抽出．

→ 基礎学問として数学をモデルにする．

→ 数学の基礎部分としての普遍数学．

---

(1) 本項で考察の対象とする草稿の表題には scientia generalis という語を多く見いだすことができる．我々は第 1 章同様 (1.1.1 項注 (15) 参照)，普遍数学 (mathesis universalis) との関連を強調するため，「普遍学」という訳語を使用する．さらに scientia generalis と対応して mathesis generalis という語も現れるが，訳語として「普遍数学」を統一して用いる．

したがって我々の関心は，ライプニッツによる学問再編のもっとも根幹にある普遍数学の中身にある．ライプニッツ初期の普遍数学概念は，彼の最初の本格的著作『結合法論』の中で明瞭に語られていた[2]．ただしあくまでもそれは17世紀前半に受け入れられていた一般量に対する理論を指していた．我々はパリ時代を経て，ハノーファー期における数学上の様々な取り組みを第2章-第3章で精査してきた．本章ではライプニッツにとって出発点であり，同時に到達点でもある普遍数学構想の内容，概念的変遷を考察していく．

　我々がライプニッツの普遍数学を考察していく際に，まず注意しておかなければならないのは，1679年という時期が一つの転機になっているということである．実際，公刊されている資料によれば，この1679年という年を境目にして我々が問題にしなければならない草稿が多く残されるからである[3]．以来，彼は数学的構造を軸としながらも，徐々に純粋に理論的な分野から経験的知識の集成する分野に至るまで，学問的知識を総合する百科全書の夢に向かっていくことになる[4]．我々はこの1679年がライプニッツの数学上の一つの発展と関係を持つことを今後の議論によって確認したい．残念ながら，ライプニッツは生前に，彼の普遍数学に関する整理された著作を刊行するには至らなかった．そこでハノーファー期（1676年秋以降）の草稿中の記述を分析の対象とし，未完成に終わったライプニッツの「夢」の実相を明らかにしたい．

1680年代までの普遍数学構想

　ハノーファー期の初期の代表的な草稿は，1679年夏から秋にかけての執筆と推定される「諸学問の刷新と拡大に関する普遍学の基礎と範例」(Initia et specimina scientiae generalis de instauratione et augmentis scientiarum) である．この草稿では著作の計画の形で普遍学の内容が明らかにされる．それによると第1部が「基礎」，第2部が「範例」で各々が3巻構成から成る．具体的には，

$$
第1部　普遍学の基礎 \left\{
\begin{array}{l}
第1巻　永遠真理原論, \\
第2巻　発見術に関して, \\
第3巻　百科全書作成に関する考察,
\end{array}
\right.
$$

---

(2)　1.1.1項注 (3) 参照.
(3)　本項で問題にする草稿群は，基本的に執筆年代が明確ではない．当然それについて研究者の間では，様々な議論がある．特に断らない限り，アカデミー版の推定にしたがうことにする.
(4)　[Duchesneau 1993], p. 37.

という内容をライプニッツは提示しており，さらには，

$$\text{第 2 部　普遍学の範例}\begin{cases}\text{第 1 巻　幾何学,}\\\text{第 2 巻　機械学,}\\\text{第 3 巻　普遍的法学原論,}\end{cases}$$

としている[5]．この草稿の冒頭で表題を言い換えて，「人間が注意を傾けることによって，真理について，あるいは少なくとも確からしさの度合 (gradus probabilitatis) について誤りなく判断することができ，また人間の手の内にあるもの，または与えられたものから人間精神によって，いつか引き出され得るようなものは何でも，必要なときに確実な方法によって見いだされるようになる理論」と述べている[6]．この普遍学の機能を用いて，人間の知識全体を整理再編し，さらには新たなる問題自体を引き出す可能性を生み出すものこそが百科全書なのである．したがって第 1 部第 3 巻こそが究極的目標となろう．また特に第 1 部第 2 巻について，「探求を導く明白な導きの糸とその個別技法である結合法 (Combinatoria) と解析について」と言い換えられている[7]．ライプニッツの思想においては「結合法」とは『結合法論』以来，実質的に総合と同義である[8]．すなわち数学における伝統的な概念，「解析と総合にもとづく発見術」(ars inveniendi) という「人間思考のアルファベット」同様，標語化されたアイデアが盛り込まれている．この点についてはまた後の草稿の分析の中で再検討したい．

　第 1 部が論理的・方法論的・理論的な「足場」を意味するのに対し，第 2 部はいわば普遍学の個々の特殊学問への利用 (usus) の実例である．第 2 部第 1 巻の幾何学には，「通常の問題だけでなく，今のところ手の内になく，まず計算の中である方法へと帰着される代数を超越した問題」が含まれる．また機械学には，「どのようにしてあらゆる機械学の問題を純粋幾何学に帰着するか，または実験に一致する運動をア・プリオリに正確に証明することができるか」が，さらには普遍的法学原論には「公正の真の本性が説明され，何が純粋な法に属しているか，またいかにして純粋な法のすべての問題が幾何学的確実性を持って

---

(5)　[Leibniz A], VI-4A, S. 359ff. 邦訳 [ライプニッツ 1991b], 224–227 頁.

(6)　*Ibid.*, S. 357. 邦訳, 224 頁.

(7)　*Ibid.*, S. 359. 邦訳, 224f 頁.

(8)　我々が参照するアカデミー版には，ライプニッツによって書き直しのため抹消された部分も明らかにされている．それによれば「結合法」を「総合」と言い換えている．*Ibid.*, S. 358.

4.1　ライプニッツの数学的貢献と普遍数学　　*195*

定義できるか」という事柄が含まれる[9]．以上を見ると，普遍学の範例は二つの要素からなることがわかる．一つは，我々が本論文第1章で考察したパリ時代以前の問題（例えば，法学における論証の確実性）にもとづくもの，もう一つは数学研究（あるいは自然学研究）の発展の影響によるものである[10]．

ほぼ同時期執筆と考えられる草稿「普遍学の基礎，範例の様相」(Initia scientia generalis. Conspectus specimina) では数学研究との内容的な関連がより明瞭である．ここでは普遍学の範例として，1) 普遍数学，2) 幾何学，3) 機械学，4) 自然学試論が掲げられている．とりわけ 1) で，普遍数学を「大きさ (magnitudo) あるいは量 (quantitas)，そして**相似性すなわち質**について決定し，算術が扱う定数の計算や，同様に代数につきものの未知数の計算があらゆる手法によって完成される」（強調は引用者）と規定していることは注目される[11]．1.1.1 項で見たスホーテンの著作と比べて，この中にはライプニッツの独自性が明瞭に現れている．我々は 3.1.3 項で彼の新幾何学＝位置解析の内容を分析した．それをふまえて上記の言明を考えると，執筆時期の推定が説得力を持つことがわかる．ライプニッツの普遍数学概念に独自性が付与されるのに，位置解析の構想中の試行錯誤が活かされているといえるのではないだろうか．さらに 2) においては「大きさと相似性が位置に適用される．しかし今のところこの学問のわずかな部分だけが仕上げられている」としつつ，次のように述べる．

> 実際のところ，直線のしかじかの大きさが与えられたり，求められているような代数方程式に帰着しうる諸問題だけが解かれるのである．だが機械学的な事象において極めて有用である多くの素晴らしい問題は，代数方程式を超越したものである．したがってこれまで知られていない超越幾何学原論 (Geometriae Transcendentis Elementa) がここに与えられるのであり，今初めて，あらゆる幾何学的問題が手の内にあると断言できるのである．しかし筆者はここで常に最良の作図を発見するやり方を約束しているわけではない．というのもそれは，これまで受け入れられてきた計算と全く異なる，ある新しい幾何学的計算を要請しているから

---

(9) [Leibniz A], VI-4A, S. 361. 邦訳，227 頁．

(10) 幾何学の中で代数を超越する問題を「今のところ手の内にない」としている点も，1679 年という時期を考える一つの手がかりとなろう．我々は 3.2.2 項で見た 1686 年の論文「深奥なる幾何学ならびに不可分量と無限の解析について」における，ライプニッツの超越量に関する発想の表明を想起するべきである．

(11) [Leibniz A], VI-4A, S. 362. 邦訳 [ライプニッツ 1991b]，228 頁．

196　　第 4 章　統合的学問の基礎としての普遍数学

である[(12)].

　以上の引用は 1676 年までの接線問題・逆接線問題，1679 年の草稿「幾何学的記号法」における試行錯誤をそのまま反映しているかのようである．

　ライプニッツの「幾何学」は単なる古典的幾何学でも，代数方程式を主体にしたものでもない．両者の難点を補いつつ，記号の形式的運用によって作図をも引き出すことができるような，ある種の総合的な数学を含意しているのである．その発想を支えるのが，無限小解析における超越量の扱いと位置解析に対する取り組みであった．スホーテンが初等的な記号代数の運用に数学の「基礎論」を見いだしていたとすると，ライプニッツはまさに我々が 2.2.2 項で見たような，超越的な方程式の取り扱いも視野に入れていた．従来の代数的方程式が扱う領域を踏み出した彼にとっては，自然な発想であろう．また位置解析において記号が代替する中身のあり方（量のみならず位置を含む）を拡大していたライプニッツは，単なる量一般を扱う記号代数では満足できなかったであろう．無限小解析，位置解析ともにライプニッツの独自の記号法自体の創造が施されており，それと普遍数学概念は同時並行で拡張されていったと考えられる．

　我々はライプニッツの数学的業績として，とかく無限小解析の成果のみに焦点を絞ってしまいがちである．しかし普遍数学の構想に関して，むしろ位置解析に関する取り組みの方が重要である．初等的な記号代数の運用を乗り越え，新たな見通しを生み出したという点で，ライプニッツの位置解析研究は独自の役割を果たす．たとえ公刊論文の形で発表されず，同時代的影響力が伴わなかったとしても，ライプニッツ自身に普遍数学の内容をより明確に意識させ，著作の構想に反映させたことが思想的真価を考察する我々にとって重要性を持つのである．

　この草稿の項目 3) の「機械学」の内容についてはライプニッツは抵抗媒体中の投射体，物体の衝突，屈折と反射，弾性力といった様々な問題が含まれるとしている[(13)]．

　こうして 1670 年代の終わりに始動したライプニッツの普遍数学に関する思索は，1680 年代においても活発に行われていた．ただし著作としての計画があ

---

(12) *Ibid.*, S. 362f. 邦訳，228f 頁．
(13) *Ibid.*, S. 363. 邦訳，229 頁．ライプニッツは衝突の問題については 1678 年 1 月（ないしは 2 月）に集中的に取り組んでおり，「物体の衝突について」(De corporum concurusu) というタイトルの草稿群を残している．[Leibniz CC], pp. 71–171. また本文中の他の問題については 1680 年代の後半になってから『学術紀要』誌上に次々と論文を発表する．

りながら刊行されたものはなく，我々としては草稿を辿っていくほかない．

　1683 年夏頃に執筆されたと推定される草稿「新普遍数学原論」(Elementa nova matheseos universalis) では，一層内容上の焦点が絞り込まれている．これは題名通りスホーテンの著作を意識して（ライプニッツはスホーテンの著作の題名を誤って記憶したのだった），その理念をまとめたものである[14]．

　冒頭でライプニッツは「この普遍数学原論とこれまで知られている記号法 (Speciosa) とは，ヴィエトやデカルトの記号法が古代人の記号 (symbolica) と違っている以上に大きく異なっている」とする．「代数よりも総合と解析，あるいは結合法が提起される」とした上で，次のように普遍数学自体を定義する．

> 普遍数学は想像力へ，またはいわば想像力の論理学へと達するものによって正確に決定されるような，ある種の方法を提起しなければならない．したがってここで純粋に理解可能な事柄，認識，行為に関する形而上学は除かれる．また数，位置，運動に関する個別数学も除かれる．想像力は一般的に二つのことに関して適用される．すなわち質と量，あるいは大きさと形であるどんなものが述べられるかによっては，相似と非相似，相当と不等に適用される．そして実際相似性の考察が相等性と比べても少なからず普遍数学に属することは，幾何学がそうであるように，個別数学がしばしば図形の相似性を探求することから明らかである[15]．

文字通り位置解析のエッセンスを，普遍数学という学科に属するものとして抽出していることが容易に理解できる．3.1.3 項で見たように，相似性に一定以上の強調を置くことはライプニッツの独自性である．数学としてはけっして十分な理論化を達成したとはいえないが，「想像力の論理学」の構成要素として活かされることになったのである．ライプニッツは引き続いて上記の引用中の事柄（量，質，相等など）を定義していく．それらは基本理念として晩年に至るまで，ほぼ一貫して不可欠の要素として保たれていくことになる[16]．無論その一方で，スホーテンの著作に含まれていた記号代数による四則，その他の計算法が忘れられてしまった訳ではない．ライプニッツは「大きさの計算において，諸問題に対して操作 (operatio) と適用 (usus) が考えられるべきである」と

---

(14)　1.1.1 項注 (4) 参照.

(15)　[Leibniz A], VI-4A, S. 513f.

(16)　[Schneider 1988], S. 172. シュナイダーはこの草稿も含めて他の位置解析，普遍数学に係わる草稿の中から「相似」，「合同」，「一致」，「相等」，「同次」(homogenea) といった概念の定義の比較を試みている．*Ibid.*, S. 176ff.

198　　第 4 章　統合的学問の基礎としての普遍数学

する(17). 実際「操作」として，四則，ベキ，開平，対数，級数の計算を挙げて
いる．さらに「行われなければならない操作」への注意点として，虚量の仲介
によって実量を引き出す計算，無限大・無限小，代数的量，超越量の場合にも
言及している(18). 特に以下の引用を見るならば，まさしくライプニッツが数学
を発展させていく過程で獲得していた事柄が，普遍数学概念の充実に確実に利
用されていることがわかるだろう．

> 実際，実量はたとえ通約不能であったとしても本性において示すことが
> できる．そしてそれらは代数的なものと，超越的なものとに分かれる．代
> 数的とはある次数の根の抽出が見いだされるときである．また超越的と
> は方程式の次数が不定，あるいは明言されない (enuntiabilis) 場合であ
> る．超越的なものに対しては対数が役立つ．超越量を表す方法は様々で
> ある．例えば，対数〔の計算〕と同種のものにしたがう場合とか，無限
> において連続量に対して想定される操作によって，有限量が実際にあら
> かじめ求められている任意の量に接近しなければならないような，すな
> わち近似 (appropinquatio) が生じる場合とかである．こうした点で，与
> えられた微分列 (differentia series) の性質によって，その列自身の性質
> が問われるときは，微分計算 (calculus differentialis)，または極大・極小
> による方法が役立つ(19).

　他方，この草稿の後半では伝統的概念である総合と解析について語られてい
る．ライプニッツは「問題を解く方法は総合的か解析的である．両方とも飛躍
的 (per saltem) かあるいは段階的 (per gardum) かのどちらかである」と述べ
る．その上で，次のように説明している．

> 総合的，あるいは結合法とは他の諸問題を通り抜けて，ただ我々の問題に
> 帰着させるときをいう．そしてその際，単純なものから合成された問題
> へと進む方法が役立つ．解析的とは解決するのに十分な条件へと達した
> かのように，我々の問題から出発した事柄を逆行させるときをいう．〔…〕

---

(17) [Leibniz A], VI-4A, S. 519.

(18) *Ibid.*, S. 520–523.

(19) *Ibid.*, S. 522. この引用には明瞭に「微分計算」という語が登場する．だが，実はライプニッ
ツの普遍数学に関する草稿中に，その用語 (calculus differentialis) が登場することは稀である．
ライプニッツが普遍数学の内容を構成する際に，微分計算を，または無限小を伴った計算をどのよ
うに捉えていたかは検討を要する問題である．この引用した草稿上では無限大・無限小については，
虚量との比較を論じるに留まっている．

4.1 ライプニッツの数学的貢献と普遍数学　　*199*

解析において飛躍的とは，他に何も仮定せずに我々が問題そのものを解き始めるときをいう．同様に，また総合が飛躍的であるとは，最初にあらゆる必要なものが明らかになっているとき，我々の問題へと絶えず通り抜けていくときをいう．他方，段階的な解析とは，提示された問題をより易しいものへと呼び戻し，そしてそれをさらにより易しいものへ，さらに〔我々の〕手の内にあるものまで我々が達するまで続けることをいう(20).

ライプニッツの一般的な学問的方法論へと結びつく，これら総合，解析概念に関して十分に議論は深められないまま，この草稿は中断してしまう．しかし別の草稿で再び取り上げられ，より詳しく議論が展開される．

　1683 年夏から 1685 年初めにかけて執筆されたと推定される草稿「普遍的総合と普遍的解析，すなわち発見と判断の技法について」では先の総合，解析についての議論が詳しく展開される．ライプニッツにとって総合，解析とは次のようなものである．

　　総合は，原理から出発して順番に真なることを経て進むときに，我々がある種の連鎖を見いだし，例えば表やあるいはしばしば一般的な公式を作り，後から出てきた問題〔の解〕が見いだされるときをいう．これに対して解析は与えられた問題だけのために，これまで我々や他人が発見したものが何も存在しないかのように仮定して，原理へと遡及することである．総合を行うことの方が優れたことである．なぜなら，個々の問題に応じて解析を構成しようとすると，すでに成し遂げられたことをまた行うことになるのに対し，総合の仕事は永遠に価値があるからである．とはいえ，他人によって定理の総合や発見が行われたとしても，それはすべてを自分自身で実行し解を示すことに比べれば，小さな技法の利用に過ぎないのである(21).

上記の引用は「総合を行うこと」に力点があるようにも読めるが，自分自身の発見も重要視している．総合，解析の一方のみに重きが置かれているのではない(22).　その両者の分かち難い結びつきについては次のようにも述べている．

---

(20)　*Ibid.*, S. 523.
(21)　*Ibid.*, S. 544. 邦訳 [ライプニッツ 1997]，21f 頁.
(22)　[Duchesneau 1993], p. 58.

200　　第 4 章　統合的学問の基礎としての普遍数学

解析には 2 種類ある．一つは一般的に代数において用いられている飛躍
的なものである．もう一つは特別なもので，私は還元的と呼んでいるが，
はるかに巧妙でありながら，あまり知られていない．実用上は与えられ
た問題を解くために解析の方が必要性が大きい．そして理論に身をまか
せられる人は，解析の技法を手の内に収めるよう実践するまでで満足し，
残りに関してはむしろ総合を伴わせるだろう．そして順序が導くのでなけ
れば，容易に問題にはふれないだろう．〔…〕発見の起源が見いだされる
ときには解析的に書かれ，隠されるときには総合的に書かれていると考
える人は誤っている．私はしばしば発見の才能がある人々は，ある人はよ
り解析的で，他の人はより総合的であるということに気づかされた(23)．

解析に 2 通りあるという認識は先の「新普遍数学原論」でも示されていた通り
で，「還元的」とここで呼んでいるものが，その際は「段階的」とされていた．
いずれにせよライプニッツがここで「一般的」な解析としているのは，代数解
析のことであり，それには通常総合が伴わない．しかしライプニッツは 17 世
紀に特徴的な解析の概念に，むしろ古典的な総合重視の発想を混合する．そし
てライプニッツの「総合」には古典的手法とは異なる「結合法」という手段が
含まれる．すなわち「事物の形相や形式を普遍的に取り扱う（一般的に記号的
(characteristica sive speciosa) ということができる）学問である」(24)．すでに
我々は位置解析の分析を通じて理解したように，ここで記号が扱うのは「相等
と不等」という量にまつわることのみならず，「相似と非相似」という質一般を
も対象としていることはいうまでもない．単なる古典的幾何学における総合・
解析の復活でもなく，同時代的理解の範囲とも違うものを提示しようとしてい
る(25)．

　この草稿では単に数学的（純粋理論的と言い換えてもよい）学問のみならず，
経験知に対する学問も射程に入れている．総合・解析の融合が学問全体の探求
の方法論として普遍性を持つ．それを例証するためであろう．ライプニッツは
経験的学問（彼は混合学問 (Scientiae mixtae) と呼ぶ）において「有益な帰納が
行われ，原因が見いだされ，警句と予備概念 (aphorismi et praenotiones) が確
立されるために，作り上げられ，秩序づけられ，結びつけられるべきものに対

---

(23)　[Leibniz A], VI-4A, S. 544f. 邦訳，22 頁．
(24)　*Ibid.*, S. 545. 邦訳，23 頁．
(25)　[ライプニッツ 1997]，22f 頁，注 16 参照．

4.1　ライプニッツの数学的貢献と普遍数学　　*201*

する特別な技法が必要である」と指摘する．無論「特別な技法」とは総合と解析のことであろう．それは以下の引用から明らかである．

> もしこの世紀に与えられた極めて豊かな様々な観察と，真の解析を正しく用いるならば，種々の病気の大部分については治療法を手の内に収められるであろう．今自然についての人間の知識は，ありとあらゆる商品が揃っているにもかかわらず，整理されもせず在庫目録もない商店に似ているように私に思われる[26].

ただし問題はこうした経験的学問においては，解析が数学の場合と同様には進まないことである（実際，「純粋な解析は稀にしかない」とライプニッツは指摘する）[27].

1.2.2項で取り上げたように，ライプニッツの証明論の中で同一律（A＝A）の役割が特別であった．この草稿でもそれが証明不可能で「真の意味で公理ということができる」ものであることが指摘される[28]．いわば同一律は解析における遡及の究極の終点なのである．しかし経験的知識に関しては事情が異なる．ア・プリオリに認識するのではなく，経験によって認識するため「偶然的なことは論理的根拠ではなく，観察や経験に依存する」．したがって「他の原理や基準を適用しなければならない」[29]．だが，我々が先に指摘した通り，ライプニッツは彼独自の総合，解析の概念を足場にしている．それによって，たとえ表面上異なる原理（先験的か，経験的か）にもとづくとしても，人間理性が獲得した知識を統一的にまとめあげる可能性が見いだせるのである．一方で，数学（または広い意味での「論理学」）を軸に，他方，自然学に代表される経験的学問を軸に，ライプニッツの学問的統合の方法論は後年の著作『人間知性新論』の中でさらに詳細に展開される．我々はこの主題には，その分析の中で立ち返ることにしたい（4.2.1項）．今しばらくライプニッツの普遍数学概念の発展の過程を追求しよう．

---

(26) [Leibniz A], VI-4A, S. 544. 邦訳，21頁．ライプニッツは同じ草稿の別の箇所で，「我々は我々の記憶や他の事々の関係の中に，ちょうど表や目録の中に読み取るようにして探求している問題に適用するのである．そしてこれは総合的方法である」と述べている（*Ibid.*, S. 545. 邦訳，23頁）．また一方ライプニッツが考える医学的知識と総合，解析との関連は [Pasini 1997], pp. 37f 参照.

(27) [Leibniz A], VI-4A, S. 545. 邦訳，23頁．

(28) *Ibid.*, S. 543. 邦訳，19頁．

(29) *Ibid.* 邦訳，20頁．

202　　第4章　統合的学問の基礎としての普遍数学

1680 年代の後半にも注目すべき草稿がいくつか存在する．1686 年 4 月–10 月
にかけての執筆とされる草稿「普遍学を確立するための忠告」(Recommandation
pour instituer la science generale) では，幾何学との関連が再びテーマにされ
る．ユークリッド『原論』で公理とされ，受け入れられていたものを証明の対
象とすることや，『原論』中に隠れている未証明な前提事項に対する指摘がな
される．関連して言及される数学者はプロクロス，クラヴィウス，ロベルヴァ
ルである．すでに 3.1.3 項でも登場し，我々にとってなじみがある名前である
が，ロベルヴァルがライプニッツ自身によって語られる部分は特に重要である．
ライプニッツは次のように述べる．

> 公理さえもできる限り証明されなければならないというのは，故ロベル
> ヴァル氏の意見である．彼は自分が計画した『幾何学原論』の中で，私が
> 同意するその考えにしたがって，実際に行いたいと思っていたのである．
> 私はといえば，この公理をも証明しようとする心がけは，発見の技法の
> 最も重要な点の一つであると考えており，その理由は別の機会に述べる
> こととする．ただこうした営みが無益でばかげたことであると考えない
> ようにするために，今はそれについて言及することで満足したい[30]．

加えてこの草稿では幾何学以外にも「最も不確かであると思われる事柄や，完
全に偶然と思われる事柄」の中にも論証の題材が見いだせるとして，確からし
さについての理論も指示している．ライプニッツによれば，「そのことは，パス
カル氏やホイヘンス氏や他の人たちによる賭けの問題の論証とか，デ・ウィッ
ト総督による終身年金に関する論証から判断できる」ことである[31]．我々が
3.1.2 項で見たライプニッツの確率論への取り組みとの対応箇所が，ようやく草
稿上に現れるに至った．「確からしさ」をある種の広い意味での「論理学」＝普
遍数学の要素にすることは可能だとライプニッツは考えている．実際，次のよ
うにこの草稿で述べている．

> 確からしさしか問題でないときでさえ，与件から (ex datis) 何がもっと
> もらしい (vraisemblable) かを常に決定することができる．だがそのよう

---

(30)　*Ibid.*, S. 704. 邦訳 [ライプニッツ 1991b], 249 頁．ロベルヴァルの方針は彼の遺著『幾何
学原論』の序文中，第 5 規則として現れる ([Roberval 1675], p. 65). 「証明され得るものはすべ
て証明されなければならない」(Tout ce qui peut être démontré doit être démontré) こそがラ
イプニッツが共感を寄せる標語である．
(31)　[Leibniz A], VI-4A, S. 706. 邦訳, 252 頁．

4.1　ライプニッツの数学的貢献と普遍数学　　*203*

な有益な論理学の部門はいまだに見いだされていないのが本当のところ
である．しかしそれは実践において推定 (presomtion) や兆候 (indice) や
臆測 (conjecture) が問題であり，何らかの重要な討議において双方に明
白な正当性があるとき，その確からしさの度合を知るために驚くほどの
有用性を発揮するだろう．かくして確実性 (certitude) を論証するために
与えられた条件が十分でないとき，その事実は確かであるとはいえない
が，少なくともその確からしさそのものに関する論証を常に与えること
ができる(32)．

ライプニッツは数学上の研究で，この分野を大きく進展させることはできなかっ
た．基本概念を整理する，または個別の問題について取り組んだに過ぎない．し
かしこの引用を見るならば，「確からしさの論理学」＝確率論をもっと体系的
に作り上げたいという，大きな欲求を確実に抱いていたと推定される(33)．経験
的学問への方法論の拡張とともに，「確からしさ」に対する論証を考えることは
また普遍数学の内容を充実させるために必要と考えられたのである．
　なお数学の一分野と考えられた音楽についても，この草稿はふれている．ラ
イプニッツは「音楽は算術の下に属する」とする．そして「協和音や不協和音
の何らかの基本的体験が知られるとき，残りのあらゆる一般的規則は数に依存
する．コンパスを使って，音楽のあらゆる音程の合成，差異，特性が決定され
るという類の，分割された和声線 (une linge harmonique) 作りに 1 日かかった

---

(32) *Ibid.*, S. 706f. 邦訳，253 頁．
(33) ライプニッツはこの草稿「普遍学を確立するための忠告」が記された約 10 年後，1697 年 2
月 11 日付のバーネット宛書簡においても，確からしさの度合を算定する方法 (l'art d'estimer les
degrès des probations) が，いまだに論理学者たちによって見いだされていないことを指摘してい
る ([Leibniz GP], III, S. 193)．さらにそれから約 7 年近くを経た『人間知性新論』の中でも確か
らしさの度合を扱う「新種の論理学」の必要性を説いている（4.2.1 項注 (83) 参照）．
　一方，引用文中の用語について言及の必要がある．我々は presomtion に対して「推定」，conjecture
に対して「臆測」という訳語を充てた（邦訳 [ライプニッツ 1991b] は，それぞれに対し「見込み」，
「推測」という語を用いている．引用者はむしろ [ライプニッツ 1995] における訳語を取り入れた)．
ライプニッツは特に presomtion に対しては独特の意味合いを持たせているからである．『人間知
性新論』第 4 部第 14 章「判断について」において，ライプニッツは次のように述べている．す
なわち「推定に関していえば，それは法律家の用語ですが，彼らの正しい用法はそれを臆測から
は区別しています．推定は臆測以上の何かであり，反対の事柄が証明されるまで仮の真理 (verité
provisionellement) として通さなければならないものです．［…］したがって推定することは，そ
れを証明する前に受け入れることではありません．それはけっして許されません．そうではなくて，
反対の事柄が証明されるまでさしあたり，根拠を持ちつつあらかじめ受け入れること (prendre par
avance mais avec fondement) なのです」とテオフィルの言葉を通じて説明している ([Leibniz A],
VI-6, S. 457. 邦訳 [ライプニッツ 1995], 261 頁)．この presomtion は，我々がテーマとする
数学のみならず，形而上学上の問題，例えば神の存在証明とも係わりあう．そうした文脈における
presomtion の分析は [Adams 1994], chapter 8 を参照．

204　　第 4 章　統合的学問の基礎としての普遍数学

ことが思い出される．音楽を全く知らない人にも，誤りなしに作曲の方法を示すことができるのである」と述べている[34]．ここでライプニッツが語っていることは，数学における代数解析の理念に共通する発想であろう．音楽を数学の1分野と捉えることは，同時代にはいたって一般的であった．確からしさに対する理論同様，普遍数学の範例を充実させるという視点からライプニッツは，自然に組み入れることを考えたのである[35]．

前草稿と同時期に書かれたと推定される草稿「グィリエルムス・パキディウス著プルス・ウルトラ，すなわち諸学問の刷新と拡大に関して．および精神を完全にし，公衆の幸福のために事物を見いだすことについての普遍学の原理と範例」(Guilielmi Pacidii PLUS ULTRA sive initia et specimina SCIENTIAE GENERALIS de instauratione et augmentis scientiarum, ac de perficienda mente, rerumque inventionibus ad publicam felicitatem) は明らかに著作の出版を意図して，ライプニッツが内容の一覧を箇条書きにしたものである[36]．全体で 1)–31) までの番号付の項目に加えて，番号なしの 14 の項目が挙げられている．前者の第 8 項目以降が数学に直接係わるものである．それらを列挙すると次のようになる．

〔1)–7) 略〕

8) 永遠真理原論，数学同様，あらゆる分野における証明の方法について．

9) ある種の新しい一般的計算法について．

10) 発見の技法について．

11) 総合，あるいは結合法について．

12) 解析について．

13) 個別結合法，すなわち一般的な形式，または質の学問について，相似と非相似について．

14) 個別解析，すなわち一般的な量の学問，または大きさと小ささについて．

---

(34)　[Leibniz A], VI-4A, S. 709f.

(35)　ライプニッツの音楽理論，またはその話題に関する書簡のやり取りについては [Bailhache 1992] 参照．

(36)　「グィリエルムス・パキディウス」という名は「すべての学者を共同の任務のために統合する調停者」という意味合いで（pax= 平和）ライプニッツが好んで使った筆名である．[Aiton 1985], pp. 68, 93f. 邦訳，106，142 頁参照．また 'PLUS ULTRA' という題名の方はイングランドの学者ジョセフ・グランヴィルの 1668 年刊行の著書の題名を模したものである．[ライプニッツ 1991b], 298 頁．

15) 前 2 項目から合成された普遍数学について.

16) 算術について.

17) 代数について.

18) 幾何学について.

19) 光学について.〔…〕

22) 動力学 (Dynamica) すなわち運動の原因について，または原因と結果について，さらには可能性と現実性について (De potentia et actu).〔…〕

24) 流体の運動について，海洋学 (nautica)，菱形についての新しい法則 (Rhomborum leges novae)[37].

25) 前者の適用範囲について.

26) 自然学原論，質の原因と感覚の様態について.

第 27 項以降，天体，地質学，医学，動物，植物，法学，自然神学といったライプニッツの百科全書の構想が提示されている[38]. この草稿は，ある種の「百科全書」を具体化するための覚え書きである. 上記のように，項目を羅列しただけで細部は明らかにされていない. 特に項目 15) の普遍数学に関しては，先の草稿「新普遍数学原論」に比べ，ライプニッツが自己の数学的成果を取り入れることに少し消極的になっている感がある. 項目 13)，14) を普遍数学の要素としているが，それぞれ 13) が位置解析研究の影響，14) が旧来の普遍数学 (＝代数解析) にもとづいていることはいうまでもない. その点では相違はない. しかし 1680 年代の半ばに『学術紀要』誌に発表される超越量の解析を反映させる内容は，項目 17)，18) に属するとみなしたのかもしれないが，この草稿の記述からは判断できない. 無限小の扱いも含めて，明瞭に数学上の基本操作とした「新普遍数学原論」の記述と比較するならば，ライプニッツの独自性がやや薄まったのは否めないだろう.

---

(37)　ライプニッツは 1691 年 4 月『学術紀要』誌上に論文「表を用いることなしに，三角法の規則によって正確な数においてどんな精密さへも導かれる，中心を持った円錐曲線に共通な算術的求積. 航海菱形線とそれにあてはめられた平面天球図への特別な利用例」(Quadratura arithmetica communis sectionum conicarum quae centrum habent, indeque ducta trigonometria canonica ad quantamcunque in numeris exactis exactitudinem a tabularum necessitate liberata, cum usu speciali ad lineam rhomborum nauticam, aptatumque illi planisphaerium) を発表する. ここで言及している草稿の執筆時期よりも数年後に公刊されたものであるが，ライプニッツの算術的求積の手法が，より実用的な場面で応用されており興味深い. [Leibniz GM],V , S. 128–132 参照.

(38)　[Leibniz A], VI-4A, S. 675ff.

206　　第 4 章　統合的学問の基礎としての普遍数学

1680 年代までにライプニッツが記した普遍学，あるいは普遍数学に関する草稿を見て我々が不思議に感じるのは，無限小解析の進展と対応する内容が表立ってほとんど現れないということである．数学上の内容的関連が明瞭に語られている草稿「発見の技法を進めるための計画と試論」(Projet et essais pour avancer l'art d'inventer) (1688 年 8 月から 1690 年 10 月にかけて執筆と推定) でも，「数の解析」(l'Analyse des nombres) についての言及が代数学（ヴィエト，デカルト）や幾何学（ユークリッド，メルカトール，パスカル，ロベルヴァル）の内容につけ加わるが，無限小解析を連想させるものはないのである[39]．結合法，代数学，幾何学（位置解析），確率論，総合・解析概念等々，ライプニッツは数学研究で獲得した知見を普遍数学構想についての草稿の中に着実に盛り込んできた．それに比して，ライプニッツにとって不可欠の関心事である無限小解析の成果を反映した事柄が予想以上に少ないように見える．

　理由はいくつか推測される．第一に，我々が「無限小解析」の名でひとくくりにしている数学上の貢献を，ライプニッツ自身は「代数」や「幾何学」といった同時代に一般的な呼称の領域に分散して含ませているのではないかということである．もしそう考えるならば，普遍数学の内容として顕在化していないことをさほど問題視する必要はない．だが，別の理由も考えられる．我々が第 1 章以降，ライプニッツの発想の中で不可欠の要素と考えた「シンボル的思考」と無限小の位置づけの観点からすると，違った判断が可能である[40]．

　ライプニッツはパリ滞在以前の著作「抽象的運動論」の中や，パリ時代以降の算術的求積や接線法の研究を通して，無限小に対する考察を余儀なくされていた．無限小の実在を認めず，数学の推論上必要な「作り物」(fictio) とみなすことや，虚量とのアナロジーを主張していた[41]．その後もけっしてライプニッツの脳裏から無限小の位置づけが消えたわけではない．この 1680 年代に入っても，なお数学的成果と共に「進化」を続けていたと考えられる．逆にいえばこの無限小に関して，ライプニッツには確信を伴った方向性が定まっていなかったとも考えられる．そしてそれが他の数学的成果と比べて，普遍数学の一部と

---

(39)　*Ibid.*, S. 969.

(40)　カッシーラーによる「シンボル的思考」という用語の定義は 1.1.2 項注 (28) 参照．

(41)　パリ時代にライプニッツが残した無限小に関する言明の代表例として，3.3.1 項注 (227) の引用を想起すべきである．またそれ以外では 1672 年秋から 1673 年初めにかけての執筆と推定される草稿「最小と最大，物体と精神について」中の記述も挙げられる．ライプニッツはその草稿において，不可分量，無限小，最小要素 (infiniment minus) を区分して論じていた．2.1.1 項注 (14)，(15) 参照．また再度 [Knobloch 1990], [Bassler 1999], pp. 166ff を参照．

して組み込むことを躊躇させていたのではないかと推測させる．dx というライプニッツが開発した記号自体は，もはや試行錯誤の段階を脱していた．だが普遍数学は，数学の基礎部分を抽出したものである．他の学問領域への応用の可能性が当然考慮されていた．すると特に思考内容の記号による対応と形式的計算（＝「シンボル的思考」）の観点から位置解析研究が（数学としての成功をもたらしたと我々には評価し難いが），ライプニッツには独自に評価され，無限小解析の成果はこの段階では違った捉え方をされていた可能性もあり得る．

　ライプニッツの普遍数学の概念的形成に対して，とかく無限小解析が最も大きな影響力を行使したと評価されがちである．またそのように考えるのが自然であるかのように見える．典型的な例は，次のカッシーラーの定式化である．

> これらの記号〔ニュートンの記号 $\dot{x}$ やライプニッツの記号 $\frac{dy}{dx}$〕は，以前には別々におこなわれてきたさまざまな研究の共通の照準点を示しているにすぎないのである．この照準点がいったん定められ，一つのシンボルとして固定されると，その瞬間にいわばさまざまな**問題の結晶化**が起こる．つまり，いまやさまざまな問題があらゆる方面から糾合して，一つの論理的−数学的形式に結晶するのである．（強調は引用者）[42]

こうした分析が普遍数学（＝「一つの論理的−数学的形式に結晶」したもの）を想定して述べられたと考えるならば，1680 年代までのライプニッツの草稿上の記述はいかにも我々を惑わせる．時間的な枠を広げるならば，カッシーラーの定式化は的外れでないかもしれない．しかし，ライプニッツの 1670 年代の終わりから 80 年代にかけての思考の推移を的確に反映しているとは言い難いだろう．「照準点がいったん定められ，一つのシンボルとして固定されると，その瞬間に」とはやはり不適切である．1680 年代後半以降，無限小の基礎づけに対して疑義が提示される．ライプニッツ自身中で，受けた批判をもとに発想が再考され，固まっていくのに，今しばらくの時間が必要だったのではないか[43]．

　1680 年代後半に執筆されたと推定される草稿では，以上のように無限小解析と普遍数学，普遍学との関連において問題点を残す．ただし断片的には，真

---

(42)　[Cassirer 1923–29], 3, S. 469. 邦訳 [カッシーラー 1989–97],（四), 230 頁.
(43)　本項の注 (41) で挙げた両論文は，パリ時代のライプニッツの無限小概念に関する分析として優れている．しかし安易に 1690 年代半ば以降のライプニッツの発言と結びつけすぎているという難点を持っている（さらには [Levey 1998] も同様である). そうした視点は批判されるべきである．パリ時代以前，以降という区別だけでなく，1690 年前後にライプニッツが無限小概念に関して，確信を持って語ることができるようになる転換点があったのではないか．無限小解析の成果を普遍数学の一要素としてどのように反映させるかという観点から，そう考えることが必要である．

208　　第 4 章　統合的学問の基礎としての普遍数学

理論（必然的真理と偶然的真理）が展開される場面で，分解の「無限継続性」を語る際のアナロジーとして無限小解析の内容を彷彿させる記述に出会うこともある(44)．しかしながら，数学の基本要素，演算として普遍数学範例の中に，より直接かつ明瞭に無限小解析の成果が反映していることを我々は確認することができないのである．

草稿「普遍数学」

　ハノーファー期の後期（1690 年以降）になって，これまで我々が確認してきた草稿群と内容的に一線を画する草稿が著される．それが 1695 年執筆と推定

---

(44)　ライプニッツはすべての真である普遍的な肯定命題に対して「必然的」，「偶然的」という区別を導入する．解析の手続きが有限の回数行われ，結果として同一律に還元される場合を「必然的真理」(veritas necessaria) と呼び，命題の解析の過程が無限に続く場合を「偶然的真理」(veritas contingentia) と呼んだ．
　1686 年中の執筆と考えられる草稿「概念と真理の解析についての一般的探求」(Generales inquisitiones de analysi notionum et veritatum) は，数学というよりも広い意味での論理学の範疇に属する内容を持ったものである．その第 66 項では偶然的真理を持つ命題の分解について，次のように提示される．すなわち，「一致すべきものの間の差が，任意に与えられたものよりも小さい」ことが示されるならば，その命題が真であることが証明されるとしている ([Leibniz A], VI-4A, S. 760f. 邦訳 [ライプニッツ 1988]，174 頁)．また第 136 項では，漸近線を使ったアナロジーでライプニッツは偶然的真理に対する根拠を与えようとしている (Ibid., S. 776f. 邦訳，198 頁)．また同時期執筆の別の草稿「真理の本性について，…」(De natura veritatis …) でも，概念の無限分解に対して無限小解析がヒントになっていることを明らかにする (Ibid., VI-4B, S. 1516)．さらに 1689 年の前半から中頃にかけての執筆と推定される草稿「偶然性について」(De contingentia) では，「必然的真理と偶然的真理との間の隠された区別がここで明らかにされる．それは数学にある種染まった人々でなければ容易には理解しないことである」として上記の定義づけを提示している．特に偶然的真理では解析における遡及が無限に行われるため，「〔逆向きの手続きである総合，すなわち演繹的証明を考えると〕確かに決して十全な証明 (demonstratio plena) は得られない．しかしたとえ精神の一撃によって無限列へと達する神ただ一人のみによってそれが理解されるとしても，真理であるという論拠は常に目の前に有るのである．〔…〕偶然的真理においてはたとえ同一律への解析を通じてそれが矛盾律あるいは必然律 (principium contradictionis seu necessitatis) へと還元され得ないとしても，諸項目のまたは真理の結びつき (connexio) は与えられるのである」と述べている (Ibid., S. 1650)．
　ライプニッツがこの二つの真理の区分をもとに彼の多元的な世界認識を表すために「可能世界」という概念を導入したことはよく知られる．すなわちある種の存在には偶然性が伴い，他の現象が存在する可能性もあり得る．例えば歴史的事象（「カエサルがルビコン川を渡る」という例をライプニッツはしばしば用いる）はそれとは違った出来事が生じる可能性もあるという意味で代表的な例である．そうした複数の可能性を持った存在全体の集合を可能世界とライプニッツは呼び，神がその中から最良物を選択したと考えるのである．その選択自体が必然性を伴ったものなのか，そうでないのか等々，可能世界をめぐる「必然性」，「偶然性」といった問題はライプニッツ自身，形而上学中の最重要課題の一つとなっていく．また哲学的観点からの現代におけるライプニッツ解釈の議論の集中する箇所でもある．そうした議論は我々のテーマではないが，上記の引用のように数学との関連（数学的発展の過程で得られた発想とどのように結びつくか）において捉え直されるべき問題であると考えられる．そうした問題に対する哲学上の議論については [Adams 1994], chapter 1 参照．

4.1　ライプニッツの数学的貢献と普遍数学　　209

される「普遍数学」(Mathesis universalis) である[45]. この草稿の内容は大きく分けて二つの主題からなる. 一つはライプニッツが考える学問的階層についてであり, もう一つはタイトル通り普遍数学の定義づけである. さらにそれらに付随する細かなテーマが論じられている.

表 4.1 草稿「普遍数学」における階層構造

	学問, 部門	内容
上位	論理学	思考の最も一般的な技法
	一般記号法 (Speciosa Generalis)	結合法, 量だけでなく, 一般的に事物の形や質を扱う
	計算術 (Logistica)	量についての一般的な学問 (代数はその一部)
下位	算術, 幾何, 機械学, 混合数学	算術 → 代数の扱う不定の数の法則にしたがう
		幾何 → 直線の大きさによって位置を定める. 無数の点による軌跡で線, 表面を定める

　まず前者についてはライプニッツは上位学問として「論理学」を設定する. 以下一般的な記号法, 計算術, 算術・幾何, その他がしたがう (表 4.1)[46]. こうした設定は, 他の学問構造を説明するのにも利用される. 例えば, 自然学は機械学に還元され, また機械学は幾何の方程式に還元される. さらに幾何自身は解析に帰するというようにである. ただし, ここでいう「解析」とは単に代数解析を指すのではない.

　　代数と相容れないものは, 何であれ機械学的であるかのように, 計算の権威者たちからは明確に排除されてきた. したがって我々は, この誤り (と私が判断するもの) を除きつつ, 新種の解析によって無限についての学問を築き上げたのである. 単に級数によるだけでなく, 様々な段階の総和 (summa) と微分, すなわち集積される量と, 無限の反復によって集積していく連続的な要素とによって築き上げたのである[47].

---

(45) この草稿でも執筆時期を直接示唆する手がかりはない. 無限に関する積極的言及から判断してニーウェンテイトとの無限小に関する論争を行った時期 (1695 年) に重なるのではないかと考えられる. [ライプニッツ 1997] は, やはり 1695 年頃の執筆としているが (29, 95 頁), 特に根拠は示していない.

(46) [Leibniz GM], VII, S. 50f. 邦訳 [ライプニッツ 1997], 26f 頁.

(47) *Ibid.*, S. 52. 邦訳, 29 頁.

1680年代までの草稿とは異なり，はっきりと無限小解析を視野に入れた普遍数学の中身の規定がようやく現れるに至った．

　一方で，普遍数学を直接論題にするこの草稿は言い回しを変えて，繰り返しその内容の規定が試みられる．以下それらを列挙すると次のようになる[48]．

1) 全幾何と本性と技法において，幾何学的法則を受け入れるすべてのものがしたがう学問．

2) 量一般についての方法，量を算定する方法（「とりわけ，その間にあるものが指し示す限界を定める方法について」）の学問．

3) 有限についての学問と無限についての学問の二つの部分を持つ（後者では「有限が無限の介入によって定められる」）学問．

4) 尺度 (mensura) の反復，すなわち数に関する学問，一般的計算 (generalis calculus)．

5) 計算術，数学的なものの論理学，数学的分析論 (Analysis mathematica)．

6)「量，量について述べられた真理（方程式，多数性，少数性，比例等），論証（すなわち計算の操作），方法（問われているものを調べるために利用する過程）」を含む学問．

7) 二つの部分に分けられる記号法（「一つは有限量によって見いだされる有限量を扱う代数，もう一方は最終的には無限すなわち指示できない量が消えてしまうとしても，見いだされるべき有限の量を無限の介入によって扱う超越的な代数」）．

8) その上位部分に無限についての学問が見いだされる学問（「最も強力な道具の中に，私によって導入された微分計算がある」）．

上記の各項目から判断できることは，この草稿「普遍数学」は1680年代に書かれた内容の延長上にはあるが，加えて無限（または無限小）に対する意識が非常に鮮明になったということである．すでに指摘したが，1680年代までのライプニッツの草稿では，ここに記されているほど明確に論題として扱われていなかった．ライプニッツは1680年代後半から90年代にかけて，無限小解析の基礎づけをめぐってニーウェンテイト等の批判を受けた．当然批判に答えるために無限，特に無限小に対して否応なしに自己の考えを整理する必要性に

---

(48) *Ibid.*, S. 52ff. 邦訳，29–32頁（第1項–第6項），または *Ibid.*, S. 68f. 邦訳，54f頁（第7項–第8項）．

4.1　ライプニッツの数学的貢献と普遍数学　　*211*

迫られたはずである．この草稿「普遍数学」において積極的に無限，または無限小が論じられることは，その反映ではないかと考えられる．実際，この草稿にはすでに以前の草稿中にも現れていた「超越量」に加えて，「指示できない量」(quantitas inassignabilis) についても次のような言及がある．

〔超越量に加えて〕指示できない量が与えられるとせよ．それらは無限であるか，無限に小さいか，すなわち無限小であるかであり，さらに様々な段階のものが与えられる．それらはたとえそれ自体で役に立たないとしても，指示できない量を迂回して指示できる量を見いだすのに少なからず役立つのである．そして一般的にあらゆる超越的なものの中には無限または無限小についてのある種の考察が介入してくる[49]．

「指示できない量」とは，特定の量として具体的に定められない量（例えば無限小は 0 に等しくなく，かつ任意の有限量より小さい量）をいう．この語は 1.3.2 項で取り上げた 1670 年頃の著作「抽象的運動論」の中で披露されて以来用いられていた用語である[50]．また初の微分算に関する公刊論文「極大・極小に関する新方法」，ニーウェンテイトへの反論を試みた 1695 年の『学術紀要』誌上の論文では，有限量との比によって理解する方法が提示され，大きさ自体は有限量と「比較不可能」(imcomparabiliter) と断定されていた．その際ライプニッツは，1 階のみならず，2 階の微分量についても特殊例ながら正当化したと主張していたのであった[51]．有限量（＝ 指示可能な量）との比による無限小理解の提示は，この草稿の中にも登場する．図 4.1 において，直線 TC が曲線 AC(C) と 2 点 C, (C) で交わっている．加えて，CB, (C)(B) は軸 AB への垂線である．このとき CD が横線 AB と A(B) の「微分」(differentia) であり，D(C) が縦線 BC と (B)(C) の微分である[52]．今，直線 TC が軸 AB と T で交わっている．すると三角形 TBC と CD(C) は相似である．もし直線 TC が AC(C) と接する（すなわち C と (C) が一致する）場合は三角形 CD(C)

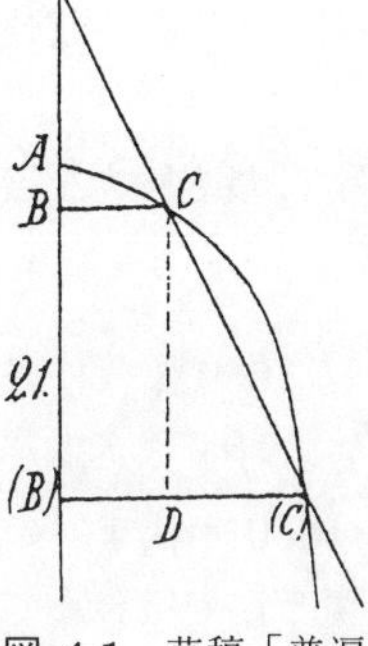

図 4.1 草稿「普遍数学」より

---

(49) *Ibid.*, S. 68. 邦訳, 54 頁.
(50) 1.3.2 項, 注 (87) が指示する引用参照.
(51) 3.3.2 項, 注 (258), (265) が指示する引用参照.
(52) 我々は明らかに有限量を意味する場合にも，語 'differentia' に対して「微分」という訳語を充てる方針であったことを想起されたい．3.3.1 項注 (231) 参照.

212　　第 4 章　統合的学問の基礎としての普遍数学

は「無限に小さい辺からなる指示不可能なもの」になる．しかし連続律によって三角形 CD(C) と TBC の相似性は保たれる．これを用いて接線は次のように決定される．

> この指示不可能な三角形のおかげで，すなわち指示不可能な量 CD と D(C) との間の比（我々の微分計算は通常の指示可能な量によってそれを示す）の介入によって，指示可能な量 TB と BC との間の比が見いだされ，したがって接線 TC を引く方法が見いだされる[53]．

典型的な接線法の議論である．ここでは「指示不可能な量の介入 → 指示可能な量を決定する」という流れが，明らかに方程式論における虚量の介入によって実量が見いだされること（例えば 2.3.1 項，式 (2.24)）のアナロジーとして捉えられていることに注意したい[54]．しかし，この議論はある意味では転倒している．「極大・極小に関する新方法」で，あるいはニーウェンテイトへの反論の中で提示された無限小の理解ではあくまでも有限量が認識の基礎にあって，無限小のほうをその有限量との比例関係によって捉えるものであった[55]．したがってここでのライプニッツの論理をフェルマーやバロウの接線法の議論と同じレヴェルで同一視することはできない[56]．ライプニッツはあえて議論を逆にして虚量と無限小との対比を持ち出し，その有用性，普遍数学概念に関連づけることの意義を説いているのだと理解すべきであろう．

---

(53) [Leibniz GM], VII, S. 75. 邦訳，64f 頁．

(54) この草稿「普遍数学」中の虚量に関する言及を見ると次のように記されている．「無理量から不可能な量，すなわち虚量が生じる．それらの量は驚くべき性質を持ち，その有用性を過小評価するべきではない．というのもたとえこれらの量それ自体で何か不可能なものを意味するとしても，単に不可能性の原因や，不可能が生じないためには，問題がどのように正されるかということを示すだけでなく，その介入によって実量が表現されるからである」．*Ibid.*, S. 73. 邦訳，61 頁．

(55) 3.3.1 項式 (3.73)，3.3.2 項式 (3.81) によってライプニッツは無限小の導入がユークリッド『原論』第 5 巻の比例論の枠内に収まっていると考えたのであった．

(56) 普遍数学関連で，1680 年代以前に執筆されたと推定される草稿の中に無限小が取り扱われているものもある．クーチュラが 1674 年以降の執筆と推定した草稿「普遍性の方法について」(De la methode de l'universalité) である．ライプニッツはその草稿の中で，曲線に対する割線（2 点で交わる直線）の交点の距離が「無限小」になった場合を考えることで，接線を見いだすのに十分であることを主張する．そして「カヴァリエリの方法は，無限の方法に依存したものに比べて確固としたものでない」とした上で，「ギュルダン，グレゴワール・ド・サン・ヴァンサン，カヴァリエリが復活させたアルキメデスの幾何学は，無限小を利用している」と断定している ([Leibniz C], pp. 105f)．この草稿で「普遍性の方法の諸操作」として想定されるものは，スホーテンの著作で設定された記号代数を用いた四則演算程度である．位置解析，方程式論，そして確からしさの計算の成果が全く反映されていない点を考慮すると，パリ滞在期の執筆としたクーチュラの推定は，一定の正当性を持つだろう．だがそれ以上に無限小に対する理解，ギリシア数学の枠組に対してどのように考えるかに関して，ライプニッツはまだ非常に素朴な表明をしている．同じ接線の決定を例にとっているとはいえ，1680 年代以降の草稿の内容と同列視はできないだろう．

4.1 ライプニッツの数学的貢献と普遍数学 *213*

他方，この草稿では比（または比例）の表現に関する問題も論じられ，ライプニッツ独自の理解が示されている．ライプニッツは「計算において比 (ratio et proportio) や，その比例〔関係〕(analogia seu proportionalitas) のための特別な記号は必要でなく，比に対しては除法の記号で十分である」と断言する．したがって「a の b に対する比」は除法の記号で ‘$a:b$’, ‘$\frac{a}{b}$’ と書かれてしかるべきであるとライプニッツは述べている．また「比例，すなわち比の一致 (analogia seu proportionum coincidentia) に対して，等号で十分である」から，「a の b に対する比が c の d に対する比に等しい」ことを表現するには ‘$a:b=c:d$’, ‘$\frac{a}{b}=\frac{c}{d}$’ と書けばよいことになる[57]．3.3.2 項で見たニーウェンテイトとの無限小に関する論争も，ユークリッド『原論』第 5 巻の比例論をめぐるものであった．比例の対象となる，「量」の適用範囲の問題であった．ここでは記号的表現と『原論』の比例論自体の存在意義に係わる問題を，ライプニッツが提示しているといえよう．実際，記号代数が普及した 17 世紀において，この問題に対しては様々な立場が交錯した[58]．さしずめバロウは古典的比例論擁護の代表的論者の一人であった[59]．無限小をめぐる論争の際に明確にしたように，ライプニッツはユークリッドの枠内に自分自身を位置づけており，単純にバロウのような人物に対置されるべきではない[60]．ライプニッツは比を「単に関係の一種，それも最も単純なものである」とするが，それは『原論』に忠実（第 5 巻定義 3）である[61]．あくまでも「余計な記号は使わない」(ne superfluas notas adhibeam) とする配慮なのである[62]．この草稿「普遍数学」のみならず，そ

---

(57)　[Leibniz GM], VII, S. 56. 邦訳，35 頁．

(58)　[ライプニッツ 1997]，34–37 頁，注 (11)–(13) 参照．

(59)　[Sasaki 1985], pp. 95f，または [Mahoney 1990b], pp. 200ff.

(60)　マルブランシュの影響下にいたプレストこそ，バロウの対極に立つ人物である．彼は分数と比を完全に同一視する．しかしライプニッツはこのプレストに対しても批判的である．1676 年 1 月に執筆したプレストの著作『数学原論』(*Elemens de mathematiques*) に対する注記の中で，ライプニッツ自身が分数によって比例の計算を通常行っているとしながらも，「比と分数が一つのものであるとはあえて言わない」と述べている．[Robinet 1955], p. 62.

(61)　[Leibniz GM], VII, S. 57. 邦訳，35 頁．

(62)　*Ibid.*, S. 56. 邦訳，同頁．ライプニッツは記号のみならず，新語の導入 (differentia, functio, coordinata 等々) も積極的に果たした．その一方で慎重な態度も公刊論文の中で明らかにしている．例えば，1692 年『学術紀要』誌に発表した論文「規則正しく引かれ，互いに交わる無限個の線から形成され，それらすべてに接する曲線について…」の末尾において次のように述べている．すなわち「私はしばしば新しい用語を用いるが，それは文脈 (contextus) そのものによって説明されている．また私は言葉の省略 (brachylogia) のためだけでなく（というのも要するに，多数の計算なしにこれらを〔この論文の成果を〕伝えることはほとんどできなかったからである），いわば精神に対するある種の忠告や励まし，そして普遍的なことを魂において理解する効果も明らかでなければ，安易に用語を創作することはしない習慣である」(*Ibid.*, V, S. 269)．記号導入に対する本文中の姿勢と相応している．

214　第 4 章　統合的学問の基礎としての普遍数学

れ以前のライプニッツの，例えば総合・解析概念を見てもわかる通り，彼は古典的な数学の枠組に対して満足していない．とはいえ単純に「伝統破壊者」と，自己を規定するという立場も取らない．同時代における流行の思潮からも距離を置く．まさにすべてを融合し統合するというスケールの大きな学問体系を志したのである．その実現に向けて普遍数学構想は立てられたのだった．数学の進展に自らも参画しながら，夢を大きく膨らませていたといえるだろう[(63)]．そうしたことがこのユークリッド『原論』第5巻の比例論に対する適用範囲や，記号的な表現の問題において，より統合的な立場からの解釈をライプニッツが提示した理由と考えられるのである．

　我々は，本項で普遍数学と関連する内容を含んだ草稿を分析してきた．1670年代から1690年代に至り，ライプニッツの記述には一定の変化が見られた．さらに世紀が変わった後，ライプニッツは，より大きな著作の執筆にかかる．すなわち，『人間知性新論』である．その著作には，ライプニッツの数学的貢献を背景とした普遍数学に対する発想が含まれている．我々は，ライプニッツ普遍数学構想の一つの終着点を確認することにしたい．

---

(63) ライプニッツは，2進法計算の研究に取り組んだことでも知られる．独自の記号論の観点から，最少の記号を用いて，どれだけ広い範囲の議論を行い得るかを検討していた．すなわち0と1の二つの数字だけを用いた計算法である．1703年4月1日，ライプニッツの下に北京滞在中のイエズス会の神父，ブーヴェからの書簡（1701年11月4日付）が届いた．ライプニッツと宣教師ブーヴェとの交流は，1697年以来続いていた．中国からパリに戻っていたブーヴェが，ライプニッツの著作『最新中国情報』（*Novissima Sinica*）を手にし，それに対する称賛をライプニッツ宛に綴ったことがきっかけであった．その著作『最新中国情報』は，イエズス会神父たちとの交流を通じて得た様々な情報を記したものである．ライプニッツの中国への関心は，普遍的記号学の観点からすでにハノーファー期の初期には顕在化していた（[Widmeier 1981], S. 286）．また彼は政治，倫理学などの観点から，中国にある種の理想の実現を見いだしていた（[Riley 2000], p. 249）．ブーヴェは，特に1701年2月15日付で送られてきたライプニッツの書簡を見て，中国の古代から伝わる思想との係わりを感じ取った．それを上記の1701年11月4日付書簡で知らせてきたのである（[Aiton 1985], p. 245. 邦訳，351f頁）．ブーヴェの指摘は具体的には，ライプニッツの2進法計算と中国文化の伝説上の創設者伏羲による六爻の配列（六四卦表）との類似性である（[Leibniz LHD], S. 263f）．ライプニッツのこうした関心と試行錯誤が，中国における古典的知識体系と結びつくことを知ったとき，おそらく彼は自信を深めたに違いない．結果として，2進法計算への取り組みは，普遍的学問の構想を側面から推し進める役割を担ったと考えられる．

4.2 ライプニッツの数学論と学問的継承者たち

4.2.1 『人間知性新論』

イギリスの哲学者ロックの著書『人間知性論』(*An Essay concerning Human Understanding*) が公にされたのは 1689 年 12 月であった．その著作が公刊される前に「抜粋」としてフランス語訳が出版されているが，ライプニッツがそれを手にしたかどうかははっきりしない[64]．しかし少なくとも 1700 年にコストによる全巻のフランス語訳が現れる頃には，ライプニッツはロックへの反論を本格的に著作の形で示そうと考えたようである．『人間知性新論』は 1703 年夏から執筆が開始され，1704 年の 4 月には完成したようである．ライプニッツはオランダでの出版の希望をもらしていた[65]．しかしロックの死（1704 年 10 月 28 日）の報に接し，ライプニッツは出版を思いとどまる．結果として生前に出版されることはなかった（初版は 1765 年）．題名にある通り，ロックの著書は人間知性一般をテーマとしており，それに反論するライプニッツの著書（ロックの考えを代弁するフィラレートとライプニッツを代弁するテオフィルの 2 人の対話形式で著されている）も当然同じ主題を持っている．すなわち両者とも「生得的概念」(innate notions, notions innées), 「観念」(ideas, idées), 「言葉」(words, mots), 「知識と臆見」(knowledge and opinion) または「認識」(connaissance) という論題で各々第 1 部から第 4 部を構成している．ライプニッツのこの『人間知性新論』は彼の数学上の貢献を背景とした表明を多く見ることができる（特に第 4 部）．上記のテーマをロックへの反論という形で論じながらも，自己の数学（あるいは自然学における）への取り組みをもとにした洞察が散りばめてあるのである．そこで本項では晩年にさしかかる時期の著作の中に，どれほど数学的進展が反映しているのかを確認し，我々の考察のまとめを試みたい[66]．

---

(64) [Leibniz A], VI-6, S. XVII.

(65) 1704 年 4 月終わりのジャクロー宛書簡においてライプニッツは新しい著作の題名が『知性新論』となったこと，フランス語で執筆したのは，ラテン語を用いてロックの書に比べて読者層が限定されることを避けるためであることを述べている．そしてさらにロックの著書のコストによる翻訳同様，オランダでの出版を望んでいる旨告げている．[Leibniz GP], III, S. 474f.

(66) 本項は，[林 2001b] で一度論じた内容の再論である．本書における各々の議論との関連を明らかにするために，部分的に改訂し，注を増補した．

216　第 4 章　統合的学問の基礎としての普遍数学

数学の方法論 1（無限小解析）

『人間知性新論』において，無限小解析に係わる話題は第 4 部に現れる．第 3 章では円の求積について言及される．アルキメデスが円と面積が等しい正方形（すなわち 1 辺が「円の半径と円周の半分との比例中項」となる）の存在を示したことにふれ，「問題は正方形と円との間の比を見いだすこと」であるとする．そしてその比が「有限な有理数で表現できない以上，有理数だけを用いるためには有理数の無限級数によって同じ比が表現されることが必要でした」と $\frac{\pi}{4}$ 公式を示唆する[67]．加えてライプニッツはその無限級数によって表される量が無理量にせよ，無理量を越える（＝超越量）であるにせよ，与えられる量の存在がどのように保証されるかを問題にする．ライプニッツは通常の代数方程式や，ベキ指数に無理量や未知量が入るような「特別な方程式によって説明できる」ならば，「それらを枚挙した上で決定するための手段があるだろう」と述べる．ただ「無限を用いた表現をすべて排除することはできない」と指摘している[68]．以上の内容は 3.2.2 項で分析した『学術紀要』誌上の 1686 年論文の中で超越量の決定に関して表明していた議論を背景としていることはいうまでもない[69]．

アルキメデスの名は同じ第 4 部第 17 章でも言及される．今度は螺線についてである．多くの人々はアルキメデスの論証（螺線への接線を用いて求積を行う）の過程に思い至らなかった．しかしグレゴワール・ド・サン・ヴァンサンが螺線と放物線の類似によってであることを見抜いたことが紹介される[70]．だがこれらの発見もライプニッツにとっては「個別的なもの」に過ぎない．ちょうど，2.2.2 項で接線問題に対するライプニッツの取り組みを見たが，その際フェルマー，デカルトと比べて，ライプニッツが自己の方法の一般性を記号法も含めて誇ったことを思い出させる[71]．この『人間知性新論』でも次のように述べる．

　　私が思いつき，公表して成功を収めた微分の方法を通じて行う新しい無

---

(67) [Leibniz A], VI-6, S. 376. 邦訳 [ライプニッツ 1995]，154 頁．
(68) *Ibid.*, S. 377. 邦訳，155f 頁．引用文中「無限の表現」となっている部分はテキスト原文では 'les Expresions finies' である．文字通り訳せば「有限の表現」となるべきである．しかし邦訳では finies を infinies の誤りとして読み替えている．確かに文脈からは邦訳の方が自然である．テキスト尊重の原則に反するが，我々も邦訳にならって読み替えることにする．
(69) 3.2.2 項注 (149) 参照．
(70) [Leibniz A], VI-6, S. 489. 邦訳，308 頁．なおサン・ヴァンサンの議論は [St. Vincent 1647]，pp. 664–701 で見ることができる．3.2.2 項注 (170) 参照．
(71) 2.2.2 項注 (84)，または 3.2.1 項注 (131)（「極大・極小に関する新方法」からの引用）を参照．

4.2 ライプニッツの数学論と学問的継承者たち　　217

限小計算は，一つの一般的方法を与えています．それによると，曲線の
求長の方法で以前に見いだされてきたほとんどすべての事柄同様，螺線
によるこの発見などはただの遊びか，最も簡単な試みにしか過ぎないの
です[72]．

またデカルトが『幾何学』の中で「機械学的」として排除した問題に対しても
「この新しい計算は想像力を軽減してくれる」と述べている[73]．

　第4部第3章では自然学的事物に関する実験哲学の進展に関連して「学問的
認識」(connaissance scientifique) に達することの難しさをフィラレートに指摘
させる．ライプニッツは（テオフィルの言葉を通して）それはけっして絶望的で
はなく，多数の経験が我々にデータを与えてくれるので，そのデータを使いこ
なす技法が問題であるとする．すなわち，「無限小解析が幾何学と自然学を結び
つける手段を我々に与え，そして力学 (dynamique) が自然の一般的法則を我々
に提供してくれて以来，小さな一歩が押し進められるでしょう」と語らせてい
る[74]．我々もライプニッツの無限小解析の自然学の応用例として，等時曲線へ
の適用を見た（3.2.3 項）．さらに自然学に係わる論文中に現れる，無限小概念に
も注意を払った（3.3.3 項）．それらをふまえると経験的学問における無限小解
析や力学の役割，すなわち「データを使いこなす技法」としてどのように機能
するかについてライプニッツの確信を読み取ることができるだろう[75]．4.1.1
項で考察したライプニッツの普遍数学構想の中で，すでに 1679 年の草稿には
構成要素として「幾何学」，「機械学」が挙げられていた[76]．だが 1690 年代ま
でのライプニッツの数学，自然学への取り組みは，経験的学問においても無限
小解析や力学の重要性を一層鮮明にしたはずである．先の引用は，特に 1680 年
代から 90 年代にかけて，ライプニッツとその周辺の人々の学問的貢献をふま
えた言明であると理解できよう．

　さらに『人間知性新論』第 2 部第 17 章には文字通り「無限について」とい
う項目がある．我々は 3.3 節を通じて，ライプニッツがパリ時代以前から一貫
して無限小 ='fictio' であると考えていたことを確認した．またその一方で，新

---

(72)　[Leibniz A], VI-6, S. 489. 邦訳，308 頁．
(73)　*Ibid.* 邦訳，同頁．ライプニッツは 1673 年 8 月の草稿でデカルトの限界を乗り越えること
を明瞭に表明していた．2.2.1 項注 (65) 参照．
(74)　[Leibniz A], VI-6, S. 389. 邦訳，172 頁．
(75)　[Duchesneau 1993], pp. 203f.
(76)　4.1.1 項注 (5) 参照．

218　　第 4 章　統合的学問の基礎としての普遍数学

しい数学的成果の発見のために利用価値があり，その有用性という観点から虚量との類比が繰り返し強調されていたのだった．ライプニッツは「無限である全体と，その対局をなす無限小は幾何学の計算においてしか通用しません．ちょうど代数学における虚根と同様です」と繰り返している[77]．そして「真の全体として考えると，無限の数もなければ，無限の線も他の無限量もありません」とはっきりと実無限を否定している．ライプニッツは，無限に対し「共範疇的」(syncategorematique) と称するもの，すなわち独立して意味を持つのではなく，他のものとの結びつきにおいてのみ意味を初めて持つという規定を与えている[78]．3.3.2 項のニーウェンテイトとの無限小をめぐる論争でも，ライプニッツ側の主張の最も重要な点の一つは無限小が「他との差が比べられないくらい小さい」というあくまでも相対的な認識を押し出していることであった．また数学的には有限量から出発する比例関係（3.3.1 項，式 (3.73)，3.3.2 項，式 (3.81) 参照）に支えられることで，ユークリッド『原論』以来の伝統的な枠に組み入れ可能と判断していたのだった．この『人間知性新論』ではそうした発想をスコラ哲学の用語に即して語ったものと解釈できよう．上記のニーウェンテイトとの論争が，ライプニッツにとって果たした役割は他項でもふれた．1703, 4 年頃という時期になってようやく，既存の用語を用いながらも明晰に，無限について語るだけの実質がライプニッツに備わったのだと考えることができる．1690年代までの無限小に関する論争によって，ライプニッツは自分自身の手で議論を整理することが可能になったのではないだろうか．それ以前の普遍数学に関する草稿に，無限小があまり多く扱われていなかったことと対照的である[79]．

数学の方法論 2（確率論と代数学）

次に確率論の研究が『人間知性新論』に投影されている部分を見よう．第 4 部第 2 章では「もっともらしさ (vraisemblance) にもとづいた臆見 (opinion) も認識の名に値するだろう」としてロックの認識論（「我々の認識には二つの段階である直観と論証を除いて，その他のものは信念 (foy)，または臆見であって認識ではない」）に対抗する．その際「確からしさの度合の探求 (la recherche des

---

(77) [Leibniz A], VI-6, S. 158. 邦訳 [ライプニッツ 1993]，176 頁.

(78) *Ibid.*, S. 157. 邦訳，175 頁．「共範疇的」という語については邦訳，174f 頁注 (134) も参照．

(79) 1695 年執筆の草稿「普遍数学」において無限小解析の成果が，同じ「普遍数学」の名で総称される学問的内容に変化を生じさせていたことを想起すべきである．

4.2 ライプニッツの数学論と学問的継承者たち　　*219*

degrés de probabilité) は非常に重要であるが，我々にはそれがいまだ欠けていて，我々の論理学の重大な欠陥になっているのです」と述べている[80]．3.1.2項で論じたようにライプニッツの確率論はフェルマー，パスカル，ホイヘンス等の「公正さ」，すなわち期待値の等しさを基礎に置いた議論から，事象の起こる可能性の等しさを前提とする議論の組み立てへと移行する過渡的なものであった．ライプニッツは自分自身も十分に論じ尽くしていないことを含みながら上記の引用のように語るのである．

　そして第4部第16章では法学との関連の中で確率論が語られる．フィラレートが「正しい判断を形成し，我々の同意を確からしさの度合に比例させるためにまさに正確さが必要です」と述べるのに対して，テオフィルは次のように答える．

> 法律家たちは証明 (preuves)，推定 (presumptions)，臆測 (conjectures)，状況証拠 (indices) を扱う際に，その主題に対して多くの有益なことを語り，いくつかの注目すべき詳細に至りました．彼らは証明の必要のない周知の事実から始めます．その後彼らは完全な証明に，あるいはそうであると見なされるようなことに至ります．〔…〕次に推定というものがあり，すなわち反対のことが証明されない限り仮に完全な証明と見なされるのです．〔…〕これ以外では臆測や状況証拠の多くの度合があります．〔…〕〔以上の四つの事柄のように〕裁判における訴訟手続きの形式全体が，実際法律問題に適用された一種の論理学に他なりません．医者たちはまた，兆候や症例に関して多くの差の度合を認めていると見ることができます．我々の時代の数学者たちは賭けの場合に偶然を算定することを始めました[81]．

法学において「論証の確実性」を確立することが，ライプニッツ自身のパリ時代以前からの関心事であった．またそこから「より厳密な」証明論の構築という問題が生まれたのであった．だがそれのみならず，上記の引用にあるように「臆測」や「状況証拠」という不確定の要素を含むものが持つ様々な「度合」に対する関心，すなわちある種の「論理学」の整備と同じ観点で「偶然の算定」が考えられているのである．この点についてもライプニッツはパリ時代以前から首尾一貫していると断定できるだろう．

---

(80)　[Leibniz A], VI-6, S. 372. 邦訳 [ライプニッツ 1995], 148f 頁．
(81)　*Ibid.*, S. 464f. 邦訳，271f 頁．

『人間知性新論』の同じ箇所で，ライプニッツは続けて数学的貢献に係わった人々の名を挙げる．メレ，ホイヘンス，パスカル，デ・ウィットという我々にとって 3.1.2 項で周知の人物ばかりである．また具体例として二つのサイコロを投げて，一方は和が 7 になれば勝ち，もう一方は 9 になれば勝ちとしたときの両者の勝つ見込み (apparence) の比率を求めている．ライプニッツによれば，サイコロの「すべての目の出方は等しく可能である」ので，「等しい可能性の数 (nombres des possibilités egales) として，彼らの勝つ見込みは 3：2」になる[82]．事象の起こる可能性の等しさが議論の前提になること自体，同時代の通常の議論とは一線を画する転換だったのである．ライプニッツは「確からしさの度合を扱う新種の論理学」が必要なことをこの箇所でも説き，賭けのゲームの検証によって，「有能な数学者があらゆるゲームについて詳細で正しく論証された大著を書いてくれると，それは発見の技法を完全なものにするのに大いに役立つだろう」と述べている[83]．

ライプニッツ自身はこの確率の話題に関して多くの論文を公刊するに至らなかった．一方で『人間知性新論』執筆以降の 18 世紀初頭に，確率論の転換をもたらす著作が次々と公にされていった．それらは結果的に，ライプニッツの確率論の組み立てと根底において同じ視点で著されていたのだった[84]．ライプ

---

(82) *Ibid.*, S. 465f. 邦訳，272ff 頁．二つのサイコロで目の和が 7 になるのは (1，6)，(2，5)，(3，4) の 3 通りであるのに対し，9 は (3，6)，(4，5) の 2 通りしかない．よって本文中の比となる．

(83) *Ibid.*, S. 466. 邦訳，274f 頁．ライプニッツはこの『人間知性新論』の執筆に取り組んでいた 1704 年前後に，まさに「確からしさの度合を扱う新種の論理学」をテーマにヤーコブ・ベルヌーイと書簡を交わしていた (3.2.2 項注 (70) 参照)．賭けのゲームの話題以外にも，ライプニッツはヤーコブに対して問題を提起している．1703 年 11 月 26 日に執筆されたと考えられる書簡では，惑星軌道 (linea cometa) の決定という話題を通じて，多数のデータにもとづく「確からしさ」の判断について論じている．すなわち任意に多くの点が与えられたときには，それらを通過する無限に多くの点が想定され，軌道が一意的に決定されない．しかしながらライプニッツは「たとえ経験的に完全な算定が得られないとしても，そうした理由で実践において経験的な算定 (emprica aestimatio) が有効でなく，十分でないということはないだろう」と意見を表明している ([Leibniz GM], III/1, S. 84 または [Bernoulli BJC], S. 123f)．これに対しヤーコブ・ベルヌーイは，1704 年 4 月 20 日の返書で「大数の法則」に相当する見解を提示している．すなわちベルヌーイの語るところによると，二重比 (2：1) に「望むだけ近い比，一方は大きく，一方は小さい〔例えば〕201：100 または 199：100」が与えられることを想定する．すると「あなたが繰り返し白を選ぶ回数に対して，繰り返し黒を選ぶ回数の比が，201：100 そして 199：100 という限界を除いて内側に落ちるだろう．結局，試行 (experimentum) を通じて把握された比が，真の二重比に望むだけ近づくだろうと心から (moraliter) 確信できるまで，もし実施するならば 10 倍，100 倍，または 1000 倍もあなたにとって確からしくなるような観察 (observatio) の回数を，私は学問的に (scientifice) 決定する」ことができると主張するのである ([Leibniz GM], III/1, S. 88, または [Bernoulli BJC], S. 128)．経験的に得られるデータにもとづく算定（または判断）に関して，両者の見解に齟齬はないと見てよいであろう．[Sylla 1998], p. 69 参照．

(84) 3.1.2 項注 (65), (66), (71) 参照.

4.2 ライプニッツの数学論と学問的継承者たち　　221

ニッツのこの『人間知性新論』中の記述は，彼の一貫した問題関心と，パリ時代以降の数学的考察の過渡的状況を反映したものとして理解されるべきものである(85)．

次に代数学（数論，方程式論）に係わる表明も『人間知性新論』の中に見いだしておこう．第4部第17章でフィラレートに「数の場合のように観念が判明で（かつ明晰）であるときは，私たちは乗り越えられないような困難を感じることはなく，どんな矛盾にも陥らないのです」と語らせた上で，ライプニッツは素数の例を引き合いに出して代数学の不完全さを指摘する．すなわち，感覚や精神に対して判明に提示されたとしても考察すべき事例が多すぎるゆえの困難もあるとして次のように述べる．

> 素数の概念よりも見たところ，単純なものがあるでしょうか．すなわち整数の内で単位とそれ自身を除いて他のすべてによって割り切ることができない数のことです．ところが，与えられた素数の平方根よりも小さなすべての素因数を試さないまでも，確実に素数を認定するための明確で容易な指標をいまだに探しているのです．多くの計算なしに，その数が素数でないことを認識させる指標は多くあります．けれども素数があるときに簡単で，しかも確実にそれがそうであると認識させるものが求められているのです(86)．

素数についてライプニッツは，3.1.1項で見た「フェルマーの定理」（と同等のもの）を提示するための様々な考察を行っていた．しかし素数に潜む個別の性質を抽出することもさることながら，素数自体をより高所から一般的に判定できる条件を見いだすことがライプニッツの夢なのである．さらに代数学の不完全性を示す他の理由として，「4次を越えるどんな方程式についても無理根を導き出す手段がいまだ人々には知られていない」ことも挙げる．すなわち高次方程式の次数を下げて既知のより次数の低い方程式に還元することや，混合さ

---

(85) [ライプニッツ 1995]，272f頁注 (499) において，ライプニッツは「「新しい種類の論理学」を切望したが，彼自身は蓋然的な臆見よりも必然的な認識を優先する古い枠組みに留まっていたため，帰納を旨とする確率論に全面的には踏み込めなかったのかもしれない」と評価されている．これは，我々の議論によれば二重に誤っている．まず先掲注 (81) の引用からもわかるように，ライプニッツが「必然的な認識を優先」したとしても，それが古い枠組に留まったことにはつながらない．不確かさを伴う事柄に対しても，その「度合」を算定する手段を同等の重要性を持って捉えているのである．さらに「帰納を旨とする確率論」というものは，17世紀後半から18世紀初頭に進行しつつあった（演繹的）数学的議論とは異なる．よって上記の評価は適切でないだろう．
(86) [Leibniz A]，VI-6, S. 487f. 邦訳 [ライプニッツ 1995]，304f頁．

222　　第4章　統合的学問の基礎としての普遍数学

れた (affectée) 方程式を純粋な (pure) 方程式へ帰着させるという方程式論の基本作業において，ディオファントス，フェッロ，フェッラーリ等の用いた方法が各々異なっていて，特定の次数で成功した方法が他では成功しないことを述べている（ライプニッツによれば，彼らの方法はすべて「幸運と偶然と技法，または方法の混合に過ぎない」）[87]．2.3.1 項で我々が確認したように，ライプニッツがパリ時代に方程式論に対してエネルギーを注いだことの一つは，同項の式 (2.19)→(2.15) のような中間項の削除のための試行錯誤だった．ライプニッツは自分自身がこの取り組みにおいて不首尾に終わっていることを大いに不満に考えていたに違いない．彼にとっては一般性を伴わない学問的理論は「不完全」だからである．

ライプニッツの方程式論における関心は 3.1.1 項で見たように違った方向に向けられ，相応の境地は切り拓かれた．しかし懸案になっていた高次方程式の一般的解法についても，何がしかの見解を持つことを彼は望んでいただろう．したがってライプニッツが次のように語るとき，ごく自然な表明と受け取ることができるのである．

> 最も明晰で最も判明な観念でさえ，求められているあらゆることが，そしてそこから引き出すことができるあらゆることが我々に直ちに与えられるわけではないということです．またそれは代数学が発見の技法であるとするには程遠いという判断に至ります．というのも代数学自身がより一般的な技法を必要とするからです[88]．

数学の方法論 3（幾何学）

ライプニッツの幾何学上の問題は，論証の厳密性を特に法学に導入することから形成された．ユークリッド『原論』がそのためのモデルだった．だが次第に『原論』自体の不十分さを補正して，新たな幾何学体系を作り出す構想が生まれてくる．ホッブズの影響を受け，新しい証明論が浮かび上がってきたのである．ライプニッツの証明論の中心となる発想は

---

(87) *Ibid.*, S. 488. 邦訳，306 頁．ここで「混合された方程式」から「純粋な方程式」への還元とは，方程式の未知量に対し各次数の係数がすべて 0 でない形から，最高次の係数と定数項のみが 0 でないものへの変形を意味する．例えば，2.3.1 項において式 (2.19) を式 (2.15) と変形し，さらに 1 次の項を消去するまで変形することを意味する．

(88) *Ibid.* 邦訳，同頁．

1) 幾何学的対象の定義を再考する.
2) 最小限の公理（究極的には同一律のみ）を仮定し，残りはすべて証明の対象とする.

を主要な論点としていた.

ライプニッツへの影響があった人物として，ロベルヴァルの名も忘れてはならないだろう.『人間知性新論』ではロベルヴァルへの言及が第1部第3章，第4部第7章等で行われる.前者は生得的真理に係わる議論の中で，通常公理とされるものも論証の対象であるべきであるというライプニッツの説が披露される（「これは私の大原則の一つである」とライプニッツは強調する）.そして次のように述べる.

> パリですでに年老いた故ロベルヴァル氏のことを人は，アポロニオスやプロクロスに倣ってユークリッドの公理を証明しようとしたという理由で，物笑いにしていたことを思い出します.私はそうした探求の効用を示しました[89].

また後者の言及は，文字通り「公理あるいは公準と名付けられる命題について」と題された箇所で行われる.上記の引用の内容に比べても一層詳細に具体例を挙げて，しかも対比のためアルノーの名にもふれつつ，次のように説明する.

> 故ロベルヴァル氏はすでに80歳くらいのときに，新しい『幾何学原論』を出版しようとしました.〔…〕おそらく，その当時評判になっていたアルノー氏の『新原論』がそれに寄与したのでしょう.彼〔ロベルヴァル〕はその著書に関して何がしかのものを王立アカデミーに提出しました.すると何人かが，彼が「等しい大きさを等しいものに加えれば，等しいものが生じる」というあの公理を仮定して，それと同様に明証的と思われる「等しい大きさを等しいものから引けば，等しいものが残る」という他の公理を論証していた，ということを見いだしました.彼らが言うには，二つとも仮定するか，二つとも論証すべきだというわけです.しかし私はその意見にはしたがいかねます.常に公理の数を減らすに越したことはないのです.そして疑いなく，加法は減法よりも先であり，しかも単純です.〔…〕アルノー氏が行ったのはロベルヴァル氏と反対のこと

---

(89) *Ibid.*, S. 107f. 邦訳〔ライプニッツ 1993〕, 107 頁.

でした．彼はユークリッドよりもずっと多くのことを仮定しました．これは精密さにとらわれてしまう初学者には役立つこともあるでしょうが，学問の確立が問題である場合は話が別です．結局，お互いに正しかったのかもしれません[90]．

柔軟な姿勢を見せているが，ライプニッツの共感がアルノーではなく，ロベルヴァルにあることは我々にとっては自明であろう．ライプニッツは「すべての2次的な公理を論証することは重要であると公にも個人的にも言ってきました」と述べる[91]．この『人間知性新論』ではそうした証明論の具体例として，第4部第7章で「2＋2＝4」の証明が提示される．非常に初等的な例であり，多くの研究者によって分析されている例だが，それを我々の目で見てみよう．

ライプニッツはフィラレートに「1＋2＝3」が「全体はその部分が一緒になった全部分に等しい」と同様，明証的であると語らせた上で，テオフィルに「1＋2＝3」は3という項目の定義に過ぎないと反論させる．そしてさらにフィラレートが「2＋2＝4」を証明するのにどんな原理が必要なのかと問われて証明を次のように提示するのである（表4.2参照）．その「証明」において（我々の用語で）加法の結合性が暗黙の了解とされていることは注意しなければならない[92]．

以上のライプニッツの『人間知性新論』における議論を見るならば，1670年頃の証明論（「全体は部分よりも大きい」の証明，1.2.2項参照）と良くも悪くも同じ発想が，晩年にさしかかるまで一貫していることは確認できる．だがユークリッド改革を志し，構想した位置解析は数学的理論として十分に「成功」しなかった．結果的に『原論』の第1巻の内容を書きかえるという初等的内容に留まった．この証明論の徹底をはかることも，実践的にはライプニッツ自身が貢献した同時代の数学的進展全体の中で眺めれば，少し内容的に乖離している

---

(90) *Ibid.*, S. 407. 邦訳 [ライプニッツ 1995], 194f 頁．ただしロベルヴァル（1602–75）が「80歳」というのはライプニッツの記憶違いであろう．またアルノーは1667年に『新幾何学原論』(*Nouveaux elemens de geometrie*) を刊行する．ロベルヴァルとアルノーの姿勢の違いを具体例で見ると，アルノーはその第5巻で「直線の外の1点から与えられた直線に垂線を引くこと」，「直線上の1点を通る垂線を引くこと」，「直線を二つの等しい部分に分割すること」という三つの命題を証明する．そのためにアルノーは直線に関して（6個），円に関して（7個），垂線に関して（1個）の公理を導入する（[Arnauld 1667], pp. 80–90）．他方，ロベルヴァルは彼の著書『幾何学原論』でアルノーが仮定した公理の内，公理として導入するのは4個のみである．6個は証明の対象とする．

(91) [Leibniz A], VI-6, S. 407f. 邦訳，195 頁．

(92) [Fichant 1998], pp. 288–291. フィシャンはライプニッツの「証明」に対してフレーゲ，ポアンカレ等の批判があったことを紹介しながら現代的再構成を試みている．

表 4.2 『人間知性新論』における「2 + 2 = 4」の証明

証明の手順	具体的内容
定義	①2 は 1 たす 1 である
	②3 は 2 たす 1 である
	③4 は 3 たす 1 である
公理	等しいものを互いに置き換えても等しい
証明	2 たす 2 は 2 たす 1 たす 1 である（定義①）
	2 たす 1 たす 1 は 3 たす 1 である（定義②）
	3 たす 1 は 4 である（定義④）
	2 たす 2 は 4 である（公理）

のではないかと考えられる．3.1.3 項で位置解析を評価する際にユークリッド
『原論』の枠組の中での「体制内改革」という言葉を用いた．ライプニッツの立
場を推測するならば，数学の最も初等的な部分に証明を与えることが「根源的」
であると主張するかもしれない．しかし我々の目から見れば，さらに独自の証
明論を徹底する余地があったと考えられる．ライプニッツが掲げた目標は，彼
自身の手で大きく実を結ぶには至らなかったのである．またライプニッツ自身，
初等的な演算の中に潜む構造的な仕組みを見抜いて，何を公理として設定すべ
きか十分に徹底していない．この証明論の持つ「根源的」な主張も同時代の中
で，理解を得るまでには至らなかったと評価せざるを得ないだろう[93]．しかし
ながら位置解析に 19 世紀の数学的進展の中で新たな光が投げかけられたよう
に，ライプニッツの「2 + 2 = 4」に見られる発想は，例えばペアノの自然数論
のように，また違った文脈の中で息を吹き返すことになるのである[94]．

---

[93] 例えば，ヘーゲルはライプニッツ（または彼の支持者）に対して，厳しい批判を投げかけた．
実際『精神現象学』の「まえがき」において，哲学上の形式主義者を次のように批判する．「何ら
かの存在を絶対の相において見る，ということは，いまのところそれは「なにものか」として論じ
られているが，A ＝ A という形をとる絶対の相のもとでは「なにものか」などは存在せず，一切
が一つになってしまう，ということなのだ．絶対の相においては一切が同じになる，というこの形
式知を，区別と充実を備えた，いや，充実を模索し希求する認識に対置し，絶対なるものは，よく
聞くいい草を使えば，すべての牛が黒く見える夜なのだ，といいはなつのは，おのれの認識力の欠
如を無邪気にさらけだしたものというほかはない」（[Hegel 1807], S. 13. 邦訳 [ヘーゲル 1998],
10 頁）．ライプニッツの名を明示していないが，明らかにそう受け取れる言明である．確かに本項
で見た「2 + 2 = 4」の証明にしても，その証明を根拠にすべての命題が同一律に還元できると断
定するのは，「無邪気」に過ぎる感がある．しかし我々はライプニッツが形式知に不可欠な記号の
使用にあっても，「盲目的思考（＝「すべての牛が黒く見える」）」に陥ることを警戒していたのを
知っている（3.3.1 項注 (220) 参照）．したがって我々は，ライプニッツが学問的「充実」に対して
認識力が欠如していたとは言い切れないと考える．ヘーゲルの批判は，ライプニッツの思想の影響
下にあったヴォルフ等に向けられているのであろう．だが，もしライプニッツ自身に向けられたも
のならば，少し厳し過ぎるように見える．

[94] [Segre 1994], pp. 253ff. セグレによれば，ペアノはライプニッツに親しんでおり，ライプ
ニッツの「人間思考のアルファベット」というモットーをその経歴の中で同じように学問的目標と
するようになったという．

統合的学問構築のための方法論（総合・解析概念，普遍数学概念，自然学の方法論，連続律）

　幾何学において典型的な適用を見ることができた総合・解析の手法はライプニッツにとって，より一般性を持った学問的方法論に転化していった．それは前々項で確認済みである[95]．この『人間知性新論』ではその手法に対して，ライプニッツはどのように言及しているだろうか．第4部第2章，第12章，第17章の記述によって先の確認事項を一層補強しよう．まず第4部第17章の記述から確認する．ライプニッツは「理性について」と題されたその章の冒頭で，フィラレートに理性の定義を語らせる．すなわち「人間が獣から区別されると想定され，明白に人間が大幅に獣をしのぐ能力」である．より具体的には「中間観念を見つける聡明さと，結論を導き出す能力つまり推論する能力」ということになる．テオフィルはこれを受けて「発見と判断を区別する十分に受け入れられている見解にしたがい，理性にそうした二つの部分を認めてもよいと私は思います」と述べる[96]．ライプニッツがテオフィルを通じて主張しようとすることは「発見と判断」に係わる方法，すなわち解析と総合の手法に他ならない．またフィラレートは数学的論証の中にある四つの段階を掲げる[97]．

　1) 証明を発見すること．
　2) 結合を示す順序に証明を配置すること．
　3) 結合を演繹の各部分の中で自覚すること．
　4) 結論を導き出すこと．

するとテオフィルは古典的な幾何学の手順にもとづき次のように説明する．

　　　あなたが〔数学者の〕論証の内に認めている四つの段階について言えば，通常の第1段階，すなわち証明を発見する段階は望ましいようには現れていないと思います．それは総合というものであり，総合はしばしば解析なしに見いだされたこともあるし，解析が省かれたこともあります．幾何学者たちはその論証において，証明すべき命題を最初に提起します．そして論証にかかるために何らかの図形によって与えられたものを例示します．これは特述 (Ecthese) と呼ばれるものです．その後，彼らは作

---

(95)　4.1.1 項注 (25) 参照.
(96)　[Leibniz A], VI-6, S. 475f. 邦訳 [ライプニッツ 1995], 286f 頁.
(97)　*Ibid.*, S. 475. 邦訳, 286 頁.

4.2　ライプニッツの数学論と学問的継承者たち　　227

図 (preparation) にとりかかり，推論するのに必要な新たな線を引きます．そしてしばしばこの作図を見いだすことに最大の技法が存するのです．これが済むと彼らは特述について与えられたものと，作図によってそれに付け加えられたものから帰結を導き出し，推論そのものを行います．そしてすでに知られているか論証されている真理をそのために用いて結論に達するのです[(98)]．

この引用中，「作図」とした論証の第3段階 'preparation' は，プロクロスが行った論証の分類の第3段階 '$\kappa\alpha\tau\alpha\sigma\kappa\epsilon\upsilon\acute{\eta}$'（作図）に対応するものと考えられる[(99)]．

　他方「中間観念を見いだす」技法が解析である．第4部第2章では総合についてと同様，古典的幾何学の手法をふまえてライプニッツは解析に言及する．

　　この世でもっとも判断力のある人でも，他の助けなしにはそうした〔非常に難しい〕論証を見いだすことは必ずしもできないでしょう．したがってそこにはいまだ発見の余地があるのです．そして幾何学者たちの間には，かつては今よりもっと多く〔発見〕があったのです．というのも解析がそれほど磨かれて (cultivée) いなかったときには，それに到達するにはより多くの聡明さが必要であったからです．まさにそれゆえある由緒正しき幾何学者たちや，新しい方法に十分には通じていない他の幾何学者たちは，いまもって他の人によって発見されたある定理の論証を見つけ出すと，素晴らしいことをしたと思ってしまうのです[(100)]．

ここでライプニッツが，旧タイプの幾何学者たちを揶揄しているのが興味深い．彼の同時代に主流であった代数解析に通じていなければ，古典的解析のいわば「名人芸」を身につける他はない．実際，代数解析の精神は「名人芸」とは対極のものである．しかしライプニッツの志向は，普及していた代数解析とも違っていたことはすでに 3.1.3 項で見た通りである．またそれが普遍数学概念に反映した様子も 4.1.1 項で確認した．古典的な解析と代数解析双方の不備を補いつつ，ライプニッツは解析の手法をまさに「磨かれたもの」にするための工夫を凝らしていたのである．

---

(98)　*Ibid.*, S. 476. 邦訳，287f 頁．
(99)　[Euclid 1990], p. 137, または [ライプニッツ 1995]，288 頁注 565 参照．
(100)　[Leibniz A], VI-6, S. 368. 邦訳，142 頁．

228　　第4章　統合的学問の基礎としての普遍数学

さらに，一方で確かに他人が見いだした論証をなぞるよりも，真理を見いだ
すこと自体の方が難しいことも事実である．それをライプニッツも認める．だ
からこそ今一度次のように解析の重要性が数学の内部においてだけでなく強調
されるのである．

> 素晴らしい真理は単純なものから複合的なものへと向かうことにより，
> 総合によってしばしば達成されます．しかし提示されるものを作りだす
> 方法を見いだすことがまさに問題であるときには総合は通常不十分です．
> 必要なすべての組み合わせを作り出そうとすることは，海の水を飲み干
> すに等しいでしょう．〔…〕多くの場合，自然は他の方法を許容しません．
> しかしこの方法に正しくしたがう手段が常にあるわけではありません．
> したがってこの迷宮の中であり得るとするならば，導きの糸を我々に与
> えるのは解析だけなのです[101]．

以上のように特に幾何学の論証をモデルにした「発見と判断」の技法を一般化
し，敷衍しようとすることがライプニッツの意図なのである．
　第 4 部第 12 章ではパップスに言及しつつ，幾何学以外の学問，例えば自然
学への応用も意識しながら総合と解析，両者の手順を語っている．この箇所で
は仮説の真理を論証することが問題にされる．ライプニッツは，かつて交信の
あったコンリングが，パップスを非難していることを紹介する．すなわちパッ
プスが「解析は未知のものを見いだすのに当の未知のものを仮定しており，結
果的にそこから帰結するものによって既知の真理に進んでいる」と述べている
ことを指した批判である[102]．それに対してライプニッツは次のように答える．

> 解析には定義や他の可逆的命題 (propositions reciproques) が用いられて
> おり，それらは逆向きの手順 (retour) を行う手段や総合的論証を見いだ
> す手順を与えてくれることを，私は彼〔コンリング〕に知らせてあげま
> した．そして例えば自然学におけるように，この逆向きの手順が論証的
> でない場合も同様に，やはり大きなもっともらしさ (vraisemblance) を
> 持つことが度々あるのです[103]．

4.1.1 項でも指摘したが，ライプニッツのいう解析の手法は古典的な幾何学で
適用されたものに依拠している．パップスを擁護する上記の引用はそうした姿

---

(101)　*Ibid.*, S. 369. 邦訳，144 頁．
(102)　*Ibid.*, S. 450. 邦訳，252 頁．
(103)　*Ibid.* 邦訳，同頁．

4.2　ライプニッツの数学論と学問的継承者たち　　*229*

勢の典型的な現われである．ただ同時に自然学にまで方法論として射程を広げ
ようとする意志もあわせ持っている点が特徴的である．そしてその際，解析の
「逆向きの手順」は貫徹されるとは限らない[104]．したがって自然学を構築する
ときは，何かしら別なア・プリオリな原理も必要とされるのである．実は解析
の「逆向きの手順」は何も自然学でなくとも，数学においても常に可能とは限
らない．「究極的な解析」，すなわち同一律への還元はいつもできるとは限らな
いのである[105]．ライプニッツはその点に関しても十分自覚的である．

> 完全な解析に到達することが困難である場合は，ユークリッドやアルキ
> メデスがしたように，それほど原初的でない公理で満足せざるを得ない
> でしょう．その方が，あなたが彼らの手段を用いてすでに見いだすこと
> ができる，いくつかの素晴らしい発見を見落としたり遅らせたりするよ
> りもよいでしょう．〔…〕もし古代の人々が自分の使わざるを得なかった
> 公理の論証を終わるまで前に進もうとしなかったら，私たちは全く幾何
> 学（私はこれを論証的な学と解しています）を有することがなかっただろ
> うと思います[106]．

特に自然学では数学における解析以上に「完全な解析」に達することは難しい．
ライプニッツが同じ第4部第12章で「自然学全体が完全な学には決してなら
ない」とする理由がそこにあるのである[107]．また実際「天文学や自然学の仮
説の中に逆向きの手順は生じない」．仮に成功したとしても「仮説の真理が論証
されるのではなく」，ただ「仮説を確からしい (probable) ものにする」だけで
ある[108]．しかしだからといって「すべての経験を説明しようと望むべきでは
ない」．幾何学者が少数の理性の原理から多数の原理を演繹することで満足する
のと同様に，自然学者たちはいくつかの経験的原理の方法によって多くの現象
を説明し実践の中でそれらを予見することができるようになれば十分なのであ
る[109]．以上のように自然学も含めた，より広い適用範囲を考えることで，解

---

(104) 4.1.1 項注 (44) 参照.
(105) 証明論の観点から例示された「2＋2＝4」は解析を行えば，確かに同一律に帰着するだろ
う．しかしそれは例外的な場合である．
(106) [Leibniz A], VI-6, S. 452f. 邦訳, 255 頁.
(107) *Ibid.*, S. 453. 邦訳, 256 頁.
(108) *Ibid.*, S. 484. 邦訳, 300 頁.
(109) ライプニッツは続けて，ベーコンやボイルに言及する．すなわち「ベーコン卿は，実験の
技法を原則へと仕上げることを始めました．そしてボイル閣下は，その技法を実践する大いなる才
能を持っていました．しかし経験を用いる技法と，経験から結論を引き出す技法とを結合させなけ

230　第4章　統合的学問の基礎としての普遍数学

析の手法を学問的方法論として「プラグマティックな」あるいは「戦略的な」捉え方をすることが可能になったのであろう[110].

「私は仮説を捏造しない」(Hypotheses non fingo) とはニュートンの有名な標語である[111]. ライプニッツは学問的方法論としてこの発想に対立することになる. 総合・解析の概念を広く数学以外の分野にも方法論として（戦略的に）採用することで，同時に仮説を作成するための，または完全な解析に至らないことを穴埋めする，ある種の「構築的原理」の介入を要求する[112]. ライプニッツの連続律はその代表的な例なのである.

我々がライプニッツの数学思想を探求する際，「連続律」の重要性は強調し過ぎることはない. 3.1.3 項で位置解析中の図形の移動に関して，また 3.3 節で無限小概念に関連して，連続律は通奏低音のごとく響いていたことを見てきた. それはすでに 1671 年の著作「抽象的運動論」の中で言及されていた. したがって数学研究の本格化以前に，連続律は自然学，特に運動学上の原理としてライプニッツに備わっていたことになる. 『人間知性新論』における連続律の表明もやはり自然学との係わりで現れる. この著作の序文中，次のようにライプニッツは語る.

> 「自然は決して飛躍しない」というのが私の大原則の一つであり，最も確証されたものの一つである. かつて『文芸共和国通信』でこれについて述べたとき，私は「連続律」と呼んだ. この法則の有用性は自然学において著しい. 〔そして〕次のことを含む. 部分と同様に度合においても，小から大へあるいは逆に大から小へ移行するときは常に中間状態を通ること，またどんな運動も決して直接静止から生じることはなく，徐々に小さくなる運動となりながらでしか静止には至ることはない[113].

自然学との関連で連続律は，他の第 3 部第 6 章，第 4 部第 16 章でも言及され

れば，王家のような出費を投じようとも，鋭い洞察力を持った人がすぐに発見できることにも到達できないでしょう. 〔…〕ボイル氏は実際のところ，原理と見なすことができる結論以外のことを，無数の素晴らしい実験から引き出すことのないよう，いささかとらわれ過ぎています」と述べている. *Ibid.*, S. 453ff. 邦訳，256ff 頁.

(110) [Duchesneau 1993], p. 191.

(111) [Newton 1726], II, p. 764. 邦訳 [ニュートン 1979], 564 頁. ニュートンの総合・解析概念にもとづく学問的方法論の分析は [佐々木 1992], 308–312 頁参照.

(112) [Duchesneau 1993], p. 104.

(113) [Leibniz A], VI-6, S. 56. 邦訳 [ライプニッツ 1993], 26 頁. ライプニッツが『文芸共和国通信』誌に発表した論文については 3.3.3 項注 (288) 参照.

る[114]．ライプニッツが学問的方法論の構築的原理とするものは連続律だけではない[115]．しかしそれは数学の発展に先立って獲得されていて，しかもその後，数学上様々な場面で効力を一般的に発揮したという点で，とりわけ抜きんでた重要性を持っているといえよう[116]．

　最後にライプニッツの学問的方法論として最も基本的概念であった，普遍数学に関して『人間知性新論』中の表明を見よう．第4部第17章では三段論法の「形式」(forme) に議論が及んで，そこで普遍数学が言及される．すなわちライプニッツは「形式に沿った論証」の一つとして三段論法を捉え，「それは一種の普遍数学である」と述べている．またその「形式に沿った論証」の例として他にも「正しく行われた計算，代数の計算や無限小の解析」もおおむねそれに含ませることができるとする．「ユークリッドのほとんどの証明も，形式に沿った論証に近い」のである[117]．

　結局，ライプニッツが諸学問の統合を考え，その基礎部分をなす要素として普遍数学を考える際には，主として具体的な数学の中から抽出される「形式」が問題なのだということがわかる．特に，論理の展開を形成する仕組みそのものをさしていると考えられる．したがって「論理学」という名で，普遍的学問が総称されることにもなるのである[118]．ひとたびそうした形式が明示的に提示されれば，そこを出発点として諸学問の再構成が可能であるとライプニッツは考えていたのであろう．例えば第4部第3章では道徳的な観念も論証の技法が適用可能であることが示唆される．その箇所では道徳的な事象に対する考察を行った人物としてヴァイゲルとプーフェンドルフ（と彼の著書『普遍法学原論』）が挙げられる[119]．彼らの名は我々の議論にとっても不可欠であった．1.1.1項で見たようにライプニッツが，まだ10代の頃に普遍学の構想を抱く一つの大きな契機を与えた人物だからである．若き日の夢は，晩年にさしかかろうとするライプニッツにはっきり息づいている．そしてあらゆる学問を論理の「形式」（または論証の技法）をもとに統合するという境地へと達したのである．ライプ

───────────────

(114)　*Ibid.*, S. 307, 473. 邦訳 [ライプニッツ 1995]，58f，283 頁．
(115)　ライプニッツを「原理の人」(man of principles) と呼んだのはオルテガである．彼はライプニッツの原理を全部で10種類列挙している．その中には連続律以外には同一律，矛盾律，充足理由律，不可識別者同一律等が含まれる．[Ortega 1971], pp. 12f.
(116)　[Duchesneau 1993], p. 311, または [Granger 1981], p. 32.
(117)　[Leibniz A], VI-6, S. 478f. 邦訳，291f 頁．
(118)　[Couturat 1901], pp. 318f.
(119)　[Leibniz A], VI-6, S. 385f. 邦訳，167f 頁．

ニッツの数学への取り組みも究極的には，様々な学問の再編・統合に寄与する
ものとして把握されよう．10代のライプニッツに予想もつかなかった数学的貢
献が，また夢の実現へ向けて一つの具体的内実を与えると彼は信じたのである．

　また「普遍数学」というカテゴリーでも，ライプニッツはユニークな表明を
提示した．彼が若き日に参照したスホーテンの著作『普遍数学の諸原理』は，初
等記号代数の教科書としての内容にとどまっていた．17世紀後半から18世紀
前半にかけて，普遍数学に関連する著作は他にも刊行されたが，あくまでもス
ホーテンならびにデカルト『幾何学』の枠を超えるものではない[120]．18世紀
前半までには，

$$普遍数学＝代数解析＝数学的方法の「基礎」$$

といった視点は，大陸，イギリスを問わず一定の普及を果たしていたと考えて
よいだろう．我々がライプニッツの草稿を分析した結果判断できることは，上
記の発想に比して普遍数学に関して次の二つの特徴を備えていると考えられる．

　1) 代数解析に限定せず，自己の数学的貢献を含めて広く内容を拡張する．
　2) 代数解析の本質である記号法創造・利用と同時に，特に数学の様々な分野
　　に共通する要素としての「形式」の抽出を試みる[121]．

こうした着眼は明らかに同時代人の理解とは一線を画する．しかしあくまで草
稿に未整理のまま残されただけで，刊行には至らなかった．したがって影響力
も限定されざるを得なかった．

　以上の議論をまとめよう．我々は本章の冒頭で，ライプニッツの普遍数学が
どのように位置づけられるかを確認した．

　普遍数学は，学問的再編によって構築される人間知性の集大成「普遍学」の基礎
をなすものだった（図4.2参照）[122]．ライプニッツは，けっして普遍数学の構築に

---

(120)　代表的な例としてウォリス『普遍数学』(*Mathesis Universalis*) (1657年刊)，ニュート
ン『普遍算術』(*Arithmetica Universalis*) (1707年刊)，ヴァリニョン『数学原論』(*Elemens
de mathematique*) (1734年刊) を挙げることができる．ニュートンの著作をライプニッツは刊行
された1707年中に手に入れ（ヘルマン宛の1707年12月16日付書簡で表明されている），その
内容についてヨハン・ベルヌーイ，ヘルマン等と書簡で論じている ([Leibniz GM], III/2, S. 821f,
IV, S. 322–325). また翌年『学術紀要』誌上に書評を書いている．[Newton MP], V, pp. 23–31
参照．
(121)　[Schneider 1988], S. 163.
(122)　草稿「普遍数学」における階層構造（4.1.1項表4.1）も参照．

4.2　ライプニッツの数学論と学問的継承者たち　　*233*

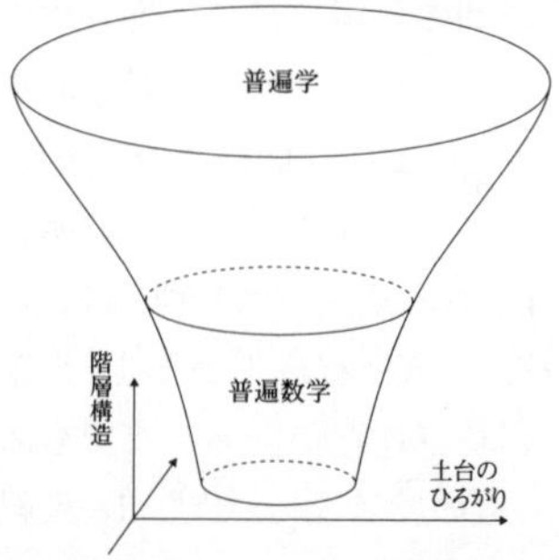

図 4.2 ライプニッツの普遍学と普遍数学

よって，すべてを数学的に証明してしまおうと短絡的に考えているのではない．「基礎をなす」ということの意味は，論理的演繹性（総合）と発見のための手法（解析）を基本的手段として応用することである．数学の持っている学問的内容が，この二つの思考の流れをもっともよく体現しているとライプニッツは判断していたのだった．さらに表現手段として，記号法に対するユニークな発想が，これに付け加わる．ライプニッツは数学上の試行錯誤を重ねながら，こうした考えをより鮮明にしていったのである．彼は取り組んだ数学の全分野において，首尾よく成功を収めたわけではない．だが，その数学としての成功・不成功とは別に，普遍数学概念の中身は確実に充実していった．そのことで底辺をなす基礎部分は，横方向へすそ野を広げていった．ライプニッツの発想が，他と比べて際立っている点である．

一方で，その上の階層をなす普遍学一般の構想をふまえて，百科全書の刊行や社会的な活動の場としてのアカデミー建設をライプニッツは目指した．前者は，結果的に構想が草稿に残されただけで，著作の出版という形には結びつかなかった．後者は，ライプニッツ自身が会員であったロンドン（王立協会），パリ（王立科学アカデミー）をモデルに知的交流の場を作ることを夢見た．ライプニッツは，ベルリン，ドレスデン，ウィーンなどでアカデミー設立に向けて画策した．1700 年ベルリンに，ブランデンブルク侯により科学協会の設立が許可され，同年 7 月 11 日に発足した[123]．また 1710 年以降ピョートル大帝とも何度か会見し，ロシアにおける科学の振興を進言している[124]．こうした広範囲な活動こそが，ライプニッツの学問的情熱を支えたものであろう．確かに，ライプニッツが数学の学問構造に寄せた信頼は過度のものであったかもしれない．それを「楽観主義」と呼ぶことはたやすい．だがその一方で，ライプニッツは冷静な現実認識も備えていた．彼はヨーロッパの宮廷の中に活動の拠点を持っていた．したがって，現実的に必要な政治的活動や，経済上の支援に対する配慮にも自覚的であったのである[125]．

---

(123) [Brather 1993], S. 85.
(124) [Aiton 1985], p. 308. 邦訳，441 頁.
(125) [Ramati 1996], p. 447.

4.2.2　ライプニッツの後継者たち

ライプニッツの著作の内，単行書として生前刊行されたのは『弁神論』のみである．したがって我々が分析してきた，普遍数学に関する多くの草稿は，陽の目を見ることはなかった．しかし徐々にライプニッツの構想に対する後継者も育っていった．代表的な人物はヴォルフである．ヴォルフは膨大な著作を残し，ライプニッツ思想を特に 18 世紀前半において，普及させる役割を担った[126]．18 世紀後半になると不十分な形ながら，全集や『人間知性新論』が出版され，ライプニッツの発想が本格的に受容され始める．数学上の貢献以外にも，一般的な普遍学構想に反応する者もようやく現れることになるのである[127]．

ライプニッツの学問的貢献が本格的に受容されるのは，19 世紀半ば以降，ゲルハルトによる『数学著作集』（1849–63 年刊），『哲学著作集』（1875–90 年刊）の出版を待たなければならなかった．ここで公刊論文以外の，草稿，書簡等が大量に公になった．それらは豊富な内容を備えており，より正確なライプニッツ像の構築を可能にした．したがって 20 世紀初頭に，ライプニッツ再評価が起こったのは当然の成り行きであった[128]．

フッサール

ライプニッツの普遍数学概念に対して，とりわけ共感を示した人物としてフッサールの名を挙げることができる[129]．フッサールは『論理学研究』(*Logische Untersuchungen*)（初版 1900 年刊）第 1 巻第 10 章第 60 項において「ライプニッツとの結びつき」と題して，自己の「純粋論理学」とライプニッツの普遍数学との関連を明らかにする．フッサールは「我々は彼〔ライプニッツ〕とは比較的一番近い立場にいる」と率直に親近感を表す[130]．というのも，ライプニッツの功績がスコラ的論理学を形式論と誹謗することなく，むしろ「数学的な形式と厳密性を備えた学科にまで，すなわち最高のそして最も包括的な意味

---

(126)　[Peckhaus 1997], S. 64–82.

(127)　ライプニッツの 18 世紀までの思想的継承者については *Ibid.*, S. 82–110 参照.

(128)　ラッセル（1900 年刊），クーチュラ（1901 年刊），カッシーラー（1902 年刊）と相次いでライプニッツの学問体系をテーマにした著作が刊行された.

(129)　マーンケはフッサールが「十分な明晰さ」をもってライプニッツの論理計算，確からしさの論理学，その他普遍数学の思想への注意を喚起した，最初の人物だったのではないかと指摘している．マーンケがフッサールの弟子であったことを割り引いて考えても，フッサールとライプニッツの共通性は注意に値すると考える. [Mahnke 1925], S. 22.

(130)　[Husserl HGS], Band 2, S. 222. 邦訳 [フッサール 1968–76], 1, 241 頁.

での普遍数学まで」発展させたことにあるからである[131].

　興味深いことにフッサールは，我々が 4.2.1 項で引用した『人間知性新論』の同じ箇所に注目し，引用する[132]．そして「形式による論証」(argumens en forme) と普遍数学を同一視する．この観点はライプニッツにとって，一つの到達点であったことは我々にも了解済みである．フッサールはより広い意味を備えた普遍数学概念が，「通常の量的意味での普遍数学全体（これはライプニッツの普遍数学の最も狭い概念をなしている）をあわせ包含すべきであったろう」とつけ加える[133]．さらにそのライプニッツの広義の普遍数学には，結合法（記号法も含む）が基本的部分として組み込まれているとみなす．また蓋然性の数学的理論にもライプニッツが目配りをしている点を「天才的直観によって予見」していたと絶賛するのである[134]．こうしたことを背景にフッサールは次のように述べる．

> 以上すべての点で，ライプニッツは我々がここで擁護する純粋論理学のその理念の地表に立っているのである．有益な認識技術の本質的な基盤を心理学に置こうとする思想ほど彼にとって疎遠なものはない．彼によればそれらの基盤は全面的にア・プリオリである．確かにそれらは数学的な形式の 1 学科を構成するのであり，そしてその学科自身が，例えば純粋算術と全く同様，実践的認識規定 (praktische Erkenntnisreglung) の職分をそのまま自身の内に包含するのである[135]．

フッサールは自分自身の問題関心に引きつけているが，ライプニッツ理解としては的外れではないだろう．ライプニッツが数学上の貢献を取り入れ，普遍数学の内容を同時代人たちの枠組よりも拡張していることも彼は見逃していない．数学研究を経歴に持つフッサールならではの視点であろう．我々が 4.1.1 項や 4.2.1 項で捉えてきたライプニッツの思想の一面はここに現れているのである．

　しかしフッサールは，ライプニッツの精神に則って「純粋論理学」なるものを築くことができたのであろうか．彼は微妙に視点を変えていく．フッサー

---

(131) *Ibid.* 邦訳，242 頁．
(132) 4.2.1 項注 (117) 参照．
(133) [Husserl HGS], Band 2, S. 223. 邦訳，243 頁．
(134) *Ibid.*, S. 224. 邦訳，244 頁．
(135) *Ibid.*, S. 224. 邦訳，244f 頁．フッサールは認識基盤として心理学に依存することを批判しているが，まさにそれこそ彼が『論理学研究』を著す第 1 の動機だったのである（初版の序文参照，*Ibid.*, S. 6f. 邦訳，6f 頁）．またフッサールの心理学主義批判と『論理学研究』第 1 巻における学問的方法論，普遍数学概念との関連については [Ha 1997], S. 123–165 参照．

236　　第 4 章　統合的学問の基礎としての普遍数学

ルは後に，「現象学的還元」（＝超越的存在を認めず「括弧に入れる」）という発想を持つに至った．『イデーン I』(*Ideen zu einer reinen phänomenologie und phänomenologischen Philosophie*)（1913 年刊）以降の著作では，形式的数学もその現象学的還元の対象となる[136]．するともはや「形式的論理学や全普遍数学一般」(Die formale Logik und die ganze Mathesis überhaupt) といった，フッサールが一度は構築しようと試みたものも，「きっぱりと締め出してしまうエポケー ($\epsilon\pi o\chi\acute{\eta}$) の中に，取り込んでしまうことができる」と断言するのである[137]．『論理学研究』刊行時期と異なり，フッサールの中で留保なしに，ライプニッツの構想はもはや賞揚されることはなくなってしまった．それはやはりライプニッツの発想の根源にある，人間思考をすべて形式化してしまうことへの単純な「信奉」が保ち得ないと判断したからであろう．

『論理学研究』からほぼ 30 年経て刊行された『形式論理学と超越論的論理学』(*Formale und transzendentale Logik*)（1929 年刊）では，序文においてそうしたフッサールの心情が表明されている．

> ヨーロッパの諸学問の現代的状況は根源的反省を必要としている．それらは根底において自らについての，自らの絶対的意味についての大いなる信念を失なってしまった．今日の現代人は人間理性の自己客観化または，〔…〕人類が自らのために創造した普遍的機能を，啓蒙主義時代の「近代人」のように，学問と学問によって形成された新文化の中には見ない[138]．

この著作はタイトルに示されている通り，第 1 部は『論理学研究』の内容に対応した「形式論理学」の構築と限界が示される．その中で，mathesis universalis の用語とライプニッツの名が再三登場する．例えば，第 1 部第 2 章 23 項「伝統的論理学の内的統一と形式的数学に対するその地位の問題」の中でフッサー

---

(136)　[佐々木 1985]，（下），182–206 頁参照.
(137)　[Husserl HGS], Band 5, S. 127. 邦訳 [フッサール 1979 –]，I-1, 250 頁．邦訳において，"die ganze Mathesis überhaupt" の部分は，「全『普遍学』一般」と訳されている．それを引用者の判断で変更した．この邦訳では，索引の中に mathesis universalis という項目がある．それに対して，「普遍学」という訳語が与えられている（邦訳, viii 頁）．だが，我々が見てきたように，少なくともライプニッツは mathesis universalis（普遍数学）という語を，scientia generalis, または scientia universalis に対して，狭い学問領域の意味で使用している．すなわち，直接数学とのつながりを持った基礎分野と了解している．フッサールは，この語の解釈に関してライプニッツと違ったものを提示しているとは考えにくい．むしろ，ライプニッツの意図をより正確に再現しようとしているように見える．そうした理由から，邦訳の訳語は訂正されてしかるべきである．
(138)　[Husserl HGS], Band 7, S. 9.

4.2　ライプニッツの数学論と学問的継承者たち　　237

ルは次のように述べている.

独創的直観ゆえ歴史的な影響力を行使することができなかった, ライプ
ニッツとの連続性の外で, 形式的数学の中の三段論法と三段論法的代数
(syllogistische Algebra) との併合は生じたのだった. それは「普遍数学」
の原理的な意味と必要性についての哲学的省察から生じたのではなく, ま
ず最初は 19 世紀初頭以来イギリス流の数学 (ド・モルガン, ブール) の
中で, 数学的学問の演繹的理論的テクニックへの欲求から生じたのだった.
〔…〕もし我々がここでこの〔論理学と数学との〕統一の問題により
緊密に立ち入るならば, 当然特殊な学問的関心のためにでなく, 形式的
数学であれ, 形式的三段論法であれ, さらには結果的には両者を統一へ
と向かわせる, 実証的学問にも係わる問題である[139].

ライプニッツが普遍数学の名の下に構想し, またフッサール自身が目指した「論
理学」構築はこの著作の中でもけっして意義を失っていないのである. 『論理
学研究』における問題設定を引き継いでいることをフッサールは次のように示
す.「十全なる『普遍数学』, したがって宙ぶらりんな雰囲気の中でなく, その
基礎の上に築かれ, その基礎と分かちがたく合致した形式的数学の構成におい
て, 体系的な秩序は当然ながら一つの大きな問題である. それは我々が示した
ところによれば, 十全な『論理学上の分析』の問題に他ならず, ちょうどそれ
は『論理学研究』でまさに表現の意味の中に存するとしたものである」[140]. し
かしフッサールの力点は, むしろ第 2 部の「超越的論理学」の方へ移行してし
まっている. 人間知識の共通要素を抽出し, 形式化する作業 (=「人間思考のア
ルファベット」+ 普遍数学構想) には, 二つの前提が備わる必要があることを
彼は見いだしたのである. すなわち,「間主観的認識共同体」(intersubjektive
Erkenntnisgemeinschaft) と志向性の「歴史性」である[141]. フッサールによれ
ば, 人間の知識を体系化する営みそのものは否定されるものでないにせよ, そ
れはア・プリオリに正当化する原理が, 知識そのものの中に潜んでいるものに
支えられるわけではない.「あらゆるものの意味が形成され」,「それとの関係で
客観的世界が存在し得る」ような基礎が存在し, かつ「沈積した歴史, そのつ
ど厳密な方法においてあらわにされ得る一つの歴史が包含されている」ことが

---

(139)　*Ibid.*, S. 78f.
(140)　*Ibid.*, S. 104.
(141)　[佐々木 1985], 202 頁参照.

238　　第 4 章　統合的学問の基礎としての普遍数学

前提された上で可能になるのである[142]．ライプニッツの普遍数学は，不完全なまま彼の生前公表されるに至らなかった．それが，単に与えられた時間の問題でなかったことを，フッサールは示したといえよう．つまり，より本質的に普遍数学の構築を可能にする前提への考察にまで，ライプニッツは及んでいなかったということである．

カッシーラー

20世紀におけるライプニッツ評価の中で，さらに我々が取り上げるべき人物はカッシーラーである．彼はフッサール以上にライプニッツ研究に没頭し，1902年には体系的な研究書『ライプニッツの学問的基礎における体系』(*Leibniz' System in seinen wissenschaftlichen Grundlagen*) を刊行した[143]．その後もライプニッツに対する傾倒は，一貫していたように見える．特に主著と目される『シンボル形式の哲学』(*Philosophie der symbolischen Formen*) (1923–29年刊) では，「シンボル的思考」の標語の下でライプニッツを近代的先駆者として位置づけている．

カッシーラーのライプニッツ評価は，主として思想史的な観点からと，同時代における数学基礎論論争の文脈による．すなわち次の2点である．

1) デカルトと並んで，近代の出発点において「普遍数学」の発想を追及した人物としての高い評価．
2) 1920年代までに活発に行われていた，「数学基礎論論争」の歴史的起源としての位置づけ．現代数学の方向性と，ライプニッツの発想との一致（ヒルベルト，ワイルとの共通点）．

これらの主張を，特に『シンボル形式の哲学』第3巻「認識の現象学」第3部「意味機能と学問的認識の構造」中の記述から確認したい．カッシーラーのライ

---

(142)　[Husserl HGS], Band 7, S. 247, 252.

(143)　カッシーラーは『ライプニッツの学問的基礎における体系』の第1部で，「数学の基礎概念」という章を設けている．そこでは「数学と論理学の関係」，「量の基礎概念」，「幾何学的空間問題と位置の解析」，「連続性の問題」といった項目が分析の対象として取り上げられる．いずれもライプニッツの普遍数学を考察する上で不可欠な内容である．ただしカッシーラー自身の視点は，まだこの著作では，ライプニッツのそうした構想への結びつきを明快に解明するに至っていないように見える ([Cassirer 1902], S. 105–241)．カッシーラーにとって，時間と空間，相対性，連続律の解釈は，彼が20世紀初頭の自然科学（数学，物理学等々）を考える上で重要な問題であり続ける．その意味で，ライプニッツが目を向けた事柄とそれに対するテーゼは，カッシーラーの思索に対しても多くの示唆を与えたはずである．[Ranea 1986] 参照．

プニッツ解釈は的を得たものが多い．ただし，当然批判的に捉えるべき部分も含んでいる．それは，多分にカッシーラーが，数学史研究を意図していないことによる．また後で指摘したい．

　まず上記の第1の項目，普遍数学の構築についてである．普遍数学の発想の出発点は，算術と幾何学，静力学と機械学，天文学と音楽など異なった対象に係わっているかのように見える学問が，「同じ一つの認識形式の契機，その異なった発現であり顕現である」という理解である．デカルトは共通に存在する認識形式を，『精神指導の規則』で特に「順序 (ordo) と尺度 (mensura)」という語で表象していた．カッシーラーによれば，こうした思考は「ライプニッツの下で完成される」．そして次のように述べる．

> 　思考内容の順序には，精密に規定された記号の順序が対応しなければならないという一歩進んだ要求が，きわめて鮮明に掲げられる．思考はこの記号の力を借りてのみ，その観念的な諸対象の全体への真に体系的な展望をかちとるのである．それぞれの個別的な思考操作は，似たような操作によって記号に表現可能で，記号の結合のために確定されている一般的規則によって追検証可能でなければならない．こうした要請によって，現代の「普遍数学」の立場が獲得されるのである．この普遍数学においては，数学的思考過程全体の徹底した「形式化」がどれほど要求されようと，「対象への関係」が廃棄されるわけではない．しかし対象そのものは，もはや具体的な「事物」ではなく，それは純粋な関係形式 (reine Relationsformen) である[144]．

カッシーラーのこうした分析は 19 世紀中の数学的発展をもふまえたものである．すなわち，グラスマンの「幾何学的記号法」，クラインの「エルランゲン・プログラム」，リーの「変換群論」といった直接，間接の発展継承者が「現代の普遍数学」を構築する基本的発想をライプニッツが提供したとみなすのである[145]．

　カッシーラーの関心は根底に，やはり 1920 年代までに展開されていた「数学基礎論論争」がある．特に「数学の対象」と題された第 3 部第 4 章では，冒頭で「現在，方法の問題をめぐって先鋭化している『形式主義』と『直観主義』の対立を考察するに先立って，この対立の歴史的な前提と先駆形態をふりかえっ

---

(144)　[Cassirer 1923–29], 3, S. 410. 邦訳 [カッシーラー 1989–97]，（四），132f 頁．
(145)　*Ibid.*, S, 411f. 邦訳，134ff 頁．

240　　第 4 章　統合的学問の基礎としての普遍数学

ておきたい」としてライプニッツの記号論が論じられる[146]．カッシーラーは，ライプニッツが数学的記号法が構築されるための前提条件として考えることに着目する．すなわち，「記号そのものが，有意味な記号であろうとすれば，特定の客観的条件に拘束されている」．ではその「客観的条件」とは何か？ それは「事象の必然性によって指定されている結合可能性の特定の規範」である．ライプニッツの発想を敷衍しつつ，カッシーラーは次のように述べる．

> シンボルや記号がつねに則らなければならない「事象」，そしてそれらがその内的真理を表現しようとしている「事象」は，経験的な「事物」のように考えられてはならないのであり，純粋な理念相互間を支配している特定の関係の存立と考えなければならない．すべての数学的概念形成もすべての数学的な記号設定も，そうした関係を拠りどころにし，内的尺度にしているのだ．〔…〕したがってライプニッツにとっては，数学的記号の世界の構築も，個々の記号の創出やその結合も，はじめから特定の制限条件に服している．つまり，結合の対象の「可能性」が保証されていなければならないのだ．というのも，思考の要素の結合やそれに対応する記号の結合が必ずしもすべて，可能な思考対象を生み出すとは限らないからである．〔…〕定義というものは，それが目指す対象を単に一つの徴表を挙げたり，あるいは徴票の総和を挙げたりするというだけのやり方で名指すような，出来上がり完成されたものとして手渡されてはならない．というのも，出来上がった定義にあっては，この総和なるものがたがいに打ち消しあうような構成要素で合成されている危険がつねにあるからである．この危険は，我々が無限集合を扱う場合，特に差し迫ったものになる[147]．

数学の「基礎」をめぐる論争のきっかけとなった無限集合論を念頭に置きながら，「現代数学は，全く独自な新たな道を通ってではあるが，結局のところ，数学的思考の方法家としてのライプニッツがその出発点にした地点に再び立ちもどるのである」とカッシーラーはライプニッツの主張を現代的な文脈の中で再評価しようとするのである．

　カッシーラーはこの『シンボル形式の哲学』第3巻で，特にヒルベルトとワイルの発想とライプニッツのそれとの重なりあいに着目している．集合論のパ

---

(146) *Ibid.*, S, 417. 邦訳，148 頁．
(147) *Ibid.*, S, 418f. 邦訳，149ff 頁．

4.2 ライプニッツの数学論と学問的継承者たち　　*241*

ラドックスに端を発した基礎論論争の中心に，数学上の「定義」と「存在」の問題が横たわっていることを指摘した上で，カッシーラーは現代数学が「数学的思考の方法家としてのライプニッツがその出発点にした地点に再び立ちもどることになる」とする．すなわち，先の引用でも問題とされた「名目的定義」（＝「目指す対象の名を挙げる」）の不十分さを認識し[148]，数学的対象の存在を保証する何らかの「連関」が定義の中に織り込まれる必要性を説く．その際，数学者側からの具体的な提案として例示されるのがワイルの「反復法」(Iteration) である．すなわち，元来「直接的後続」(unmittelbaren Folgen) という関係概念を含んだ自然数の系列を基礎に，無限に至るまでの手続きの可能な反復性を通じて数学全体を構成する方法論にカッシーラーは共感をよせているのである[149]．そして「認識批判的に見て本質的かつ決定的なのは，この基礎づけによって初めて事物概念に対する関数概念の優位が全面的に承認されるという事態である」としている[150]．ここにまさにカッシーラーの主張の力点があると見てよいだろう．

　ワイルは数学記号を「紙の上の記号」とする，素朴な段階でのヒルベルトの形式主義への反発からブラウワーの直観主義に接近し，さらには次第にブラウワーからも独立した立場を形成していく[151]．ワイルはカッシーラーによれば，ヒルベルトの数式ゲームに何らかの意味を回復させるために「異なった二つの方向」を考慮する．一つは「物理学への応用を顧慮する」ことであり，もう一方は「形而上学の相のもとに考察する」ことである[152]．過去において発展を遂げた数学上の遺産を受け継ぎつつ，意味充実を構成主義的観点から計ろうとするワイルの思想の要点を，カッシーラーは適切に捉えている．

　だがやはり，カッシーラーは数学者ではない．ワイルが数学的創造の基礎とした発想も，「不十分である」と断定される．なぜなら「物理学の必要をはる

---

(148)　本項注 (147) の引用文，後半部分を参照.
(149)　さらにカッシーラーは，フッサールが『論理学研究』執筆において批判した数学の心理学的基礎（＝数えるという「心理作用」によって基礎づける）を，同様に批判する（本項注 (135) 参照）．そして数学の対象領域は「純粋な数の観念によって基礎づけられなければならないのである」と述べ，「私が間違っていなければ，直観主義についてのワイルの考え方がブラウワーの考え方をしのぐのは，まさにこの契機を一層鮮明に捉え強調していることによってである」と指摘している．[Cassirer 1923–29], 3, S. 432f. 邦訳 [カッシーラー 1989–97]，（四），170ff 頁.
(150)　*Ibid.*, S, 432. 邦訳，171 頁.
(151)　ワイルの数学的思考はしばしば「半直観主義」と称される．それについて論究することは，この場における我々のテーマではない．[佐々木 2001]，第 2 章「ヘルマン・ワイルの数学思想」参照.
(152)　*Ibid.*, S, 445f. 邦訳，194f 頁.

242　　第 4 章　統合的学問の基礎としての普遍数学

かに越えている数学の超限的な構成部分にも，まさしくある自立的な意味が帰属させられなければならないからである．こうした自立的な意味という考えを，我々は捨て去ることはできない」(153)．こうしてヒルベルトが数学の厳密さを保持するために行った形式主義的構築が再度見直される（「認識批判的に考えれば，『形式主義』と『直観主義』とはけっして排除しあうものではないし，たがいに乖離しあっているものでもない」)(154)．その際，ライプニッツの考えが「シンボル的思考」の名のもとに，さらに光を当てられるのである．

　我々は 1.1.2 項で，ライプニッツの最初期の著作『結合法論』を分析した．そこに現れた概念と数の対応，ならびに数の組み合わせによる新しい命題の産出の発想に対し「シンボル的思考」という，カッシーラーが強調するものの萌芽を見た(155)．彼はライプニッツが直観的認識を基礎としながら，記号的認識を結びつけていた点をことさらに高く評価し，次のように述べる．

> たいていの場合思考は，「観念」の操作の代わりに「記号」の操作を行うことで満足しうるのである．だが，結局のところ思考は，むろん一度は，記号の意味が問われるある地点——つまり，記号において表現され表示されているものの内容の解釈が要求されるある地点——にゆきつかざるをえない．こうして，数学的記号主義はライプニッツによって望遠鏡や顕微鏡にたとえられる．これら二つのものによって人間の視覚がどれほど助成されるにしても，これらが視覚に取って代わることはできない．数学的認識も，知的な視覚の一つの形式として，理性の根源的で自立的な機能にもとづくものであり，この理性がシンボルとしての記号を道具として利用しているに過ぎないのである(156)．

こうしたライプニッツの記号論こそがヒルベルトの論理学的，数学的証明の手続きの形式化として復活したとカッシーラーはみなしている．数学の領域拡大と，数学的概念装置の洗練と深化によって，この「シンボル的思考」は「あらためて真の完成を見るまでに熟成した」とさえ述べている(157)．

　この『シンボル形式の哲学』第 3 巻は 1929 年に書かれており，ゲーデルの不完全性定理の提示（1931 年）によってヒルベルトの構想が，当面挫折に追い込

---

(153)　*Ibid.*, S, 446. 邦訳，195 頁.
(154)　*Ibid.*, S, 450. 邦訳，201 頁.
(155)　1.1.2 項注 (28) 参照.
(156)　[Cassirer 1923–29], 3, S. 450f. 邦訳 [カッシーラー 1989–97]，（四），202 頁.
(157)　*Ibid.*, S, 454. 邦訳，207 頁.

4.2　ライプニッツの数学論と学問的継承者たち　　*243*

まれることは念頭においていない．カッシーラーの形式主義への評価がいまや
適切とはいえないことを我々は知っている．だが繰り返し指摘するならば，カッ
シーラーはあくまでも，数学者の立場で語っているのではない．彼の著作の真
価は，ライプニッツの記号論を思想史の中で位置づけ，特に現代数学基礎論論
争の淵源として再評価したことであった．その際，ライプニッツの思考様式を
検討する我々にとって，「シンボル的思考」という標語はまことに好都合である．
したがってカッシーラーの次のような総括は，いまなお十分に傾聴に値するも
のを含んでいると考えてさしつかえないだろう．

　　ライプニッツが解析の土台にした彼の変化の概念は，もはや具体的——
　直観的な特定の内実で満たされていたり，そうした内実につきまとわれ
　ていたりすることなく，彼が「連続律」と呼び，定義した「一般的秩序
　の原理」に基づいている．したがって，ここでは，解析学の根本問題は，
　「最初の比と最後の比」というニュートンの方法においてそうであったの
　とは違い，運動の問題の形式に翻訳されることはなく，運動の理論はは
　じめから，——級数理論や，幾何学における曲線の求積法の問題などと
　同じように——まったく普遍的な論理的規則の管轄下に置かれる単なる
　一特殊事例と考えられている．この意味では，ライプニッツにとって，算
　術，代数学，幾何学，動力学は，およそ自立した学問であることをやめ，
　それらは普遍的記号法の単なる「見本」(échantillons) になってしまった
　のである．数学の一般的かつ普遍妥当的言語たらんとするこの普遍的記
　号法の視点から見ると，いまや，各個別領域でそれ以前に獲得された全
　ての手がかりは，特殊な方言にしか見えない．〔…〕ライプニッツは，「無
　限小」量を導入し使用する自分なりのやり方を正当化するために，好ん
　で「虚」の例に訴えているが，我々の問題においてはじめて，このアナ
　ロジーはその真の論理的根拠において理解されうることになる．ここで
　両者に共通し，両者を結びつけているものは，観念論的論理学者として
　のライプニッツが作り出し，**数学の構築に際していたるところで前提に
　している**シンボル理論のうちにある．ライプニッツによる個別諸学問と
　一般的学問論とを結びつけ，この一般的学問論をさらに彼の全哲学体系
　と結びつけるすべての糸は，結局のところこのシンボル理論に収斂する
　のである．（強調は引用者）[158]

---

(158)　*Ibid.*, S, 470f. 邦訳，231ff 頁．

ただし同時に指摘されるべきことは，カッシーラーは数学史家の観点とも違った見方によっているということである．我々はこの第4章を通じて，ライプニッツの普遍数学構想が，彼の数学的創造とどのような係わりを持って変化してきたかを見た．ライプニッツが学問的活動の初期段階から，「シンボル的思考」と呼ぶべき傾向を持っていたことは確かである．しかし，パリ滞在期以降の数学的学問の研究内容を，「はじめから」そうした理論を前提にした成果と捉えることは正確でない．特に，4.1.1項で精査したように，ライプニッツの普遍数学概念は1679年以降に，けっして単線的ではなく微妙な変化を伴ないながら，次第に明確化されていったと見るのが妥当である．したがって結果としては，ライプニッツの数学的学問はシンボル理論というメタ理論によって，それぞれが「一特殊事例」となったかもしれない．だが，当然のことながらそれは一朝一夕に成立したのではない．カッシーラーに対する批判は，数学史研究の立場によって初めて可能になるのである．

　無限小解析の成果はライプニッツにとって，最も誇るべき，かつ普遍性の典型例として，普遍数学の内容にいち早く組み込まれてしかるべきものであったはずである．しかし現在手にすることができる1次資料から判断できることは，ライプニッツが無限小を正当化するためのアイデアを慎重に明確化した上で，初めてそれが可能になったということである．無限小も虚量も数学上の 'fictio' であるという主張も，ア・プリオリにあった（とされる）彼独自の記号論の観点のみから眺められるべきではない．数学上の研究実践から直接的に必要とされ，むしろ経験的にライプニッツのシンボル理論の充実に貢献していったはずである．数学的貢献とライプニッツの学問体系全体を貫く普遍的学問の理念は，一方通行的な関係のみを想定することはできないのである．

　本書全体を通じて，ライプニッツの根底にある学問論と数学的貢献の相互作用を明らかにすることが我々の目的であった．やはりその目的を達成するためには歴史的観点が必要であろう．ライプニッツの「シンボル理論」は，初めから完成されたものとして存在していたわけではない．カッシーラーは問題を性急に単純化し過ぎてしまっている側面がある[159]．上記の引用もそうした点で注意深く検討されなければならないだろう．

---

(159)　4.1.1項注 (42), (43) も参照のこと．

4.2　ライプニッツの数学論と学問的継承者たち　　245

結語
ヨーロッパにおける「普遍性」とその相対化
（今後に向けて）

ヘルマン・ワイルは，その著書『数学と自然科学の哲学』(*Philosophie der Mathematik und Naturwissenschaft*) の冒頭で次のように述べている．

> 哲学の英雄たちの中で，数学の本質に対して鋭い目を備えていたのは，なかんずくライプニッツであった．数学は彼の哲学体系に，有機的で意味深い構成要素として挿入されたのである[1]．

ライプニッツは，西洋近代学問が持つ「普遍性」を普遍数学という形で具現化しようとした．彼の思想体系に含まれる「有機的で意味深い構成要素」とは，まさしくこのことだった．ライプニッツの残した著作，論考，草稿，書簡等々に依拠しつつ，彼の求めた普遍性の由縁がどこにあるのか？　そしてそれはどの程度作り上げられ，どの程度未完成のままに終わったのか？　我々は，こうした問題に対して，精査してきた．

　元来，ヨーロッパ近代思想が目指す普遍性は，ア・プリオリに人類一般に備わっているのではないだろう．むしろその思想の持つ「特殊性」が，他を席巻し，類を見ない影響力を持ったのである．ヨーロッパとは異なる知的土壌を持つ世界に住む我々にとっても，ライプニッツの主張する「普遍性」は，同様に「普遍的」たりうるだろうか？　そうした問題に対して，本書は積極的に答えるに至っていない．ライプニッツの思想を別角度から相対化する視点には，欠けていたかもしれない．本書はあくまでもライプニッツの側に立って，その成果の長所・短所を見極めることを行ったに過ぎない．

　明治期，西洋思想の受容を振り返って，福沢諭吉は西洋にあって，「東洋に

---

(1)　[Weyl 1926], S. 15. 邦訳 [ワイル 1959]，2 頁．

なきものは，有形において数理学と，無形において独立心と，この二点である」
と喝破した[2]．ライプニッツはその「数理学」一般に含まれる共通要素を抽出
し，それを軸に知的体系を再編するための基本学問を追究した．彼は，まさに
西洋近代思想の申し子の一人であった．ライプニッツ自身，自らの生きた時代
を「未来のある日において，発見と驚嘆の世紀という異名をとることになるか
もしれない」と規定している[3]．ライプニッツは彼の生きた時代の，そして彼
が属していた集団における学問的規範の了解の中から出発し，新たな「普遍性」
の枠組を可能な限り追求した人物であった．我々がライプニッツを学ぶ意義も
そこにあると考える．まずはライプニッツが歩んだ道を追体験することで，普
遍性追究の内実を判断する必要があるからである．ただし我々は，さらにその
先に別な課題が控えていることにも無自覚であってはならないだろう．非ヨー
ロッパ世界における，ヨーロッパ思想の受容過程を検討し，一定の距離を置い
て評価する作業である．ライプニッツを足がかりにして以上の課題に取り組む
ことは，我々が忘れてはならない目標である．

　「普遍性」をどのように獲得していくかは，あらゆる学問領域において，追求
されるテーマである．西洋近代思想の「核」には「数理学」（広い意味での「数
学」と理解してよいだろう）があり，その厳密性なり，適用可能性なりが，他を
圧するだけの潜在力を誇っていた．だが 1920 年代の数学基礎論論争を経た今，
特に数学の「厳密性」や，それこそ「普遍性」とて，すべて所詮は留保付きで
想定されるものであることはいうまでもない．超越的な，または絶対的な「真
理」など望むべくもないからである．それを現代の科学史研究は，諸々の場面
で明らかにしてきた．ただその一方で，近接する分野同士が相互に活発な交流
をはかることは，21 世紀の今日においても盛んであるし，そのことが学問的内
容の充実にとって有意義であることを疑う者はいないだろう．諸学問を再編統
合する，そのために数学の学問的形式を一つのモデルにすることは，17 世紀以
降の学問的方法論として一定の効力を持ち得た．まさしく「あらゆる」と称し
ても過言でないほど多くの学問的分野に通じ，ライプニッツはまさに自分自身
が「百科全書」のごとく存在していた．

　彼は自分の属していた時代に先行する学問的伝統の中に身を置き，その上で
自分自身がまた新たな出発点となるだけのスケールを持った人物であった．「学

---

(2)　[福沢 1899], 206 頁.
(3)　[Leibniz A], VI-4A, S. 701. 邦訳 [ライプニッツ 1991b], 246 頁.

問史家」という名称こそが，ライプニッツには最もふさわしいのではないかと考えられる．その業績に対して衆人が評価を下そうとするとき，「群盲象をなでる」という言葉がこれほど似つかわしい者は，ライプニッツをおいて他にはいないだろう．我々は本書において，彼の思考過程を数学の諸分野を基本に据えて，可能な限り全体的に捉えようとしてきた．しかしいまだ刊行されていない1次資料も多く，それらの研究は将来の課題として残されている[4]．ライプニッツの思想は，時代を超えて我々に開かれている．彼が後世に残したメッセージを読み取る作業は，今後も終わることなく繰り返されていくだろう．

---

(4) ハノーファーのニーダーザクセン州立図書館には，ライプニッツの草稿等を管理保存するライプニッツ・アルヒーフがある．同機関は 2001 年より，ライプニッツの 1 次資料として最も基本的なアカデミー版 ([Leibniz A]) の内容を刊行に先立ち，インターネット上で公開している．http://www.nlb-hannover.de/frameinfo.htm 参照．2.2.1 項の注 (61) で言及した草稿は，その一例である．

あとがき

　本書は，1999 年 12 月に東京大学大学院総合文化研究科に提出した学位申請論文，「ライプニッツ数学思想の形成」を全面的に改稿したものである．論文審査に当っていただいたのは，佐々木力，村田純一，岡本拓司，岡本和夫，米谷民明の諸先生方だった．

　公開審査の場では，各審査員の方々から貴重なご意見を頂戴した．まだいくつもの問題が，私の中で未整理のままであることを自覚させられた．論文を改良し，こうして著作として世に問うまでに至ったことを，まずその 5 人の方々に報告しなければならないだろう．

　私がこの数学史・科学史研究を志すことになって以来，大学院受験の勧めを含めて，東京大学佐々木力教授から受けた学恩は，何を措いても第一に挙げなければならない．佐々木教授は資料提供をはじめ，原典解読の訓練，2 次資料の検討法等々，本書が成立する上で，必要で不可欠の基礎を厳しくご教示くださった．また学位論文提出後，本書が上梓されるまでに，いくつもの段階で貴重なご指導，ご批判を頂いた．

　東京大学大学院総合文化研究科広域科学専攻入学以来，特に科学史・科学哲学研究室周辺の方々からは，直接の多大なる影響と刺激を受けた．ロシュディー・ラーシェド（アラビア数学史），村田純一（フッサール研究），橋本毅彦（科学史研究の方法論），斎藤憲（ギリシア数学史）の各先生方のセミナーでの議論は，私の研究活動において今後も活かされていくだろう．

　以上の方々以外にも，本書は多くの方々のご指導，ご協力なしには完成することはなかっただろう．現在，私が所属する各学会や，私的な研究会において重ねられる様々な議論が，私の活動の原動力となっている．数学史・科学史研究に係わる人々は，大なり小なり同じような（学問上の挫折）体験をしている．紆余曲折の中で，みな自分自身の問いを持ち，研究に取り組んでいる．そうした姿を見るにつけ，またそうした人々と会話を交わすことで，どれだけ励まされてきたことか．私にとって，研究上の仲間は何より大切な宝である．お名前

をおひとりずつ挙げることはしないが，深く感謝申し上げる次第である．

　科学史研究においては，1次，2次を問わず文献収集が最も重要な作業である．そのため多くの図書館へと足を運ぶことは必須であった．特に東京大学教養学部教養学科図書室，学習院大学図書館の職員の方々には，厚く御礼申し上げる．国内外の他大学からの文献貸出，複写の多くは，これらの図書館を通じて行ったからである．国内で満たされない場合，海外へも資料収集に出向いた．パリ国立図書館，大英図書館，ケンブリッジ大学トリニティ・カレッジ図書館，オックスフォード大学ボードリアン図書館，コロンビア大学バトラー図書館，ニューヨーク公立図書館等々では各司書の方々にお世話になった．

　私は高等学校で数学教育に携わることを本務としている．中等教育の現場で働きながら，同時に学問研究を行うということは，時間的な制約も含め様々な困難が伴う．とかく日常的課題にばかりとらわれ，道を失いかけて暗澹とすることの繰り返しであった．今日教育現場からは，様々な悲鳴と諦めを伴った嘆きが聞こえてくる．私もその一部を共有する者である．その場しのぎのハウ・トゥと異なる「何か」を，数学を「教える」活動の背景にあるはずの「何か」を，違った次元から探りたいとしばしば考えた．そうした欲求が私を駆り立て，なんとか一冊の著作としてまとめるまでにたどり着いた．本書が初等・中等教育において苦闘する人々に，少しでもプラスになる情報を含んでいるならば，私にとってこれ以上の喜びはない．

　そもそも私が本書を執筆する上で根源的動機を作ってくれたのは，私が係わった多くの学生諸君である．彼らの素朴でかつ鋭い問い（「何のために数学を学ぶのか」，「数学とは一体何か」等々）に対して自分なりに答えを用意したいと考えたことが，出発点だったかもしれない．私自身，自己の数学研究には可能性を見いだせず，もがいていた時期があった．彼らの問いは，また私の内面から湧き出る問いでもあったように思える．私に得られた数学の世界は，ひたすら狭隘なものでしかなかった．結局数学の内側に入り込んで物事を見ているうちは，全体像めいたものはつかめないのではないかと考えるようになっていった．とにかく視点を変える必要性があった．上のような問いに対する解答が，容易に得られないと判断したとき，数学史研究（より広くは一般的な科学史研究）が活路を開いてくれるような気がしたのである．

　数学史研究は，数学を眺めるための「適当な」距離を私に与えてくれた．数学を歴史的な文脈の中で理解しようとしたとき，大袈裟に言えば全く違った数学の姿が浮かび上がってきた．多くの先人たちの悪戦苦闘を自分の目で追体験

していくことが，私にとって学問的に大いに刺激的であり，また「人間的な」行為であると感じたのである．そうした過程の中で，無限小解析をはじめとする数学の創造に貢献し，その方法論を根底に据えた壮大な学問再編の構想を夢に描いた人物，ライプニッツの存在を知るに至った．ライプニッツが目指したことは，私が数学の世界で見たものとは，およそ対極に位置するものである．それが何より魅力的だった．

本書は私が教壇に立った，学習院高等科，早稲田大学理工学部の学生諸君によって投げかけられ，同時に自ら問い続けた課題に対するレポートである．これがいまだ十分なものでないことは私自身が誰より自覚している．これからもまだ深めていかなければならない事柄は多くある．しかし今後の研究活動を続けていくために，一つの足場となり得るのではないかと考えている．

本書がこうして公刊されるまで，実務を担当してくださったのは東京大学出版会編集部，竹中英俊，丹内利香のお二人である．出版の機会を与えてくださった上に，校正作業など細かに気を配って下さったことを心より感謝申し上げる次第である．

最後に家族のことを．妻眞弓は，佐々木教授を除くならば，私の拙い内容記述に対する最大の批判者である．彼女は，日常生活におけるパートナー以上の役割を果たしてくれた．ライプニッツ研究には全く無縁な人物であるが，一読者としての批評は鋭かった．それにもとづいて，本書の記述のいくつかの表現は改良された．しかしなおも読みにくい点があれば，それは無論，著者である私自身の責任である．

一方，父一雄は私が東京大学大学院にて学問的研究活動を再開することを待たずに，1994 年 12 月 23 日にクモ膜下出血のため他界した．私は再出発の決意を，いつか父に伝えたいと考えていた．その機会のないまま，いたずらに日常を過ごしていた．父は日頃から健康に人一倍留意しており，私は特別な事態を想定することができなかった．ところが暮れもさし迫ったときに，予期せぬ，余りに突然の出来事に遭遇するはめになった．その結果，伝えるべきことを伝えることができなかったという無念の思いが残った．私にとって，それは一生の痛恨事である．現在も健在である母洋子の健康を祈念するとともに，本書を父の霊前に捧げたいと思う．

2003 年 1 月 6 日

林　知宏

参考文献

A 1次資料

[Arnauld 1667] Arnauld, Antoine, *Nouveaux elemens de geometrie* (Paris, 1667).

[Arnauld et Nicole, 1662] [Arnauld, Antoine et Nicole, Pierre], *La logique ou l'art de penser* (1662) (Stuttgart-Bad Cannstatt: Friedrich Frommann Verlag, 1965) (rep.).

[Barrow 1670] Barrow, Isaac, *Lectiones geometricae* (1670) (Hildesheim, New York: Georg Olms Verlag, 1976) (rep.).

[Barrow MW] *Isaac Barrow, The Mathematical Works*, ed. by William Whewell (1860) (Hildesheim, New York: Georg Olms Verlag, 1973) (rep.).

[Bernoulli BJH] *Der Briefwechsel von Johann I Bernoulli*, herausgegeben von Otto Spiess, bearbeitet und kommentiert von Pierre Costabel und Jeanne Peiffer (Basel, Boston, Berlin: Birkhäuser Verlag, 1955–).

[Bernoulli BJC] *Der Briefwechsel von Jacob Bernoulli*, bearbeitet und kommentiert von André Weil, mit beiträgen von Clifford Trusdell und Fritz Nagel (Basel, Boston, Berlin: Birkhäuser Verlag, 1993).

[Bernoulli JCO] *Jacobi Bernoulli, Basileensis Opera* (1744), (Bruxelles: Culture et Civilisation, 1967) (rep.).

[Bernoulli JHO] *Johannis Bernoulli Opera Omnia tam sparsim edita, quam hactenus inedita* (1742), curavit J. E. Hofmann (Hildesheim: Georg Olms Verlagshandlung, 1968) (rep.).

[Bernoulli WJK] *Die Werke von Jakob Bernoulli*, herausgegeben von Der Naturforschenden Geselschaft in Basel (Basel, Boston, New York: Birkhäuser Verlag, 1969–).

[Bernoulli SS] *Die Streitschriften von Jacob und Johann Bernoulli*, Variationsrechnung, bearbeitet und kommentiert von Herman H. Goldstine *et al.* (Basel, Boston, Berlin: Birkhäuser Verlag, 1991).

[Biermann und Faak 1957] Biermann, Kurt R. und Faak, Margot, "G. W. Leibniz' De incerti aestimatione," *Forschungen und Fortschritte*, 31–2 (1957), S. 45–50.

[Brouncker 1668] Brouncker, William, "The Squaring of the Hyperbola, by an Infinite Series of Rational Numbers," *Philosophical Transactions*, **3** (1668), pp. 645–649.

[Carnot 1813] Carnot, Lazare, *Réflexion sur la métaphysique du calcul infinitésimal* (2e éd.) (1813) (Paris: Gauthier-Villars et Cie, Éditeurs, 1921) (rep.).

[Cauchy 1821] Cauchy, Augustin-Louis, *Cours d'analyse de L'École Royale Polytéchnique*, 1re partie, Analyse algébraique (1821) (Paris: Éditions Jacques Gabay, 1989) (rep.).

[Cavalieri 1635] Cavalieri, Bonaventura, *Geometria indivisibilibus continorum nova quadam ratione promota* (Bononiae, 1635) (2nd ed., 1653).

[Cayley CP] *The Collected Mathematical Papers of Arthur Cayley*, eds. by Arthur Cayley and A. R. Forsyth (Cambridge: at the University Press, 1889–1898).

[Clavius 1589] *Evclidis elementorum libri* XV, *acceßit* XVI *de solidorum regularium cuiuslibet intra quodlibet comparatione*, Auctore Christophoro Clavio Bambergensi, è Societate Iesv (2nd ed.) (Coloniae, 1591) (rep.).

[Clüver 1686] Clüver, Detlef, "Quadratura circuli infinitis modis demonstrata," *Acta eruditorum*, **5** (1686), pp. 369–371.

[Collins *et al.* 1712] *Commercium epistolicum D. Johannis Collins, et aliorum de analysi promota* (Londini, 1712).

[De Moivre 1711] De Moivre, Abraham, "De mensura sortis seu, de probabilitate eventuum in ludis a casu fortuito pendentibus," *Philosophical Transactions*, **27** (1711), pp. 213–264.

[Descartes AT] *Œuvres de Descartes*, publiées par Charles Adam et Paul Tannery (rev.) (Paris: J. Vrin, 1964–1974).

[Descartes 1661] Renati Des-Cartes, *Geometria* in linguam Latinam versa, et commentaris illustrata, operá atque studio Fransisci a Schooten (Amstelaedami, 1659–1661).

[Euler 1748] Euler, Leonhard, *Introductio in analysin infinitorum*, I, II (1748) (Bruxelles: Culture et Civilisation, 1967) (rep.).

[Fermat OF] *Œuvres de Fermat*, publiées par Charles Henry et Paul Tannery (Paris: Gauthier-Villars Fils, Imprimeures-Libraires, 1891–1912).

[Galilei 1638] Galilei, Galileo, *Discorsi e dimonstrazioni matematiche, intorno à due nuove scienze attinenti alla mecanica ed i movimenti locali* (1638), a cura di Enrico Giusti (Torino: Giulio Einaudi Editore, 1990).

[Gerhardt 1846] *Historia et origo calculi differentialis a G. G. Leibnito conscripta*, herausgegeben von Carl Immanuel Gerhardt (Hannover, 1846).

[Gerhardt 1855] Gerhardt, Carl Immanuel, *Die Entdeckung der höheren Analysis* (Halle, 1855).

[Gregory 1667] Gregory, James, *Vera circuli et hyperbolae quadratura* (Patavii, 1667).

[Gregory GT] *James Gregory Tercentenary Memorial Volume*, ed. by Herbert Westren Turnbull (London: G. Bell & Sons LTD, 1939).

[Grosholz 1987] Grosholz, Emily R., "Two Leibnizian Manuscripts of 1690 concerning Differential Equations," *Historia Mathematica*, **14** (1987), pp. 1–37.

[Hegel 1807] Hegel, Georg Wilhelm Friedrich, *Phänomenologie des Geistes*, herausgegeben von Hans-Friedrich Wessels und Heinrich Clairmont (Hamburg: Felix Meiner Verlag, 1988).

[Hermann 1700] Hermann, Jakob, *Responsio ad Clarißimi Viri Bernh. Nieuwentiit Considerationes secundas circa calculi differentialis principia; editas* (Basileae, 1700).

[Hobbes OL] *Thomae Hobbes Malmesburiensis Opera philosophica quae latine scripsit omnia in unum corpus nunc primum collecta*, studio et labore Gulilemi Molesworth (1839–1845) (London: Scientia Aalen, 1961) (rep.).

[Hobbes HC] *The Correspondence of Thomas Hobbes*, ed. by Noel Malcolm (Oxford: Clarendon Press, 1994).

[Hudde 1657] Hudde, Johann, "Epistola prima de reductione aequationum," in [Descartes 1661], pp. 406–506.

[Husserl HGS] *Edmund Husserl Gesammelte Schriften*, herausgegeben von Elisabeth Ströker (Hamburg: Felix Meiner Verlag, 1992).

[Huygens HO] *Œuvres complètes de Christiaan Huygens*, publiées par La Société Hollandaise des sciences (La Haye: Martinus Nijhoff, 1888–1950).

[Knobloch 1972] Knobloch, Eberhard, "Die entscheidende Abhandlung von Leibniz zur Theorie linearer Gleichungssysteme," *StL*, **4** (1972), S. 163–180.

[Knobloch 1976] Knobloch, Eberhard, *Die mathematische Studien von G. W. Leibniz zur Kombinatorik* (Textband), *StL*, Supplementa **16** (1976).

[Knobloch 1980] Knobloch, Eberhard, *Der Beginn der Determinantentheorie: Leibnizens nachgelassene Studien zum Determinanatenkalkül* (Hildesheim: Gerstenberg Verlag, 1980).

[Leibniz A] *Gottfried Wilhelm Leibniz Sämtliche Schriften und Briefe*, herausgegeben von Der Deutschen Akademie der Wissenschaften zu Berlin (Berlin: Akademie Verlag, 1923–).

[Leibniz C] *Opuscules et fragments inédits de Leibniz*, publiés par Louis Couturat (1903) (Hildesheim, Zürich, New York: Georg Olms Verlag, 1988) (rep.).

[Leibniz CAT] *Catalogue critique des manuscrits de Leibniz*, Fascicule 2 (Mars 1672-Novembre 1676) (1914–1924) (Hildesheim, Zürich, New York: Georg Olms Verlag, 1986) (rep.).

[Leibniz CC] *G. W. Leibniz la réforme de la dynamique*, Édition, présentation etc. par Michel Fichant (Paris: J. Vrin, 1994).

[Leibniz CG] *G. W. Leibniz la caractéristique géométrique*, Texte établi par Javier Echeverría et traduit par Marc Parmentier (Paris: J. Vrin, 1995).

[Leibniz D] *Gottfried Wilhelm Leibniz Opera Omnia: Nunc primum collecta, in classes distributa, praefationibus et indicibus exornata*, studio Ludovici Dutens (1768)(Hildesheim, Zürich, New York: Georg Olms Verlag, 1989) (rep.).

[Leibniz EA] *G. W. Leibniz l'estime des apparences*, Texte établi par Marc Parmentier (Paris: J. Vrin, 1995).

[Leibniz GM]   *G. W. Leibniz Mathematische Schriften*, herausgegeben von Carl Immanuel Gerhardt (1849–63) (Hildesheim, New York: Georg Olms Verlag, 1971) (rep.).

[Leibniz GP]   *G. W. Leibniz Die philosophischen Schiriften,* herausgegeben von Carl Immanuel Gerhardt (1875–90) (Hildesheim, Zürich, New York: Georg Olms Verlag, 1996) (rep.).

[Leibniz LB]   *Der Briefwechsel von Gottfried Wilhelm Leibniz mit Mathematikern*, herausgegeben von Carl Immanuel Gerhardt (1899) (Hildesheim, Zürich, New York: Georg Olms Verlag, 1987) (rep.).

[Leibniz LHD]   *Die Hauptschriften zur Dyadik von G. W. Leibniz: Ein Beitrag zur Geschichte des binären Zahlensystems*, herausgegeben von Hans J. Zacher (Frankfurt am Mein: Vittorio Klostermann, 1973).

[Leibniz QA]   Gottfried Wilhelm Leibniz, *De quadratura arithmetica circuli ellipseos et hyperbolae cujus corollarium est trigonometria sine tabulis*, kritisch herausgegeben und kommentiert von Eberhard Knobloch (Göttingen: Vandenhoeck & Ruprecht, 1993).

[Leibniz VF]   *Gottfried Wilhelm Leibniz, Hauptschriften zur Versicherungs- und Finanzmathematik*, herausgegeben von Eberhard Knobloch und J.-Matthias Graf (Berlin: Akademie Verlag, 2000).

[L'Hospital 1696]   Marquis de L'Hospital, Guillaume François Antoine, *Analyse des infiniment petits sur l'intelligence des lignes courbes* (Paris, 1696).

[Maclaurin 1742]   Maclaurin, Colin, *A Treatise of Fluxions* (Edinburgh, 1742).

[Mercator 1668]   Mercator, Nicolas, *Logarithmotechnia* (1668) (Hildesheim, New York: Georg Olms Verlag, 1975) (rep.).

[Monmort 1713]   Monmort, Pierre Remond de, *Essay d'analyse sur les jeux de hazard* (2e éd., 1713) (New York: Chelsea Pub. Co., 1980) (rep.).

[Newton 1726]   Newton, Isaac, *Philosophiae naturalis principia mathematica* (3rd ed., 1726), assembled and edited by Alexandre Koyré and I. Bernard Cohen (Cambridge: Harvard University Press, 1972).

[Newton MP]   *The Mathematical Papers of Isaac Newton*, ed. by D. T. Whiteside (Cambridge: Cambridge University Press, 1967–81).

[Newton NC]   *The Correspondence of Isaac Newton*, eds. by H. W. Turnbull *et al.* (Cambridge: Cambridge University Press, 1959–77).

[Nieuwentijt 1694]   Nieuwentijt, Bernhard, *Considerationes circa analyseos ad quantitates infinitè parvas applicatae principia et calculi differentialis usum* (Amstelaedami, 1694).

[Nieuwentijt 1695]   Nieuwentijt, Bernhard, *Analysis infinitorum seu curvilineorum proprietates ex polygonorum natura deductae* (Amstelaedami, 1695).

[Nieuwentijt 1696]   Nieuwentijt, Bernhard, *Considerationes secundae circa calculi differentialis principia; et responsio ad Virum Nobilissimum G. G. Leibnitium* (Amstelaedami, 1696).

[Pascal 1659]   Pascal, Blaise, *Lettres de A. Dettonville* (1659) (London: Dawsons of Poll Mall, 1966) (rep.).

[Pascal OC]   *Pascal Œuvres complètes*, édition présentée, établie et annotée par Michel Le Guern (Paris: Gallimard, 1998).

[Raphson 1715] Raphson, Josepf, *Historia fluxionum, sive Tractatus originem et progressum peregregiae istius methodi brevissimo compendio (et quasi synopticè) exhibens* (Londini, 1715).

[Roberval 1675] *Éléments de géométrie de G. P. de Roberval*, Textes réunis et présentés par Vincent Jullien (Paris: J. Vrin, 1996).

[Schooten 1661] Schooten, Franz van, *Principia matheseos universalis*, in [Descartes 1661], pars secunda (1659–61).

[St. Vincent 1647] St. Vincent, Gregoire de, *Opus geometricum quadraturae circuli et sectionum coni decem libris comprehensum* (Antverpiae, 1647).

[Taylor 1715] Taylor, Brook, *Methodus incrementorum directa et inversa* (1715) (Londini, 1717) (rep.).

[Tschirnhaus 1683] Tschirnhaus, Ehrenfried Walther von, "Methodus auferendi omnes terminos intermedios ex data aequatione," *Acta eruditorum*, (1683), pp. 204–207.

[Varignon 1725] Varignon, Pierre, *Eclaircissemens sur l'analyse des infiniment petits* (Paris, 1725).

[Viète 1646] *François Viète Opera Mathematica* (1646), recognita Francisci À Schooten, Vorwort und Register von Joseph E. Hofmann (Hildesheim, New York: Georg Olms Verlag, 1970) (rep.).

[Wallis 1695] *John Wallis Opera Mathematica* (1695) (Hildesheim, New York: Georg Olms Verlag, 1972) (rep.).

[Weigel 1658] Weigel, Erhard, *Analysis Aristotelica ex Euclide restituta, Geminum Sciendi modum* (Jenae, 1658).

[Weigel 1671] Weigel, Erhard, *Idea totius encyclopaediae mathematico-philosoph* (Janae, 1671).

[Weigel 1687] Weigel, Erhard, *Idea matheseos universae cum speciminibus Inventionum* (Janae, 1687).

[Weigel 1693] Weigel, Erhard, *Philosophia mathematica, Theologia naturalis solida, per singulas scientias continuata* (Janae, 1693).

B 1次文献（翻訳）

[Child 1920] Child, J. M., *The Early Mathematical Manuscripts of Leibniz* (Chicago, London: The Open Court Pub. Co., 1920).

[Euclid 1990] Euclide, *Les Éléments*, traduction et commenetaires par Bernard Vitrac, volume 1, Livre I à IV (Paris: Presses Universitaires de France, 1990).

[Euclid 1994] Euclide, *Les Éléments*, traduction et commenetaires par Bernard Vitrac, volume 2, Livre V à IX (Paris: Presses Universitaires de France, 1994).

[Leibniz NC] *G. W. Leibniz naissance du calcul différentiel*, Introduction, traduction et notes par Marc Parmentier (Paris: J. Vrin, 1995).

[Leibniz LC] *The Labyrinth of the Continuum: Writings on the Continuum Problem, 1672–1686*, translated and edited by Richard T. W. Arthur (New Haven and London: Yale University Press, 2001).

[Leibniz LTC] *Leibniz-Thomasius correspondence 1663–1672*, Texte établi, traduit par Richard Bodéüs (Paris: J. Vrin, 1994).

[アリストテレス 1968]『アリストテレス全集 3 自然学』出隆・岩崎允胤訳（岩波書店, 1968）

[オイラー 2001] オイラー, レオンハルト『オイラーの無限解析』高瀬正仁訳（海鳴社, 2001）.

[ガリレイ 1937] ガリレイ, ガリレオ『新科学対話』(上),（下）今野武雄・日田節次訳（岩波文庫, 1937）.

[デカルト 1988] デカルト, R.『哲学の原理』井上庄七・水野和久・小林道夫・平松紀伊子訳（朝日出版社, 1988）.

[デカルト 2001a]『デカルト著作集 1 幾何学』他, 原亨吉他訳（1973 年初版）（白水社, 2001）（増補復刊）.

[デカルト 2001b]『デカルト著作集 2 省察および反論と答弁』所雄章訳（1973 年初版）（白水社, 2001）（増補復刊）.

[デカルト 2001c]『デカルト著作集 3 哲学原理』他, 三輪正・本田英太郎他訳（1973 年初版）（白水社, 2001）（増補復刊）.

[デカルト 2001d]『デカルト著作集 4 精神指導の規則』他, 大出晃・有働勤吉他訳（1973 年初版）（白水社, 2001）（増補復刊）.

[ニュートン 1979] ニュートン, I.『自然哲学の数学的諸原理』河辺六男訳（中公バックス世界の名著 31『ニュートン』）（中央公論社, 1979）.

[パスカル 1959]『パスカル全集 1 小品集・書簡集・物理学論文集・数学論文集』前田陽一・由木康・松浪信三郎・原亨吉他訳（人文書院, 1959）.

[フッサール 1968–76] フッサール, E.『論理学研究』立松弘孝・松井良和・赤松宏訳（みすず書房, 1968–76）.

[フッサール 1979–] フッサール, E.『イデーン』渡辺二郎訳（みすず書房, 1979– ）.

[ヘーゲル 1998] ヘーゲル, G. W. F.『精神現象学』長谷川宏訳（作品社, 1998）.

[ホイヘンス 1989]『ホイヘンス 光についての論考他』原亨吉・横山雅彦・安藤正人・鼓澄治・穐山恒男・中山章元・西敬尚訳（朝日出版社, 1989）.

[ライプニッツ 1987] ライプニッツ, G. W.『人間知性新論』米山優訳（みすず書房, 1987）.

[ライプニッツ 1988]『ライプニッツ著作集 1 論理学』沢口昭聿訳（工作舎, 1988）.

[ライプニッツ 1990a]『ライプニッツ著作集 6 宗教哲学・弁神論』(上) 佐々木能章訳（工作舎, 1990）.

[ライプニッツ 1990b]『ライプニッツ著作集 8 前期哲学』西谷裕作・竹田篤司・米山優・佐々木能章・酒井潔訳（工作舎, 1990）.

[ライプニッツ 1991a]『ライプニッツ著作集 7 宗教哲学・弁神論』(下) 佐々木能章訳（工作舎, 1991）.

[ライプニッツ 1991b]『ライプニッツ著作集 10 中国学・地質学・普遍学』山下正男・谷本勉・小林道夫・松田毅訳（工作舎, 1991）.

[ライプニッツ 1993]『ライプニッツ著作集 4 認識論・人間知性新論』(上) 谷川多佳子・福島清紀・岡部英男訳（工作舎, 1993）.

[ライプニッツ 1995]『ライプニッツ著作集 5 認識論・人間知性新論』(下) 谷川多佳子・福島清紀・岡部英男訳（工作舎, 1995）.

[ライプニッツ 1997]『ライプニッツ著作集 2 数学論・数学』原亨吉・佐々木力・三浦伸夫・馬場郁・斎藤憲・安藤正人・倉田隆訳（工作舎，1997）.

[ライプニッツ 1999]『ライプニッツ著作集 3 数学・自然学』原亨吉・横山雅彦・三浦伸夫・馬場郁・倉田隆・西敬尚・長嶋秀男訳（工作舎，1999）.

[ユークリッド 1971]『ユークリッド原論』中村幸四郎・寺阪英孝・伊東俊太郎・池田美恵訳（共立出版，1971）.

C 2次文献

[Adams 1994]　Adams, Robert Merrihew, *Leibniz Determinist, Theist, Idealist* (New York, Oxford: Oxford University Press, 1994).

[Aiton 1985]　Aiton, Eric J., *Leibniz A Biography* (Bristol and Boston: Adam Hilger LTD, 1985).

[Aiton and Shimao 1981]　Aiton, Eric J. and Shimao, Eikoh, "Gorai Kinzo's Study of Leibniz and I Ching Hexagrams," *Annals of Science*, **38** (1981), pp. 71–92.

[Alcantéra 1993]　Alcantéra, Jean-Pascal, "La caractéristique géométrique leibnizienne: travail du discernment et relations fondamentales," *Revue d'histoire des sciences*, **46** (1993), pp. 407–437.

[Andersen 1985]　Andersen, Kirsti, "Cavalieri's Method of Indivisibles," *Archive for History of Exact Sciences*, **31** (1985), pp. 291–367.

[Auger 1962]　Auger, Léon, *Gilles Personne de Roberval: Son activité intellectuelle dans les domaines mathématique, physique, mécanique et philosophique* (Paris: A. Blanchard, 1962).

[Bailhache 1992]　Bailhache, Patrice, *Leibniz et la théorie de la musique* (Paris: Klincksieck, 1992).

[Barker and Ariew 1991]　*Revolution and Continuity: Essays in the History and Philosophy of Early Modern Science*, eds. by Peter Barker and Roger Ariew (Washington, D. C.: The Catholic University of America Press, 1991).

[Bassler 1998a]　Bassler, Otto Bradley, "Leibniz on the Indefinite as Infinite," *The Review of Metaphysics*, **51** (1998), pp. 849–874.

[Bassler 1998b]　Bassler, Otto Bradley, "The Leibnizian Continuum in 1671," *StL*, **30** (1998), S. 1–23.

[Bassler 1999]　Bassler, Otto Bradley, "Towards Paris: The Growth of Leibniz's Paris Mathematics out of the Pre-Paris Metaphysics," *StL*, **31** (1999), S. 160–180.

[Beeley 1996]　Beeley, Philip, *Kontinuität und Mechanismus: Zur Philosophie des jungen Leibniz in ihrem ideengeschichtelichen Kontext, StL*, Supplementa **30** (1995) (Stuttgart: Franz Steiner Verlag, 1996).

[Beeley 1999]　Beeley, Philip, "Mathematics and Nature in Leibniz's Early Philosophy," in [Brown 1999], pp. 123–146.

[Belaval 1960]　Belaval, Yvon, *Leibniz critique de Descartes* (Paris: Librairie Gallimard, 1960).

[Belaval 1962] Belaval, Yvon, *Leibniz Initiation à sa philosophie* (1962) (7me éd.) (Paris: J. Vrin, 1993).

[Belaval 1995] Belaval, Yvon, *Leibniz, De l'âge classique aux lumières: Lectures Leibniziennes* (Paris: Beauchesne, 1995).

[Belaval *et al.* 1978] *Leibniz in Paris (1672–1676)*, Tome 1, Les sciences, introduction par Yvon Belaval, *StL*, Supplementa **17** (1978).

[Bernstein 1980] Bernstein, Howard R., "Conatus, Hobbes, and the Young Leibniz," *Studies in History and Philosophy of Science*, **11** (1980), pp. 25–37.

[Bertoloni Meli 1993] Bertoloni Meli, Domenico, *Equivalence and Priority: Newton versus Leibniz* (Oxford: Clarendon Press, 1993).

[Blay 1986] Blay, Michel, "Deux moments de la critique du calcul infinitesimal: Michel Rolle et George Berkeley," *Revue d'histoire des sciences*, **39** (1986), pp. 223–253.

[Blay 1989] Blay, Michel, "Quatre mémoires inédits de Pierre Varignon consacrés à la science du mouvement," *Archives internationales d'histoire des sciences*, **39** (1989), pp. 218–248.

[Blay 1992a] Blay, Michel, "Principe de continuité et mathématisation du mouvement dans la deuxième moitié au XVIIe siècle," *StL*, Sonderheft **21** (1992), pp. 191–204.

[Blay 1992b] Blay, Michel, *La naissance de la méchanique analytique* (Paris: Presses Universitaire de France, 1992).

[Blay 1993] Blay, Michel, *Les raisons de l'infini: Du monde clos à l'univers mathématique* (Paris: Gallimard, 1993).

[Blay 1995] Blay, Michel, "Sur quelques aspects des limites du processus de la mathématisation dans l'œuvre leibnizienne," *StL*, Sonderheft **24** (1995), pp. 31–42.

[Bos 1974] Bos, Henk J. M., "Differentials, Higher-Order Differentials and the Derivative in the Leibnizian Calculus," *Archive for History of Exact Sciences*, **14** (1974), pp. 1–90.

[Bos 1986] Bos, Henk J. M., "Foundamental Concepts of the Leibnizian Calculus," *StL*, Sonderheft **14** (1986), pp. 103–118.

[Bos 1996] Bos, Henk J. M., "Johann Bernoulli on Exponential Curves, ca. 1695 Innovation and Habituation in the Transition from Explicit Constructions to Implicit Functions," *Nieuw Archief voor Wiskunde*, **14** (1996), pp. 1–19.

[Brather 1993] *Leibniz und seine Akademie: Ausgewährte Quellen zur Geschichte der Berliner Sozietät der Wissenschaften 1697–1716*, herausgegeben von Hans-Stephan Brather (Berlin: Akademie Verlag, 1993).

[Breger 1986] Breger, Herbert, "Leibniz' Einführung des Transzendenten," *StL*, Sonderheft **14** (1986), pp. 119–132.

[Breger 1989] Breger, Herbert, "Leibniz, Weyl und das Kontinuum," *StL*, Supplementa **26** (1989), S. 316–330.

[Breger 1992] Breger, Herbert, "Le continu chez Leibniz," in [Salanskis et Sinaceur 1992] , pp. 76–84.

[Breger 1994] Breger, Herbert, "The Mysteries of Adaequare: A Vindication of Fermat," *Archive for History of Exact Sciences*, **46** (1994), pp. 193–219.

[Brown 1984] Brown, Stuart, *Leibniz* (Brighton: The Harvester Press, 1984).

[Brown 1999] *The Young Leibniz and His Philosophy (1646–76)*, ed. by Stuart Brown (Dordrecht, Boston, London: Kluwer Academic Publishers, 1999).

[Brunschvicg 1912] Brunschvicg, Leon, *Les étapes de la philosophie mathématique* (1^{er}éd., 1912) (Paris: A. Blanchard, 1993) (rep.).

[Bruyère 1983] Bruyère, Nelly, "Leibniz, lecteur de Ramus," *StL*, Supplementa **23** (1983), pp. 157–173.

[Burbage et Chouchan 1993] Burbage, Frank, et Chouchan, Nathalie, *Leibniz et l'infini* (Paris: Presses Universitaires de France, 1993).

[Burscheid und Struve 2001] Burscheid, Hans Joachim, und Struve, Horst, "Die Differentialrechnung nach Leibniz — eine Rekonstruktion," *StL*, **33** (2001), S. 163–193.

[Cajori 1925] Cajori, Florian, "Leibniz, the Master-Builder of Mathematical Notations," *Isis*, **7** (1925), pp. 412–429.

[Cassirer 1902] Cassirer, Ernst, *Leibniz' System in seinen wissenschaftlichen Grundlagen* (1902) (Hildesheim, New York: Georg Olms Verlag, 1980) (rep.).

[Cassirer 1923–29] Cassirer, Ernst, *Philosophie der symbolischen Formen* (1923–29) (Darmstadt: Primus Verlag, 1997) (rep.).

[Chevalley 1995] Chevalley, Catherine, *Pascal contingence et probabilités* (Paris: Presses Universitaires de France, 1995).

[Conze 1951] Conze, Werner, *Leibniz als Historiker* (Berlin: Walter de Gruyiter & Co., 1951).

[Costabel 1962] Costabel, Pierre, "Traduction Française des notes de Leibniz sur les Coniques de Pascal," *Revue d'histoire des sciences*, **15** (1962), pp. 253–268.

[Costabel 1965] Costabel, Pierre, *Pierre Varignon (1654–1722) et la diffusion en France du calcul différentiel et intégral* (Paris: Université de Paris Palais de la Découverte, 1965).

[Costabel 1985] Costabel, Pierre, "Descartes et la Mathématique de l'infini," *Historia Scientiarum*, **29** (1985), pp.37–49.

[Coumet 1965] Coumet, Ernest, "Le problème des parties avant Pascal," *Archives internationales de l'histoire des sciences*, **18** (1965), pp. 245–272.

[Coumet 1970] Coumet, Ernest, "La théorie du hasard est-elle née par hasard?," *Annales, Économies, Sociétés, Civilisations*, **25** (1970), pp. 572–598.

[Couturat 1901] Couturat, Louis, *La logique de Leibniz: d'après des documents inédits* (1901) (Hildesheim, Zürich, New York: Georg Olms Verlag, 1985) (rep.).

[Crapulli 1969] Crapulli, Giovanni, *Mathesis Universalis: Genesi di un'idea nel XVI secolo* (Roma: Edizioni dell'Ateneo, 1969).

[Daston 1988] Daston, Lorraine, *Classical Probability in the Enlightenment* (Princeton: Princeton University Press, 1988).

[Davillé 1909] Davillé, Louis, *Leibniz Historien: Essai sur l'activité et la méthode historiques de Leibniz* (1909) (Darmstadt: Scientia Verlag Aalen, 1986) (rep.).

[De Buzon et Carraud 1994] De Buzon, Frédéric et Carraud, Vincent, *Descartes et les Principia* II: *Corps et mouvement* (Paris: Presses Universitaires de France, 1994).

[De Gandt 1991] De Gandt, François, "Cavalieri's Indivisibles and Euclid's Canons," in [Barker and Ariew 1991], pp. 157–182.

[De Gandt 1995] De Gandt, François, *Force and Geometry in Newton's Principia*, translated by Curtis Wilson (Princeton: Princeton University Press, 1995).

[Devillairs 1998] Devillairs, Laurence, *Descartes, Leibniz. Les vérités éternelles* (Paris: Presses Universitaires de France, 1998).

[Dietz 1959] Dietz, Peter, "Die Ursprünge der Variationsrechnung bei Jakob Bernoulli," *Verhandlungen der Naturforschenden Gesellschaft in Basel*, **70** (1959), S. 80–146.

[Döring 1996] Döring, Detlef, *Der junge Leibniz und Leibzig* (Berlin: Akademie Verlag, 1996).

[Dufour 1980] Dufour, Alfred, "L'Influence de la méthodologie des sciences physiques et mathématiques sur les fondateurs de l'École du droit naturel moderne (Grotius, Hobbes, Pufendorf)," *Grotiana*, **1** (1980), pp. 33–52.

[Duchesneau 1985] Duchesneau, François, "The Problem of Indiscernibles in Leibniz's 1671 Mechanics," in [Okruhrik and Brown 1985], pp. 7–26.

[Duchesneau 1993] Duchesneau, François, *Leibniz et la méthode de la science* (Paris: Presses Universitaires de France, 1993).

[Duchesneau 1994] Duchesneau, François, *La dynamique de Leibniz* (Paris: J. Vrin, 1994).

[Duchesneau 1998a] Duchesneau, François, *Les modèles du vivant de Descartes à Leibniz* (Paris: J. Vrin, 1998).

[Duchesneau 1998b] Duchesneau, François, "Leibniz's Theoretical Shift in the *Phoranomus and Dynamica de Potentia*," *Perspectives on Science*, **6** (1998), pp. 77–109.

[Dupâquier 1985] Dupâquier, Jacques, "Leibniz et la table de mortalité," *Annales, Économies, Sociétés, Civilisations*, **40** (1985), pp. 136–143.

[Earman 1975] Earman, John, "Infinities, Infinitesimals, and Indivisibles: The Leibnizian Labyrinth," *StL*, **7** (1975), pp. 236–251.

[Echeverría 1979] Echeverría, Javier, "L'Analyse Géométrique de Grassmann et ses rapports avec la Caractéristique Géométrique de Leibniz," *StL*, **11** (1979), pp. 223–273.

[Echeverría 1990] Echeverría, Javier, "Infini et continu dans les fragments géométriques de Leibniz," in [Lamarra 1990], pp. 69–79.

[Edwards Jr. 1979] Edwards, Jr., Charles Henry, *The Historical Development of the Calculus* (New York, Berlin, Heiderberg: Springer Verlag, 1979).

[Edwards 1984] Edwards, Harold M., *Galois Theory* (New York, Berlin, Heiderberg, Tokyo: Springer Verlag, 1984).

[Elster 1975] Elster, Jon, *Leibniz et la formation de l'esprit capitaliste* (Paris: Aubier Montaigne, 1975).

[Engelsman 1984] Engelsman, Steven B., *Families of Curves and the Origins of Partial Differentiation* (Amsterdam, New York, Oxford: North-Holland, 1984).

[Engfer 1982] Engfer, Hans-Jürgen, *Philosophie als Analysis* (Stuttgart-Bad Cannstatt: frommann-holzboog, 1982).

[Erlichson 1997] Erlichson, Herman, "Evidence that Newton Used the Calculus to Discover Some of the Propositions in his Principia," *Centaurus*, **39** (1997), pp. 253–266.

[Feigenbaum 1985] Feigenbaum, L., "Brook Taylor and the Method of Increments," *Archive for History of Exact Sciences*, **34** (1985), pp. 1–140.

[Feingold 1990] *Before Newton: The Life and Times of Isaac Barrow*, ed. by Mordechai Feingold (Cambridge: Cambridge University Press, 1990).

[Feingold 1993] Feingold, Mordechai, "Newton, Leibniz, and Barrow Too," *Isis*, **84** (1993), pp. 310–338.

[Ferraro 2000] Ferraro, Giouanni, "True and Fictitious Quautities in Leibniz's Theory of Series," *StL*, **32** (2000), pp. 43–67.

[Fichant 1998] Fichant, Michel, *Science et métaphysique dans Descartes et Leibniz* (Paris: Presses Universitaires de France, 1998).

[Fleckenstein 1948] Fleckenstein, Joachim Otto, "Pierre Varignon und die mathematischen Wissenschaften im Zeitalter des Cartesianismus," *Archives internationales d'histoire des sciences*, **5** (1948), pp. 76–138.

[Fleckenstein 1949] Fleckenstein, Joachim Otto, *Johann und Jakob Bernoulli* (Basel: Verlag Birkhäuser, 1949).

[Fleckenstein 1958] Fleckenstein, Joachim Otto, *Gottfried Wilhelm Leibniz: Barock und Universalismus* (München: Ott Verlag Thun, 1958).

[Gale 1988] Gale, George, "The Concept of 'Force' and its Role in the Genesis of Leibniz's Dynamical Viewpoint," in [Woolhouse 1993], Vol. III, pp. 250–272.

[Garber 1982] Garber, Daniel, "Motion and Metaphysics in the Young Leibniz," in [Woolhouse 1993], Vol. III, pp. 148–176.

[Garber 1992] Garber, Daniel, *Descartes' Metaphysical Physics* (Chicago: The University of Chicago Press, 1992).

[Gaukroger 1980] *Descartes: Philosophy, Mathematics and Physics*, ed. by Stephen Gaukroger (Sussex: The Harvester Press, 1980).

[Gillies 1992] *Revolutions in Mathematics*, ed. by Donald Gillies (Oxford: Clarendon Press, 1992).

[Giusti 1980] Giusti, Enrico, *Bonaventura Cavalieri and the Theory of Indivisibles* (Bologna: Edizioni Cremonese, 1980).

参考文献　　*265*

[Giusti 1992a] Giusti, Enrico, "Algebra and Geometry in Bombelli and Viète," *Bollettino di storia delle scienze matemàtiche*, **12** (1992), pp. 303–328.

[Giusti 1992b] Giusti, Enrico, "La géométrie du meilleur des mondes possibles: Leibniz critique d'Euclide," *StL*, Sonderheft **21** (1992), pp. 215–232.

[Glare 1982] *Oxford Latin Dictionary*, ed. by P. G. W. Glare (Oxford: Oxford at the Clarendon Press, 1982).

[Gowing 1983] Gowing, Ronald, *Roger Cotes: Natural philosopher* (Cambridge: Cambridge University Press, 1983).

[Grabiner 1981] Grabiner, Judith V., *The Origins of Cauchy's Rigorous Calculus* (Cambridge: The MIT Press, 1981).

[Grabiner 1997] Grabiner, Judith V., "Was Newton's Calculus a Dead End ?: The Continental Influence of Maclaurin's *Treatise of Fluxions*," *American Mathematical Monthly*, **104** (1997), pp. 393–410.

[Granger 1981] Granger, Gaston, "Philosophie et mathématique leibniziennes," *Revue de métaphysique et de morale*, **86** (1981), pp. 1–37.

[Grosholz 1992] Grosholz, Emily R., "Was Leibniz a Mathematical Revolutionary?," in [Gillies 1992], pp. 117–133.

[Grua 1956] Grua, Gaston, *La justice humaine selon Leibniz* (1956) (New York, London: Garland Publishing, Inc., 1985) (rep.).

[Gueroult 1967] Gueroult, Martial, *Leibniz Dynamique et métaphysique* (2e éd.) (Paris: Aubier-Montaigne, 1967).

[Guicciardini 1989] Guicciardini, Niccolò, *The Development of Newtonian Calculus in Britain 1700–1800* (Cambridge: Cambridge University Press, 1989).

[Guicciardini 1999] Guicciardini, Niccolò, *Reading the Principia: The Debate on Newton's Mathematical Methods for Natural Philosophy from 1687 to 1736* (Cambridge: Cambridge University Press, 1999).

[Ha 1997] Ha, Byung-Hak, *Das Verhältnis der Mathesis universalis zur Logik als Wissenschaftstheorie bei E. Husserl* (Frankfurt am Mein, Berlin, etc. : Peter Lang, 1997).

[Hacking 1975] Hacking, Ian, *The Emergence of Probability* (Cambridge: Cambridge University Press, 1975).

[Hald 1990] Hald, Anders, *A History of Probability and Statistics and Their Applications before 1750* (New York etc. : John Wiley & Sons, 1990).

[Hall 1980] Hall, A. Rupart, *Philosophers at War* (Cambridge, New York, etc. : Cambridge University Press, 1980).

[Hayashi 1998] Hayashi, Tomohiro, "Introducing Movement into Geometry: Roberval's Influence on Leibniz's Analysis Situs," *Historia Scientiarum*, **8** (1998), pp. 53–69.

[Hayashi 2002] Hayashi, Tomohiro, "Leibniz's Construction of *Mathesis Universalis*: A Consideration of the Relationship between the Plan and His Mathematical Contributions," *Historia Scientiarum*, **12** (2002), pp. 121–141.

[Heinekamp et al. 1982] *Leibniz als Geschichtsforscher*, herausgegeben von Albert Heinekamp, *StL*, Sonderheft **10** (1982).

[Heinekamp et al. 1988] *Leibniz Tradition und Akutualität*, V. Internationaler Leibniz-Kongreß Vorträge, Honnover, 14. –19. November 1988.

[Hess 1986] Hess, Heinz-Jürgen, "Vorgeschichte der Nova Methodus (1676–1684)," *StL*, Sonderheft **14** (1986), S. 64–102.

[Hintikka, Gruender and Agazzi 1981] Hintikka, Jaakko, Gruender, David, and Agazzi, Evandro eds., *Probabilistic Thinking, Thermodynamics and the Interaction of the History and Philosophy of Science*, II (Dordrecht, Boston, London: D. Reidel Publishing, Co., 1981).

[Hintikka and Remes 1974] Hintikka, Jaakko and Remes, Unto, *The Method of Analysis: Its Geometrical Origin and Its General Significance* (Dordrecht, Boston: D. Reidel Pub. Co., 1974).

[Hochstrasser 2000] Hochstrasser, Tim J., *Natural Law Theories in the Early Enlightenment* (Cambridge: Cambridge University Press, 2000).

[Hofmann 1942] Hofmann, Joseph Ehrenfried, "Das Opus Geometricum des Gregorius a S. Vincentio und seine Einwirkung auf Leibniz," *Abhandlungen der Preußischen Akademie der Wissenschaften*, Jahrgang 1941, Mathematischenaturwissenschaftliche Klasse Nr. 13, S. 1–80.

[Hofmann 1956] Hofmann, Joseph Ehrenfried, "Über Jakob Bernoullis Beiträge zur Infinitesimalmathematik," *L'Enseignement Mathématique*, **2** (1956), pp. 61–171.

[Hofmann 1958] Hofmann, Joseph Ehrenfried, "Zur Geschichite des sogennanten Sechsquadrateproblems," in [Hofmann 1990], I, S. 282–297.

[Hofmann 1969] Hofmann, Joseph Ehrenfried, "Leibniz und Ozanams Problem, drei Zahlen so zu bestimmen, daß ihre Somme eine Quadratzahl und Quadratsumme eine Biquadratzahl ergibt," *StL*, **1** (1969), S. 103–126.

[Hofmann 1970] Hofmann, Joseph Ehrenfried, "Über frühe mathematische Studien von G. W. Leibniz," *StL*, **2** (1970), S. 81–114.

[Hofmann 1972] Hofmann, Joseph Ehrenfried, "Bombellis Algebra: eine genialische Einzelleistung und ihre Einwirkung auf Leibniz," *StL*, **4** (1972), S. 196–252.

[Hofmann 1973] Hofmann, Joseph Ehrenfried, "Leibniz und Wallis," *StL*, **5** (1973), S. 245–281.

[Hofmann 1974] Hofmann, Joseph Ehrenfried, *Leibniz in Paris 1672–1676: His Growth to Mathematical Maturity* (Cambridge: Cambridge University Press, 1974).

[Hofmann 1990] *Josepf Ehrenfried Hofmann Ausgewählte Schriften*, I, II herausgegeben von Christoph J. Scriba (Hildesheim, Zürich, New York: Georg Olms Verlag, 1990).

[Horváth 1982] Horváth, Miklós, "The Problem of Infinitesimal Small Quantities in the Leibnizian Mathematics," *StL*, Supplementa **22** (1982), pp. 149–157.

参考文献　　267

[Horváth 1986] Horváth, Miklós, "On the Attempts made by Leibniz to Justify his Calculus," *StL*, **18** (1986), pp. 60–71.

[Hunter 2001] Hunter, Ian, *Rival Enlightenment: Civil and Metaphysical Philosophy in Early Modern Germany* (Cambridge: Cambridge University Press, 2001).

[Iltis 1971] Iltis, Carolyn, "Leibniz and the Vis Viva Controversy," *Isis*, **62** (1971), pp. 21–35.

[Ishiguro 1972] Ishiguro, Hidé, *Leibniz's Philosophy of Logic and Language* (Cambridge: Cambridge University Press, 1990) (2nd ed.).

[Itard 1962] Itard, Jean, "L'introduction à la Géométrie de Pascal," *Revue d'histoire des sciences*, **15** (1962), pp. 269–286.

[Jesseph 1993] Jesseph, Douglas M., *Berkeley's Philosophy of Mathematics* (Chicago: The University of Chicago Press, 1993).

[Jesseph 1998] Jesseph, Douglas M., "Leibniz on the Foundations of the Calculus: The Question of the Reality of Infinitesimal Magnitudes," *Perspectives on Science*, **6** (1998), pp. 6–40.

[Jesseph 1999a] Jesseph, Douglas M., *Squaring the Circle: The War between Hobbes and Wallis* (Chicago: The University of Chicago Press, 1999).

[Jesseph 1999b] Jesseph, Douglas M., "The Decline and Fall of Hobbesian Geometry," *Studies in History and Philosophy of Science*, **30** (1999), pp. 425–453.

[Jolley 1995] *The Cambridge Companion to Leibniz*, ed. by Nicholas Jolley (Cambridge: Cambridge University Press, 1995).

[Kabitz 1909] Kabitz, Willy, *Die Philosophie des jungen Leibniz: Untersuchungen zur Entwicklungsgeschichte seines Systems* (Heidelberg: Carl Winter's Universitätsbuchhandlung, 1909).

[Klein 1968] Klein, Jacob, *Greek Mathematical Thought and the Origin of Algebra* (1968) (New York: Dover Pub. Inc., 1992) (rep.).

[Knobloch 1973] Knobloch, Eberhard, *Die mathematische Studien von G. W. Leibniz zur Kombinatorik*, *StL*, Supplementa **11** (1973).

[Knobloch 1974a] Knobloch, Eberhard, "The Mathematical Studies of G. W. Leibniz on Combinatorics," *Historia Mathematica*, **1** (1974), pp. 409–430.

[Knobloch 1974b] Knobloch, Eberhard, "Unbekannte Studien zur Eliminations-Explikations-theorie," *Archive for History of Exact Sciences*, **12** (1974), pp. 142–173.

[Knobloch 1982] Knobloch, Eberhard, "Zur Vorgeschichte der Determinantentheorie," *StL*, Supplementa **22** (1982), S. 96–118.

[Knobloch 1989] Knobloch, Eberhard, "Leibniz et son manuscrit inédité sur la quadrature des sections coniques," in [Knobloch *et al.* 1989], pp. 127–151.

[Knobloch 1990] Knobloch, Eberhard, "L'infini dans les mathématiques de Leibniz," in [Lamarra 1990], pp. 33–51.

[Knobloch 1999a] Knobloch, Eberhard, "Galileo and Leibniz: Different Approaches to Infinity," *Archive for History of Exact Sciences*, **54** (1999), pp. 87–99.

[Knobloch 1999b] Knobloch, Eberhard, "Im freiesten Streifzug des Geistes (Liberrimo mentis discursu): Zu den Zielen und Methoden Leibnizscher Mathematik," in [Nowak und Poser 1999], S. 211–229.

[Knobloch 2001] Knobloch, Eberhard, "Détérminants et élimination chez Leibniz," *Revue d'histoire des sciences*, **54** (2001), pp. 143–164.

[Knobloch *et al.* 1989] *The Leibniz Renaissance*, Proceedings of Leibniz Renaissance International Workshop, Florence, 2–5 giugno 1986 (Firenze: L. S. Olschki, 1989).

[Koppelman 1971] Koppelman, Elaine, "The Calculus of Operations and the Rise of Abstract Algebra," *Archive for History of Exact Sciences*, **8** (1971), pp. 155–242.

[Kracht and Kreyszig 1990] Kracht, Manfred and Kreyszig, Erwin, "E. W. von Tschirnhaus: His Role in Early Calculus and His Work and Impact on Algebra," *Historia Mathematica*, **17** (1990), pp. 16–35.

[Krämer 1993] Krämer, Sybille, "Zur Begründung des Infinitesimalkalküls," *Philosophia Naturalis*, **28** (1993), S. 117–146.

[Kretzmann 1982] *Infinity and Continuity in Ancient and Medieval Thought*, ed. by Norman Kretzmann (Itheca and London: Cornell University Press, 1982).

[Lamarra 1990] *L'infinito in Leibniz: Problemi e terminologia*, a cura di Antonio Lamarra (Roma: Edizioni dell'Ateneo, 1990).

[Levey 1998] Levey, Samuel, "Leibniz on Mathematics and the Actually Infinite Division of Matter," *The Philosophical Review*, **107** (1998), pp. 49–96.

[Lindberg and Westman 1990] *Reappraisals of the Scientific Revolution*, eds. by David C. Lindberg and Robert S. Westman (Cambridge: Cambridge University Press, 1990).

[Mahnke 1912] Mahnke, Dietrich, "Leibniz auf der Suche nach einer allgemeinen Primzahlgleichung," *Bibliotheca mathematica*, **13** (1912–3), S. 29–61.

[Mahnke 1925] Mahnke, Dietrich, *Leibnizens Synthese von Universalmathematik und individualmetaphysik* (1925) (Stuttgart-Bad Cannstatt: Friedrich Frommann Verlag, 1964) (rep.).

[Mahnke 1926] Mahnke, Dietrich, "Neue Einblicke in die Entdeckungsgeschichte der höheren Analysis," *Abhandlungen der Pruessischen Akademie der Wissenschaften Jahrgang 1925*, Physikalisch-Mathematisch Klasse Nr. 1 (Berlin, 1926).

[Mahoney 1973] Mahoney, Michael S., *The Mathematical Career of Pierre de Fermat 1601–1665* (2nd ed.) (Princeton: Princeton University Press, 1994).

[Mahoney 1980] Mahoney, Michael S., "The Beginnings of Algebraic Thought in the Seventeenth Century," in [Gaukroger 1980], pp. 141–155.

[Mahoney 1990a] Mahoney, Michael S., "Infinitesimals and Transcendent Relation: The Mathematics of Motions in the Seventeenth Century," in [Lindberg and Westman 1990], pp. 461–491.

[Mahoney 1990b] Mahoney, Michael S., "Barrow's Mathematics: Between Ancients and Moderns," in [Feingold 1990], pp. 179–249.

[Maierù 1984] Maierù, Luigi, "Il «meraviglioso problema» in Oronce Fine, Girolamo Cardano e Jacque Peletier," *Bollettino di Storia delle Scienze Matemàtiche*, **4** (1984), pp. 141–170.

[Maierù 1990] Maierù, Luigi, "... in Christophorum Clavium de Contactu Linearum Apologia: Considerazioni attorno alla polemica fra Peltier e Clavio circa l'angolo di contatto (1579–1589)," *Archive for History of Exact Sciences*, **41** (1990), pp. 115–137.

[Malet 1990] Malet, Antoni, "Studies on James Gregorie," Dissertation to the Princeton University (1990).

[Malet 1996] Malet, Antoni, *From Indivisibles to Infinitesimals: Studies on Seventeenth-Century Mathematizations of Infinitely Small Quantities* (Bellaterra: Universitat Autonoma de Barcelona, 1996).

[Malet 1997] Malet, Antoni, "Barrow, Wallis, and the Remaking of Seventeenth Century Indivisibles," *Centaurus*, **39** (1997), pp. 67–92.

[Mancosu 1996] Mancosu, Paolo, *Philosophy of Mathematics and Mathematical Practice in the Seventeenth Century* (New York, Oxford: Oxford University Press, 1996).

[Mancosu and Vailati 1990] Mancosu, Paolo and Vailati, Ezio, "Detleff Clüver: An Early Opponent of the Infinitesimal Calculus," *Centaurus*, **33** (1990), pp. 325–344.

[Mazzone and Roero 1997] Mazzone, Silva and Roero, Clara Silva, *Jacob Hermann and the Diffusion of the Leibnizian Calculus in Italy* (Firenze: Leo S. Olschki, 1997).

[McRae 1976] McRae, Robert, *Leibniz Perception, Apperception, and Thought* (Toronto, Bufferlo: University of Toronto Press, 1976).

[Missner 1983] Missner, Marshall, "Scepticism and Hobbes's Political Philosophy," *Journal of the History of Ideas*, **44** (1983), pp. 407–427.

[Mittelstrass 1979] Mittelstrass, J., "The Philosopher's Conception of Mathesis Universalis from Descartes to Leibniz," *Annals of Science*, **36** (1979), pp. 593–610.

[Moll 1978] Moll, Konrad, *Der junge Leibniz* I: *Die wissenschaftstheoretische Problemstellung seines ersten Systemantwurfs. Der Anschuluß und Erhard Weigels Scientia generalis* (Stuttgart-Bad Cannstaat: frommann-holzboog, 1978).

[Moll 1982] Moll, Konrad, *Der junge Leibniz* II: *Der Übergang vom Atomismus zu einem mechanistischen Aristotelismus; Der revidierte Anschluß an Pierre Gassandi* (Stuttgart-Bad Cannstaat: frommann-holzboog, 1982).

[Moll 1996] Moll, Konrad, *Der junge Leibniz* III: *Eine Wissenschaft für ein aufgeklärtes Europa; Der Welt Mechanismus dynamischer Monadenpunkte als gegenentwurf zu den Lehren von Descartes und Hobbes* (Stuttgart-Bad Cannstaat: frommann-holzboog, 1996).

[Mugnai 1992] Mugnai, Massimo, *Leibniz' Theory of Relations*, StL, Supplementa **28** (1992) (Stuttgart: Franz Steiner Verlag, 1992).

[Müller und Krönert 1969] Müller, Kurt und Krönert, Gisera, *Leben und Werk von Gottfried Wilhelm Leibniz: Eine Chronik* (Frankfurt am Main: Vittorio Klostermann, 1969).

[Münzenmayer 1979] Münzenmayer, Hans Peter, "Der Calculus Situs und die Grundlagen der Geometrie," *StL*, **6** (1979), S. 274–300.

[Murdoch 1982] Murdoch, John E., "William of Ockham and the Logic of Infinity and Continuity," in [Kretzmann 1982], pp. 165–206.

[Nef 2000] Nef, Frédéric, *Leibniz et le langage* (Paris: Presses Universitaires de France, 2000).

[Nowak und Poser 1999] *Wissenschaft und Weltgestaltung*, Internationales Symposion zum 350. Geburtstag von Gottfried Wilhelm Leibniz vom 9. bis 11. April 1996 in Leibzig, herausgegeben von Kurt Nowak und Hans Poser (Hildesheim, zürich, New York: Georg Olms Verlag, 1999).

[Okruhrik and Brown 1985] Okruhrik, Kathaleen and Brown, James Robert, *The Natural Philosophy of Leibniz* (Dordrecht, Boston, Lancaster, Tokyo: D. Reidel Pub. Co., 1985).

[Ortega 1971] Ortega y Gasset, José, *The Idea of Principle in Leibnitz and the Evolution of Deductive Theory*, translated by Mildred Adams (New York: W. W. Norton & Co., 1971).

[Otte 1989] Otte, Michael, "The Ideas of Hermann Grassmann in the Context of the Mathematical and Philosophical Tradition since Leibniz," *Historia Mathematica*, **16** (1989), pp. 1–35.

[Otte and Panza 1997] *Analysis and Synthesis in Mathematics: History and Philosophy*, ed. by Michael Otte and Marco Panza (Dordrecht, Boston and London: Kluwer Academic Publishers, 1997).

[Parmentier 1993] Parmentier, Marc, "Concepts juridiques et probabilistes chez Leibniz," *Revue d'histoire des sciences*, **46** (1993), pp. 439–485.

[Pasini 1997] Pasini, Enrico, "Arcanum Artis Inveniendi: Leibniz and Analysis," in [Otte and Panza 1997], pp. 35–46.

[Papineau 1977] Papineau, David, "The Vis Viva Controversy: Do Meanings Matter?," in [Woolhouse 1993], Vol. III, pp. 198–210.

[Peckhaus 1997] Peckhaus, Volker, *Logik, Mathesis Universalis und allgemeine Wissenschaft: Leibniz und die Wiederentdeckung der formalen Logik im 19. Jahrhundert* (Berlin: Academie Verlag, 1997).

[Peiffer 1989] Peiffer, Jeanne, "Le problème de la brachystochrone à travers les relation de Jean I Bernoulli avec L'Hôspital et Varignon," *StL*, Sonderheft **17** (1989), pp. 59–81.

[Peiffer 1990] Peiffer, Jeanne, "Pierre Varignon, lecteur de Leibniz et de Newton," *StL*, Supplementa **27** (1990), pp. 244–266.

[Pourciau 1998] Pourciau, Bruce, "The Preliminary Mathematical Lemmas of Newton's *Principia*," *Archive for History of Exact Sciences*, **52** (1998), pp. 279–295.

[Pycior 1997] Pycior, Helena M., *Symbols, Impossible Numbers, and Geometric Entanglements* (Cambridge etc. : Cambridge University Press, 1997).

参考文献　*271*

[Ramati 1996] Ramati, Ayval, "Harmony at a Distance: Leibniz's Scientific Academies," *Isis*, **87** (1996), pp. 430–452.

[Ranea 1986] Ranea, Alberto Guillermo, "La réception de Leibniz et les difficultés de la reconstruction idéale de l'histoire de la science d'après Ernst Cassirer," *StL*, Supplementa **26** (1986), S. 301–315.

[Riley 1996] Riley, Patrick, *Leibniz' Universal Jurisprudence: Justice as the Charity of the Wise* (Cambridge, London: Harvard University Press, 1996).

[Riley 2000] Riley, Patrick, "Leibniz' Political and Moral Philosophy in the *Novissima Sinica*," *StL*, Supplementa **33** (2000), pp. 239–257.

[Robinet 1955] Robinet, André, *Malebranche et Leibniz relations personelles* (Paris: J. Vrin, 1955).

[Robinet 1960] Robinet, André, "Le groupe malebrancheste introducteur du calcul infinitesimal en France," *Revue d'histoire des science*, **13** (1960), pp. 287–308.

[Robinet 1970] Robinet, André, *Malebranche de l'Academie des sciences* (Paris: J. Vrin, 1970).

[Robinet 1986] Robinet, André, *Architectonique disjonctive automates systémiques et idéalité transcendantale dans l'œuvre de G. W. Leibniz* (Paris: J. Vrin, 1986).

[Robinet 1988] Robinet, André, *G. W. Leibniz Iter Italicum (Mars 1689–Mars 1690)* (Firenze: Leo S. Olschki Editore, 1988).

[Robinet 1994] Robinet, André, *G. W. Leibniz le meilleur des mondes par la balance de l'Europe* (Paris: Presses Universitaires de France, 1994).

[Robinet 1995] Robinet, André, "Loi naturelle et loi positive dans l'architectonique archaïque de l'œuvre de Leibniz," *StL*, Sonderheft **24** (1995), pp. 159–170.

[Röd 1971] Röd, Wolfgang, "Erhard Weigels Metaphysik der Gesellschaft und des Staats," *StL*, **3** (1971), S. 5–28.

[Roero 1983] Roero, Clara Silvia, "Jakob Bernolli attento studioso delle opere di Arichimede," *Bolletino di storia delle scienze matemàtiche*, **3** (1983), pp. 77–125.

[Roero 1989] Roero, Clara Silvia, "The Passage from Descartes' Algebraic Geometry to Leibniz's Infinitesimal Calculus in the Writings of Jakob Bernoulli," *StL*, Sonderheft **17** (1989), pp. 140–150.

[Rosenfeld 1928] Rosenfeld, L., "René-François de Sluse et le problème des tangentes," *Isis*, **10** (1928), pp. 416–434.

[Russell 1900] Russell, Bertrand, *A Critical Exposition of the Philosophy of Leibniz* (London: Routledge, 1992) (rep.).

[Rutherford 1995] Rutherford, Donald, *Leibniz and the Rational Order of Nature* (Cambridge: Cambridge University Press, 1995).

[Sageng 1989] Sageng, Erik Lars, "Colin Maclaurin and the Foundations of the Method of Fluxions," A Ph. D. Dissertation (Princeton University, 1989).

[Salanskis et Sinaceur 1992] Salanskis, J. -M. et Sinaceur, H. eds., *Le Labyrinthe du Continu* (Paris: Springer Verlag France, 1992).

[Sasaki 1985] Sasaki, Chikara, "The Acceptance of the Theory of Proportion in the Sixteenth and Seventeenth Centuries: Barrow's Reaction to the Analytic Mathematics," *Historia Scientiarum*, **29** (1985), pp. 83–116.

[Sasaki 1989] Sasaki, Chikara, "Descartes's Mathematical Thought," A Ph. D. Dissertation (Princeton University, 1989).

[Schafheitlin 1921] Schafheitlin, Paul, "Johann Bernoulli's Differentialrechnung," *Verhandlungen der Naturforschenden Gesellschaft in Basel*, **32** (1920–21), S. 230–235.

[Schafheitlin 1922] Schafheitlin, Paul, "Johann (I) Bernoulli Lectiones de calculo differentialium," *Verhandlungen der Naturforschenden Gesellschaft in Basel*, **34** (1920–21), S. 1–32.

[Schaller 1971] Schaller, Klaus, "Erhard Weigels Einfluß auf die systematische pädagogik der Neuzeit," *StL*, **3** (1971), S. 28–40.

[Schlee 1971] Schlee, Hildegart, "Die Pädagogik Erhard Weigels: Ein Charakteristikum der Frühaufklärung," *StL*, **3** (1971), S. 41–55.

[Schneider 1967] Schneider, Hans-Peter, *Justitia universalis: Quellenstudien zur Geschichte des christlichen Naturrechts bei Gottfried Wilhelm Leibniz* (Frankfurt am Main: Vittorio Klostermann, 1967).

[Schneider 1981] Schneider, Ivo, "Why Do We Find the Origin of a Calculus of Probabilities in the Seventeenth Century?," in [Hintikka, Gruender and Agazzi 1981] pp. 3–24.

[Schneider 1988] Schneider, Martin, "Funktion und Grundlagen der Mathesis universalis im Leibnizschen Wissenschaftsystem," *StL*, Sonderheft **15** (1988), S. 162–181.

[Scott 1938] Scott, Joseph Frederick, *The Mathematical Work of John Wallis* (London, 1938) (New York: Chelsea Publishing Company, 1981) (rep.).

[Scriba 1964] Scriba, Christoph J., "The Inverse Method of Tangents: A Dialogue between Leibniz and Newton (1675–1677)," *Archive for History of Exact Sciences*, **2** (1964), pp. 113–139.

[Segre 1994] Segre, Michael, "Peano's Axioms in their Historical Context," *Archive for History Exact Sciences*, **22** (1994), pp. 201–342.

[Serres 1968] Serres, Michel, *Le système de Leibniz et ses modèles mathématiques* (3e éd.) (Paris: Presses Universitaires de France, 1990).

[Sève 1989] Sève, Rene, *Leibniz et l'école moderne du droit naturel* (Paris: Presses Universitaires de France, 1989).

[Sierksma 1992] Sierksma, Gerard, "Johann Bernoulli (1667– 1748): His Ten Turbulent Years in Groningen," *The Mathematical Intelligencer*, **14** (1992), pp. 22–31.

[Sierksma 1995] Sierksma, Gerard, "The Mathematical Sciences in Groningen before and after Bernoulli's Stay," *Nieuw Archief voor Wiskunde*, **13** (1995), pp. 37–48.

参考文献　*273*

[Sierksma and Sierksma 1999] Sierksma, Gerard and Sierksma, Wybe, "The Great Leap to the Infinitely Small. Johann Bernoulli: Mathematician and Philosopher," *Annals of Science*, **56** (1999), pp. 433–449.

[Strømholm 1968] Strømholm, Per, "Fermat's Methods of Maxima and Minima and of Tangents: A Reconstruction," *Archive for History of Exact Sciences*, **5** (1968), pp. 47–69.

[Sylla 1998] Sylla, Edith Dudley, "The Emergence of Mathematical Probability from the Perspective of the Leibniz- Jacob Bernoulli Correspondence," *Perspectives on Science*, **6** (1998), pp. 41–76.

[Taton 1978] Taton, René, "L'intiation de Leibniz à la géométrie," *StL*, Supplementa **17** (1978), pp. 103–129.

[Thiele 1997] Thiele, Rüdiger, "Das Zerwürfnis Johann Bernoullis mit seinem Bruder Jakob," *Acta historica Leopoldina*, **27** (1997), S. 257–276.

[Thirouin 1991] Thirouin, Laurent, *Le hasard et les règles: Le modèle du jeu dans la pensée de Pascal* (Paris: J. Vrin, 1991).

[Todhunter 1865] Todhunter, Isaac, *A History of the Mathematical Theory of Probability* (1865) (Bristol: Thoemmes Press, 1993) (rep.).

[Vermeulen 1986] Vermeulen, Bernhard Peter, "The Metaphysical Presuppositions of Nieuwentijt's Criticism of Leibniz's Higher-Order Differentials," *StL*, Sonderheft **14** (1986), pp. 178–184.

[Vermij 1989] Vermij, R. H., "Bernard Nieuwentijt and the Leibnizian Calculus," *StL*, **21** (1989), pp. 69–86.

[Voisé 1971] Voisé, Waldman, "Meister und Schüler: Erhard Weigel und Gottfried Wilhelm Leibniz," *StL*, **3** (1971), S. 55–67.

[Vuillemin 1960] Vuillemin, Jules, *Mathématiques et métaphysique chez Descartes* (2e éd.), (Paris: Presses Universitaires de France, 1987).

[Wallwitz 1991] Wallwitz, Georg Graf, "Struktuelle Probleme in Leibniz' Analysis Situs," *StL*, **23** (1991), S. 111–118.

[Westfall 1980] Westfall, Richard S., *Never at Rest: A Biography of Isaac Newton* (Cambridge, New York, etc. : Cambridge University Press, 1980).

[Weyl 1926] Weyl, Hermann, *Philosophie der Mathematik und Naturwissenschaft* (1926) (München: Oldenbourg Verlag, 2000) (7. Auflage).

[Widmeier 1981] "Die Rolle der chinesischen Schrift in Leibniz' Zeichentheorie," *StL*, **13** (1981), S. 278–298.

[Winter 1971] Winter, Eduard, "Erhard Weigels Ausstrahlungskraft: Die Bedeutung der Weigel-Forschung," *StL*, **3** (1971), S. 1–5.

[Woolhouse 1993] *Gottfried Wilhelm Leibniz Critical Assessments*, ed. by Roger S. Woolhouse (London, New York: Routledge, 1993), Vol. I–IV.

[Yoder 1988] Yoder, Joella G., *Unrolling Time: Christiaan Huygens and the Mathematization of Nature* (Cambridge: Cambridge University Press, 1988).

[Youschkevitch 1978] Youschkevitch, A. P., "Comparaison des conceptions de Leibniz et de Newton sur le calcul infinitésimal," in [Belaval *et al.* 1978], pp. 69–80.

[Zarka 1995a]　Zarka, Yves Charles, "Le droit naturel selon Leibniz," *StL*, Sonderheft **24** (1995), pp. 181–192.

[Zarka 1995b]　Zarka, Yves Charles, *Hobbes et la pensee politique moderne* (Paris: Presses Universitaires de France, 1995).

[Zingari 1991]　Zingari, Guido, *Leibniz, Hegel und der Deutsche Idealismus* (Milano, 1991), Deutsch von Siegrid Spath (Dettelbach: Verlag Josepf H. Röll, 1993).

[StL]　*Studia Leibnitiana* (Stuttgart:　Franz Steiner Verlag Wiesbaden GmbH).

D　邦語文献（2次文献の翻訳も含む）

[イエイツ 1993]　イエイツ，F.『記憶術』玉泉八州男監訳，青木信義・井出新・篠崎実・野崎睦美訳（水声社，1993）．

[石黒 1984]　石黒ひで『ライプニッツの哲学：論理と言語を中心に』（岩波書店，1984）．

[伊東・原・村田 1975]　伊東俊太郎・原亨吉・村田全『数学史』（筑摩書房，1975）．

[ウエストフォール 1993]　ウエストフォール，R. S.『アイザック・ニュートン』I, II, 田中一郎・大谷隆昶訳（平凡社，1993）．

[上原 1955]　上原専祿「ライプニッツの歴史研究」（『上原専祿著作集』第3巻所収）（評論社，1989），251–290頁．

[エイトン 1990]　エイトン，E. J.『ライプニッツの普遍計画』渡辺正雄・原純夫・沢柳文男訳（工作舎，1990）．

[エーコ 1995]　エーコ，U.『完全言語の探求』上村忠男・廣石正和訳（平凡社，1995）．

[大沼 1995]　大沼保昭編『フーゴー・グロティウスにおける戦争，平和，正義：戦争と平和の法』（補正版）（東信堂，1995）．

[カッシーラー 1962]　カッシーラー，E.『啓蒙主義の哲学』（新装復刻版）中野好之訳（紀伊国屋書店，1997）．

[カッシーラー 1989–97]　カッシーラー，E.『シンボル形式の哲学』（一）–（四）木田元・生松敬三・村岡晋一訳（岩波文庫，1989–97）．

[クノープロッホ 2001]　クノープロッホ，E.「精神の最も自由なる探索の中で：ライプニッツ数学の目標と方法」林知宏訳 [佐々木他 2001] 所収，244–264頁．

[小林 1995]　小林道夫『デカルト哲学の体系：自然学・形而上学・道徳論』（勁草書房，1995）．

[小林 1996]　小林道夫『デカルトの自然哲学』（岩波書店，1996）．

[近藤 1994]　近藤洋逸『幾何学思想史』（佐々木力編『近藤洋逸数学史著作集』1所収）（日本評論社，1994），1–353頁．

[佐々木 1985]　佐々木力『科学革命の歴史構造』上，下（岩波書店，1985（初版））（講談社学術文庫，1995）．

[佐々木 1987a]　佐々木力編『科学史』（弘文堂，1987）．

[佐々木 1987b]　佐々木力「代数的論証法の形成」（[佐々木 1987a] 所収），108–138頁．

[佐々木 1992]　佐々木力『近代学問理念の誕生』（岩波書店，1992）．

[佐々木 1997]　佐々木力「ライプニッツの数学論」（[ライプニッツ 1997] 所収），85–96頁．

[佐々木 2001]　佐々木力『二十世紀数学思想』（みすず書房，2001）.

[佐々木他 2001]　佐々木力他『ライプニッツ』（『思想』2001 年 10 月号）（岩波書店，2001）.

[佐々木（能）2001]　佐々木能章「地上のオプティミズム：ライプニッツの社会哲学への視点と数学的方法」（[佐々木他 2001] 所収），72–89 頁.

[佐々木（能）2002]　佐々木能章『ライプニッツ術：モナドは世界を編集する』（工作舎，2002）.

[下村 1938]　下村寅太郎『ライプニッツ』（『下村寅太郎著作集』第七巻所収）（みすず書房，1989），1–220 頁.

[下村 1941]　下村寅太郎『科学史の哲学』（『下村寅太郎著作集』第一巻所収）（みすず書房，1988），141–329 頁.

[下村 1944]　下村寅太郎『無限論の形成と構造』（『下村寅太郎著作集』第一巻所収）（みすず書房，1988），331–450 頁.

[高木 1933]　高木貞治『近世数学史談』（1933）（岩波文庫，1995）.

[高瀬 1998]　高瀬正仁編訳『アーベル／ガロア楕円関数論』（朝倉書店，1998）.

[ダントレーヴ 1952]　ダントレーヴ，A. P.『自然法』久保正幡訳（岩波書店，1952）.

[中村 1980]　中村幸四郎『近世数学の歴史——微積分の形成をめぐって』（日本評論社，1980）.

[中村 1981]　中村幸四郎『数学史：形成の立場から』（共立全書，1981）.

[永井 1954]　永井博『ライプニッツ研究：科学哲学的考察』（筑摩書房，1954）.

[林 1996]　林知宏「ライプニッツの数学思想：無限小解析学形成を中心に」，『数学セミナ–』（日本評論社），1996 年 8 月号，48–53 頁.

[林 1997]　林知宏「ライプニッツの数学思想形成と普遍数学概念」（東京大学総合文化研究科修士論文，1997）.

[林 1999a]　林知宏「ライプニッツの思想形成における無限小概念について」，*IDOLA*（『科学史・科学哲学』14 号）（科学史・科学哲学刊行会，1999），1–17 頁.

[林 1999b]　林知宏「ライプニッツ数学思想の形成」（東京大学大学院総合文化研究科博士論文，1999）.

[林 2000]　林知宏「17–18 世紀における無限小をめぐる論争：ライプニッツを中心に」，『数学の思考』（『現代思想』2000 年 10 月増刊号）（青土社，2000）所収，176–195 頁.

[林 2001a]　林知宏「無限小量をめぐる論争と基礎づけの問題，ライプニッツ，ヴァリニョン，ヘルマン」，『数学史の研究』（京都大学数理解析研究所講究録 1195，2001）所収，14–37 頁.

[林 2001b]　林知宏「『人間知性新論』の数学史的背景」（[佐々木他 2001] 所収），278–297 頁.

[原 1975]　原亨吉「近世の数学：無限概念をめぐって」（[伊東・原・村田 1975] 所収），119–372 頁.

[原 1987–89]　原亨吉「ニュートンとライプニッツ：微積分法をめぐって」，『数学セミナー』1987 年 12 月号–1989 年 3 月号連載.

[原 2001]　原亨吉「『差異算の歴史と起源』の二稿本」（[佐々木他 2001] 所収），265–277 頁.

[福沢 1899]　福沢諭吉『福翁自伝』富田正文校訂（岩波文庫，1978）.

[マホーニィ 1982] マホーニィ，M. S.『歴史における数学』佐々木力編訳（勁草書房，1982）.

[三浦 1987] 三浦伸夫「中世の無限論」（[佐々木 1987a] 所収），50–74 頁.

[山本 1953] 山本信『ライプニッツ哲学研究』（東京大学出版会，1953）.

[山本 1997] 山本義隆『古典力学の誕生　ニュートンからラグランジュへ』（日本評論社，1997）.

[ロッシ 1984] ロッシ，P.『普遍の鍵』清瀬卓訳（国書刊行会，1984）.

[ワイル 1959] ワイル，H.『数学と自然科学の哲学』菅原正夫・下村寅太郎・森繁雄訳（岩波書店，1959）.

事項索引

記 号

d　67f, 77, 133f, 138, 141, 150, 152f, 188

ddx　134, 150f, 166, 184f, 188

dx　48, 64, 67, 73, 138, 148, 150–153, 157f, 164ff, 171ff, 178ff, 182–185, 188, 208

$\int$　67f, 112, 132, 137f, 148, 152f, 158, 183

ア 行

位置解析　13f, 18, 22, 80, 89, 115f, 119, 123ff, 130ff , 139f, 192, 196ff, 201, 206ff, 213, 225f, 231

一般項　112f

エジプト計画　35, 37

カ 行

解析　8f, 12f, 30, 66, 84, 87f, 91, 98, 114f, 119, 124, 137, 140f, 145, 147f, 157, 161, 173, 190, 195f, 198–202, 205ff, 209f, 215, 227–232, 234, 239, 244

型　99–103

関数　65

関連量　65

記憶術　11

期待　23, 25, 107ff

帰納法　103

逆接線法　61ff, 65f, 68ff, 73, 132, 171

求積　29, 38, 44ff, 52f, 56, 58–62, 65f, 73, 84, 87, 121, 137, 140, 145, 147f, 150, 154, 160ff, 169, 183, 217

求和　137f, 140, 145, 154, 160

行列式　91

曲率半径　129, 166, 179

虚量　75f, 78–83, 123, 139, 147ff, 187, 199, 207, 213, 219, 245

偶然的真理　209

クラメルの公式　91, 94

結合法　11, 13, 17, 98, 103, 195, 198f, 201, 205, 207, 210, 236

懸垂線　132, 141ff

原論　114

コーナートス　27, 29–32, 42f, 140, 190

互換　97f

サ 行

サイクロイド　63, 138ff

作用数　93f, 97

作用素　134, 150, 152, 188

算術的求積　37f, 44–47, 51–58, 60ff, 65, 69, 81, 123, 132, 140, 145f, 149, 168, 171f, 187, 206f

指示不可能な量　27, 213

指数曲線　60

証明論　19

シンボル的思考　10, 207f, 239, 243ff

数学基礎論論争　239f, 242, 244, 248

数三角形　9f, 149

積分　84, 87, 133, 137, 141, 145, 147f, 150, 154, 161f , 166

接合円　129

接触角　19f, 127ff

　　──問題　19

接線法　27, 34, 37, 61ff, 65f, 69, 73, 114, 123, 132, 135f , 171, 207, 213

総合　8, 11, 119, 194f, 198–202, 205, 207, 209, 215, 227ff, 231, 234

タ 行

対心等時曲線　154, 158, 164

代数学の基本定理　147

対数曲線　60, 62, 71, 143

対数微分　182

確からしさ　23–26, 104–114, 195, 203ff,

213, 219ff, 235
超越性　192
超越的　17, 45, 64, 68f, 138, 140f, 150, 161, 197, 199, 211f
超越量　5, 132, 140f, 196f, 199, 206, 212, 217
調和級数　51
転位の数　102
同一律　22, 181f, 202, 230
等時曲線　133, 154f, 157f, 218
特性三角形　55, 61, 63f, 137f, 171, 178, 186

ナ　行

2 進法計算　215
人間思考のアルファベット　14, 195, 226, 238
年金計算　111, 113

ハ　行

発見の技法　8, 17, 192, 203, 205, 207, 221, 223
必然的真理　209
微分　68f, 72, 134, 138, 140, 150, 152, 154, 161, 166, 171f, 181, 184, 210, 212, 217
微分計算　10, 134, 150f, 154, 157, 179, 199, 211, 213
　　──の基本公式　133
微分算　10, 44, 72, 132, 134ff, 138, 143, 153, 158, 171f, 212
微分方程式　73, 134, 136f
微分量　64, 67, 136, 148, 150, 154, 156, 164ff, 179f, 182–185, 187f, 212
不安　107f
フェルマーの定理　98f, 101, 103, 222
不可分量　27–30, 32ff, 43, 57, 137, 140f,

168ff, 196, 207
符号の規則　93
普遍学　6f, 90, 193–196, 204f, 207f, 232–235, 237
普遍数学　2, 4, 7f, 13, 26, 34, 90, 131f, 192ff, 196–199, 202–215, 218f, 228, 232–240, 245, 247
普遍性　247f
平行線問題　130
変換定理　38, 44, 50, 58
包絡線　132, 143, 145, 164f
保険論　114

マ　行

見込み　105f, 204, 221
無限級数　38, 42, 44f, 52, 54f, 217
無限小　27, 29f, 32ff, 42f, 73, 83, 128f, 132, 152, 154, 166–173, 175, 178f, 181f, 184, 186f, 189f, 192, 199, 207f, 210–214, 218f, 231f, 244f
無限小解析　7, 14, 27, 29, 32f, 44, 61ff, 66, 72, 76, 83f, 87, 89f, 114, 124, 129, 131ff, 141, 150, 153f, 166ff, 173ff, 178–181, 188, 190, 197, 207ff, 211, 217ff , 245
無限小概念　168, 171, 175, 188, 208, 218
無限小量　173–177
六つの平方問題　85ff

ラ　行

ライプニッツの公式　150
レムニスケート　163
連続律　31–34, 129, 186ff, 191f, 213, 227, 231f, 239, 244
連続量　199
論理学上の分析　238

人名索引

ア 行

アポロニオス Apollonius of Perga（前 3 世紀後半–2 世紀初頭） 123, 224
アリストテレス Aristoteles（前 384–322） 6, 19, 32
アルキメデス Archimedes（前 287 頃–212） 29, 44, 129, 140, 177, 180, 182, 213, 217, 230
アルノー Antoine Arnauld（1612–1694） 104f, 224f
イエイツ Frances A. Yates（1899–1981） 11
ヴァイゲル Erhard Weigel（1625–1699） 5ff, 13, 15f, 193, 232
ヴァリニョン Pierre Varignon（1654–1722） 33, 133, 141, 154, 174, 186f, 191f, 233
ヴィエト François Viète（1540–1603） 6ff, 54f , 74, 76, 80, 103, 114ff, 129, 131, 198, 207
ウォリス John Wallis（1616–1703） 30, 44, 55, 58ff, 82, 113, 129, 139, 174f, 233
ヴォルフ Christian Wolff（1679–1754） 226, 235
オイラー Leonhard Euler（1707–1783） 112f, 123
オザナム Jacques Ozanam（1640–1717） 85
オルテガ・イ・ガセット José Ortega y Gasset（1883–1955） 232
オルデンバーグ Henry Oldenburg（1618 頃–1677） 44, 46, 69, 73, 78, 83, 85f, 89, 120, 141

カ 行

カヴァリエリ Bonaventura Francesco Cavalieri（1598–1647） 27, 29f, 32, 55, 57f, 140f, 168, 170, 213
カッシーラー Ernst Cassirer（1874–1945） 10, 207f, 239–245
ガリレオ・ガリレイ Galileo Galilei（1564–1642） 29, 142
カルダーノ Girolamo Cardano（1501–1576） 74ff, 78f, 81ff, 123, 149
ガロワ Jean Gallois（1632–1707） 21, 44, 52, 57, 59, 88, 115f, 149
ギュルダン Paul Guldin（1577–1643） 55, 213
クーチュラ Louis Couturat（1868–1914） 213
クライン Felix Klein（1849–1925） 240
クラヴィウス Christoph Clavius（1538–1612） 22, 123, 126, 128ff, 203
グラスマン Hermann Günther Grassmann（1809–1877） 123, 240
クラメル Gabriel Cramer（1704–1752） 94
クリューヴァー Detlev Clüver（1650?–1708） 174
クレイグ John Craig（1665?–1731） 137
グレゴリー，ジェームズ James Gregory（1638–1675） 44, 46, 55, 74, 84, 87
グレゴリー，デーヴィド David Gregory（1661–1708） 125
グロティウス Hugo Huig de Groot Grotius（1583–1645） 16, 18
ゲーデル Kurt Gödel（1906–1978） 243
ケーリー Arthur Cayley（1821–1895） 97
ゲルハルト Karl (Carl) Immanuel Gerhardt（1816–1899） 63, 65f, 72, 155, 157, 188, 191,

235

コーシー Cauchy Augustin Louis（1789–1857） 167
コーツ Roger Cotes（1682–1716） 148
コマンディーノ Federico Commandino（1509–1575） 4
コリンズ John Collins（1625–1683） 84, 89

サ 行

サン・ヴァンサン Gregoire de St. Vincent（1584–1667） 19, 39, 43, 55, 213, 217
ジラール Albert Girard（1595–1632） 74
スネル Willebrord van Royen Snell（1580–1626） 44
スピノザ Baruch de Spinoza（1632–1677） 89
スリューズ René-François Sluse（1622–1685） 62, 135

タ 行

チルンハウス Ehrenfried Walther Tschirnhaus（1651–1708） 83f, 90f
ディオファントス Diophantus of Alexandria（250 頃活躍） 84, 86ff, 98, 121, 223
テイラー Brook Taylor（1685–1731） 153
デ・ウィット Jan de Witt（1625–1672） 110f, 203, 221
デカルト René du Perron Descartes（1596–1650） 2–8, 13, 17, 26f, 31, 54f, 62, 64, 66, 69f, 72–76, 82, 84, 114ff, 123, 131, 135, 138, 140, 155, 173, 188, 198, 207, 217f, 233, 239f
ドゥボーヌ Florimond Debeaune（1601–1652） 62, 70, 72f, 76
ド・モアブル Abraham de Moivre（1667–1754） 109, 111, 113
ド・モルガン Augustus de Morgan（1806–1871） 238

ナ 行

ニーウェンテイト Bernard Nieuwentijt（1654–1718） 33, 129, 166ff, 173–184, 186, 190, 210–214, 219
ニュートン Isaac Newton（1642–1727） 44, 73, 82, 84, 89, 113, 138, 154, 161, 174f, 186, 188, 208, 231, 233, 244

ハ 行

バシェ Claude Gaspar Bachet de Meziriac（1581–1638） 88
パスカル Blaise Pascal（1623–1662） 12, 25, 55, 57, 104f, 107f, 110, 113, 123, 139, 149, 186, 203, 207, 220f
パッポス Pappus of Alexandria（4 世紀前半活躍） 8, 229
バーネット Thomas Burnett（1635–1715） 113, 204
ハリー Edmund Halley（1656–1742） 111
ハリオット Thomas Harriot（1560 頃–1621） 82
バロウ Isaac Barrow（1630–1677） 68, 137, 141, 174–177, 179f, 213f
ヒルベルト David Hilbert（1862–1943） 239, 241ff
ファン・スホーテン Fransiscus van Schooten（1615–1660） 2–5, 7, 13, 74, 76, 79, 114, 193, 196ff, 213, 233

282 索引

ブーヴェ Joachim S. J. Bouvet（1662–1732） 215
フェッラーリ Ludovico Ferrari（1522–1565） 77f, 223
フェッロ Scipione Ferro（1465–1526） 223
フェルマー Pierre de Fermat（1601–1665） 25, 55, 57f , 62, 70, 88, 99, 104, 110, 113,
　135, 145, 213, 217, 220
福沢諭吉（1835–1912） 247
フーシェ Simon Foucher（1644–1697） 33
フッサール Edmund Husserl（1859–1938） 235–238, 242
フッデ Jan Hudde（1628–1704） 62, 74, 76, 89, 110, 145
プーフェンドルフ Samuel Pufendorf（1632–1694） 16, 18, 232
ブラウワー Luitzen Egbertus Jan Brouwer（1881–1966） 242
ブラウンカー Lord William Brouncker（1620–1684） 45, 53ff
ブール George Boole（1815–1864） 238
フレーゲ Gottlob Frege（1848–1925） 225
プレスト Jean Prestet（1648–1690） 74, 214
フレニクル Bernard Frenicle（1605–1675） 88
プロクロス Proclus Diadchus（410[2]–485） 130, 203, 224, 228
ペアノ Giuseppe Peano（1858–1932） 226
ヘーゲル Georg W. F. Hegel（1770–1831） 226
ベーコン Francis Bacon（1561–1626） 230
ペティ William Petty（1623–1687） 111
ヘラート Hendrik Heuráet（1633–1660?） 55
ペルティエ Jacques Peletier（1517–1582） 129
ベルヌーイ, ニコラウス Niklaus Bernoulli（1687–1750） 109, 111, 113
ベルヌーイ, ヤーコブ Jakob Bernoulli（1654–1705） 24f , 104, 109f, 113, 133, 137, 141,
　154, 158, 160–164, 166, 174, 221
ベルヌーイ, ヨハン Johann Bernoulli（1667–1748） 61, 110, 133, 137, 141, 148, 152ff,
　163, 174, 183, 233
ヘルマン Jakob Hermann（1678–1733） 233
ポアンカレ Henri Poincaré（1854–1912） 225
ホイヘンス Christiaan Huygens（1629–1695） 25f, 30, 38f, 43f, 46, 52–56, 74, 78ff, 104f,
　107f, 110f, 113, 116, 120–123, 125, 139, 155, 161, 185, 203, 220f
ボイル Robert Boyle（1627–1691） 230
ホッブズ Thomas Hobbes（1588–1679） 16, 18f, 21, 26f , 30, 42, 129, 223
ホフマン Joseph Ehrenfried Hofmann（1900–1973） 69, 84
ホワイト Thomas White（1593–1676） 31f
ボンベッリ Rafael Bombelli（1526–1572） 74, 76, 78–82

マ　行

マルブランシュ Nicolas Malebranche（1638–1715） 155, 188
マーンケ Diedrich Mahnke（1884–1939） 63, 65, 68, 98f , 101, 235
メルカトール Nicolaus Mercator=Kaufmann（1619(20?)–1687） 45, 53–56, 207
メルセンヌ Marin Mersenne（1588–1648） 98
メレ Georges Brossin, Chevalier de Méré（1610–1685） 104, 110, 221
モンモール Pierre Rémond de Montmort（1678–1719） 110, 113

人名索引　*283*

ヤ 行

ユークリッド Euclid of Alexandria（前 295 頃活躍） 4–8 , 12, 16, 18f, 21, 28, 30, 32, 89, 114, 116, 119f, 123, 125, 129ff, 156, 175, 177, 180, 182, 185, 203, 207, 213ff, 219, 223–226, 230, 232

ラ 行

ライプニッツ Gottfried Wilhelm Leibniz（1646–1716） 諸所
ラムス Petrus Ramus＝Pierre de la Ramee（1515–1572） 7
ラ・ロック Jean Paul La Rocque（?–1691） 55
リー Marius Sophus Lie（1842–1899） 240
ルードルフ・ファン・クーレン Ludolph van Ceulen（1540–1610） 44
ルルス Raimundus Lullus（1232 頃–1316） 11, 19
レン Christopher Wren（1632–1723） 26, 30, 55
ロック John Locke（1632–1704） 216
ロピタル Guillaume-François-Antoine Marquis de L'Hopital（1661–1704） 98, 123, 133, 141, 154, 174, 185, 190
ロベルヴァル Gilles Personne de Roberval（1602–1675） 55, 57, 72, 120, 123, 203, 207, 224f
ロル Michel Rolle（1652–1719） 33, 174, 186

ワ 行

ワイル Hermann Weyl（1885–1955） 239, 241f, 247

文献索引

『学術紀要』 90, 113, 124, 132f, 137, 141, 155, 160, 163, 166, 181, 183, 185, 188, 190f, 197, 206, 212, 214, 217, 233
『文芸共和国通信』 187, 191, 231

ア 行

アリストテレス
　『自然学』 32
アルノー
　『新幾何学原論』(1667) 224f
　『ポール・ロワイヤルの論理学』 25, 104ff
ヴァイゲル
　『ユークリッドによって再構成されたアリストテレスの分析論』(1658) 5f
ヴァリニョン
　『数学原論』(1734) 233
ヴィエト
　『解析法序説』(1591) 6
ウォリス
　『普遍数学』(1657) 233
　『無限算術』(1655) 58
オイラー
　『無限解析入門』(1748) 112
オザナム
　『数学事典』(1691) 86

カ 行

カヴァリエリ
　『ある種の新しい理論において進められた，連続体の不可分量による幾何学』(=『不可分量の幾何学』)(1635) 29, 57
　『幾何学演習 6 巻』(1647) 29
カッシーラー
　『シンボル形式の哲学』(1923–29) 239, 241, 243
　『ライプニッツの学問的基礎における体系』(1902) 239
ガリレイ
　『新科学論議』(1638) 142
カルダーノ
　『アルス・マグナ』(1545) 74, 77
クラヴィウス
　『ユークリッド原論 XV 巻』(1574^1, 1589^2) 126, 130
グラスマン

「ライプニッツによって考案された幾何学的記号法に結びつけられた幾何学的解析」(1846)
123
クレイグ
『直線と曲線に囲まれた図形の求積を決定する方法』 137
グレゴリー，ジェームズ
『円と双曲線の真の求積』(1667) 45
グレゴリー，デーヴィド
『球面反射光学・屈折光学』(1695) 125
クレルスリエ編
『デカルト書簡集』(1657, 1659, 1667) 62
ゲルハルト
『数学著作集』(1849–63) 235
『哲学著作集』(1875–90) 235

サ 行

サン・ヴァンサン
『幾何学的著作』(1647) 20, 39, 43
スホーテン
『普遍数学の諸原理』(1651) 2, 4, 233

タ 行

チルンハウス
「与えられた方程式から，あらゆる中間項を取り除く方法」(1683) 90
テイラー
『増分法』(1715) 153
デカルト
『幾何学』(1637，ラテン語訳 1659–61) 2f, 5, 74, 82, 114, 218, 233
『省察』(1641) 17
『精神指導の規則』(1619–28 頃) 2f, 240
『哲学原理』(1644) 155
ド・モアブル
「分け前の大きさについて」(1711) 109

ナ 行

ニーウェンテイト
『微分算の原理に関する第 2 考察，そして非常に高名なる G. W. ライプニッツ氏への返答』
(=『第 2 考察』)(1696) 173
『無限解析，または多角形の本性から導かれた曲線の性質』(=『無限解析』)(1695) 173f,
176, 178–181, 184
『無限小量へ応用された，解析の原理に関する考察』(=『考察』)(1694) 173–176, 181
ニュートン
『自然哲学の数学的諸原理』(=『プリンキピア』)(1687) 161, 188
『普遍算術』(1707) 233

ハ　行

パスカル
　「幾何学精神について」（1655 頃）　12
　『数三角形論』（1665）　104, 106
バロウ
　『幾何学講義』（1670）　68, 175, 177, 180
フェルマー
　『数学全集』（1679）　99
フッサール
　『イデーン I』（1913）　237
　『形式論理学と超越論的論理学』（1929）　237
　『論理学研究』（1900）　235–238, 242
フッデ
　「方程式の還元に関する第 1 の書簡」（1659）　74, 82
プーフェンドルフ
　『普遍法学原論』（1661）　18, 232
ヘーゲル
　『精神現象学』（1807）　226
ベルヌーイ, ヤーコプ
　『推測術』（1713）　109f
　「弾性切片の湾曲」（1694）　166
ベルヌーイ, ヨハン
　「与えられた点に等しく接近する，曲線に対する代数曲線の求長による簡単な作図」（1694）　163
　「指数，あるいは不定ベキ計算の諸原理」（1697）　183
　「積分計算に関する問題の解」（1702）　148
ホッブズ
　『市民論』（1642）　18
　『物体論』（1655）　18, 21, 26f, 30
ボンベッリ
　『代数学』（1572）　78ff

マ　行

マーンケ
　「高等解析の発見史における新洞察」（1926）　63
メルカトール
　『対数技法』（1688）　56
モンモール
　『賭け事に関する解析試論』（1708）　113

ヤ　行

ユークリッド
　『原論』　4–8, 12f, 15f, 18f, 21, 28, 30, 32, 89, 114, 116, 119f, 123, 125f, 130f, 156, 175, 177, 180, 182, 185, 203, 213ff, 219, 223, 225f

ラ　行

ライプニッツ
　　「与えられた縦線から曲線の接線を，あるいは反対に与えられた接線影，法線影，垂線，割線から縦線を探求する新方法」(1673)　63
　　「誤りが避けられ，あたかも手を引かれるように精神が導かれ，そして容易に数列が見いだされる新しい解析の例」(1678)　91
　　「あるゲームに関するノート，とりわけ中国のゲームについて」(1710)　113
　　「位置解析について」(1693 頃)　124f
　　「運動学」(1689)　191
　　「運動の理論について」(1669 頃)　26
　　「円に適用された逆接線法に関する手記」(1674)　65
　　「概念と真理の解析についての一般的探求」(1686 頃)　209
　　「数についての新しい学問試論」(1701)　103
　　「加速されることなしに，重さによって落下する等時曲線について，およびカトラン神父との論争について」(1689)　155
　　「簡単な中間利益に関する法学的・数学的考察」(1683)　113
　　「幾何学的記号法」(1679)　116–119, 121, 125f, 197
　　「規則正しく引かれ，互いに交わる無限個の線から形成され，それらすべてに接する曲線について」(1692)　65, 214
　　「逆接線法」(1676)　69ff
　　「逆接線法の諸例」(1675)　68f
　　「求積解析第 3 部」(1675)　68
　　「求積解析第 2 部」(1675)　67f
　　「グィリエルムス・パキディウス著プルス・ウルトラ，すなわち諸学問の刷新と拡大に関して」(1686 頃)　205
　　「偶然性について」(1689 頃)　209
　　「具体的運動論」　26
　　「計算概観」　99ff
　　『結合法論』(1666)　1, 3f, 7–11, 13ff, 18, 26, 33f, 76, 89, 97, 99, 194f, 243
　　「航海菱形線とそれにあてはめられた平面天球図への特別な利用例」(1691)　206
　　『個体原理に関する形而上学的論議』(1663)　5
　　「最小と最大について．物体と精神について」(1672–73)　42, 207
　　『最新中国情報』　215
　　「作図の方法について，代数的方程式を解く方法について」(1674 頃)　77
　　「3 個の根を持つ立方方程式の解法について．虚量の介入によって表される実根について．および第 6 のある算術的演算について」(1675 頃)　81
　　「算術数列によるベキ乗を表す数列の，あるいはそれらによって合成された数を表す数列の各桁は周期的であることの証明」(1701)　103
　　「自然法原論」(1669–71)　15, 24
　　「自然法則に関する，デカルトおよびその他の人々の顕著な誤謬についての簡潔な証明」(1686)　155
　　「終身年金の算定について II」(1680–83 頃)　111
　　「重心論の求積解析」(1675)　66
　　「柔軟なものが自分自身の重さによって描く線について」(1691)　141
　　「寿命について II」(1680–83 頃)　111
　　『条件論 I』(1665)　15ff, 23

『条件論 II』（1665） 15f, 22f
「諸学問の刷新と拡大に関する普遍学の基礎と範例」（1679 頃） 194
「深奥な幾何学，ならびに不可量と無限の解析について」（1686） 137
『新自然学仮説』（1671） 26
「新接線法」（1676） 69
「新普遍数学原論」（1683 頃） 198, 201, 206
「真理の本性について」（1686 頃） 209
「接線の微分算」（1676） 72
「1684 年 1 月 12 日付草稿」 95ff
「素数と結合表から得られる約数について」 99f, 102
『その系が表を用いない三角法である円，楕円，双曲線の算術的求積について』（=『算術的
　求積について』）（1675–76） 46, 52–57, 60ff, 149, 168
「第一命題の証明」（1671–72 頃） 19, 21f
「対心等時曲線に関する問題の独自の作図」（1694） 158
「代数学の新しい進展」（1697 頃） 101, 103, 153
「単純な方程式から文字を取り除くことについて I」（1683–84） 94
「抽象的運動論」（1671） 30, 42f, 56, 140, 171f, 212, 231
「ディオファントス代数の利用」（1676） 86
「天体運動の原因についての試論」（=「試論」）（1689） 188ff
「等時曲線の問題の解析」（1689 頃） 157
『人間知性新論』（1704 頃完成） 113f, 167, 202, 204, 215–219, 221f, 224f, 227, 231f,
　235f
「発見の技法を進めるための計画と試論」（1688–90 頃） 207
「微分算の新しい適用と接線について与えられた条件から様々な線の作図をすることへの利
　用」（1694） 143
「微分算の歴史と起源」（1714–16） 10
「不確かさの算定について」（1678） 23f, 107
「物体の衝突について」（1678） 197
「物体の力と相互作用に関する驚くべき自然法則を発見し，またその原因へと遡るための力
　学提要」（=「力学提要」）（1695） 190, 192
「普遍学の基礎，範例の様相」（1679 頃） 196
「普遍学を確立するための忠告」（1686 頃） 203f
「普遍数学」（1695 頃） 210–214, 219, 233
「普遍性の方法について」（1674 以降執筆） 213
「普遍的総合と普遍的解析，すなわち発見と判断の技法について」（1683–88 頃） 13, 200
「分数量も無理量をも妨げない，極大と極小，さらには接線に関する新方法，そしてそれら
　のための特別な計算法」（=「極大・極小に関する新方法」）（1684） 133, 135, 137, 141,
　145, 150, 171ff, 185, 212f, 217
「ベキと微分の比較における代数計算と無限小計算の注目すべき対応，および超越的同次の
　法則」（1710） 68, 150
「ベルナルド・ニーウェンテイト師によって考慮された微分法，あるいは無限小の方法に対
　するいくつかの困難に対する返答」（1695） 181
『弁神論』（1710） 113, 235
『法学を学び，教えるための新方法』（=『法学のための新方法』）（1667） 15, 17ff
「方程式の解法，すなわち解を見いだすことについて」（1674 頃） 76
「方程式の解法について」（1675 頃） 77
『法の諸例』（1669） 15, 23

『法律における複雑な事例』（1666）　15
「マルブランシュ師の返答に対する反駁として役立てるため，神の知恵の考察による自然法則の説明に有用な，一般的原理に関するライプニッツ氏の書簡」（1687）　191
「三つの根を持つ方程式から，根を抽出することについて」（1675 頃）　78
「有理求積の解析続篇」（1703）　145
「ユークリッドの基礎について」（1696 以降）　125, 127f, 130
「予備式による 5 次方程式の還元 II」（1675 頃）　77
「力能と物体的本性の諸法則に関する力学」（1689）　191
「分け前の計算について」（1676）　104f
「和と求積に関する無限の学問による解析の新しい例」（1702）　84, 145

ルルス
『アルス・マグナ』　11
ロック
『人間知性論』（1689）　216
ロベルヴァル
『幾何学原論』（1675）　120, 203, 224f

ワ　行

ワイル
『数学と自然科学の哲学』（1926[1]，英訳 1949）　247

編者について

佐々木力（ささき・ちから）

1947 年生まれ．1969 年，東北大学理学部数学科卒業．のち，同大学大学院理学研究科博士課程（数学専攻）を経て，1976 年から 80 年まで，プリンストン大学大学院に留学し，Ph. D.（歴史学）取得．1980 年，東京大学教養学部講師，83 年，同助教授，91 年，同教授．現在，中国科学院大学人文学院教授．専門は数学史を中心とする科学史・科学哲学．国際科学史・科学哲学連合 科学史部門評議員．国際数学史委員会執行委員．主要著書：『科学革命の歴史構造』全 2 巻（岩波書店，1985 年；講談社学術文庫，1995 年），『近代学問理念の誕生』（岩波書店，1992 年；1993 年サントリー学芸賞受賞），『科学論入門』（岩波新書，1996 年），『学問論──ポストモダニズムに抗して』（東京大学出版会，1997 年），『デカルトの数学思想』（東京大学出版会，2003 年），『数学史』（岩波書店，2010 年）ほか．

著者について

林 知宏（はやし・ともひろ）

1961 年，名古屋市に生まれる．東京都立富士高等学校卒業．早稲田大学大学院理工学研究科数学専攻修士課程修了．1986 年より学習院高等科教諭．1995 年在職中のまま，東京大学大学院総合文化研究科広域科学専攻入学．2000 年，同大学院博士課程修了．博士（学術）．2010 年より学習院中等科・高等科科長．専門は，17 世紀ヨーロッパを中心とする数学史・科学史．主要論文：「17–18 世紀における無限小をめぐる論争：ライプニッツを中心として」（『現代思想』2000 年 10 月増刊号），「『人間知性新論』の数学史的背景」（『思想』2001 年 10 月号）．"Leibniz's Construction of *Mathesis Universalis*: A Consideration of the Relationship between the Plan and His Mathematical Contribution," *Historia Scientiarum*, **12** (2002)．日本科学史学会，日本数学会，日本数学協会，The British Society for the History of Mathematics, The Leibniz Society of North America, Die Gottfried Wilhelm Leibniz Gesellschaft 所属．

コレクション数学史 ②

ライプニッツ　普遍数学の夢

2003 年 3 月 25 日　初　版
2015 年 4 月 27 日　第 3 刷

[検印廃止]

著者　林　知宏

発行所　一般財団法人　東京大学出版会

代表者　古田元夫

153-0041 東京都目黒区駒場 4-5-29

電話 03-6407-1069　　Fax 03-6407-1991

振替 00160-6-59964

印刷所　三美印刷株式会社

製本所　誠製本株式会社

© 2003 Tomohiro Hayashi
ISBN978-4-13-061352-1
Printed in Japan

JCOPY 〈（社）出版者著作権管理機構 委託出版物〉
本書の無断複写は著作権法上での例外を除き禁じられています．複
写される場合は，そのつど事前に，（社）出版者著作権管理機構（電話
03-3513-6969, FAX 03-3513-6979, e-mail: info@jcopy.or.jp）
の許諾を得てください．

ニュートン　流率法の変容	高橋秀裕	A5/5800 円
アラビア数学の展開	ラーシェド著／三村訳	A5/5800 円
近世日本数学史　その成立と展開	佐藤賢一	A5/6500 円

《エウクレイデス全集》

第 1 巻　原論 I–VI	斎藤・三浦 訳・解説	A5/5200 円
第 4 巻　デドメナ／オプティカ／ 　　　　カトプトリカ	斎藤・高橋 訳・解説	A5/6800 円

高木貞治とその時代 西欧近代の数学と日本	高瀬正仁	四六/3800 円

ここに表示された価格は本体価格です．御購入の
際には消費税が加算されますので御了承下さい．